Python 程序设计案例教程（第2版）

（微课版）

主　编　单显明　贾　琼　高永香
副主编　毕佳明　史　阔
　　　　魏　强　单天放

北京理工大学出版社
BEIJING INSTITUTE OF TECHNOLOGY PRESS

内 容 简 介

本书详细介绍了 Python 基础编程所需掌握的各方面技术，全书共分为 14 章，立足于 Python 基础知识，系统介绍了 Python 的 16 个常用模块，并介绍了 36 个综合案例。其中，第 3~7 章的案例基于 turtle 库，采用图形化的方式展现，以"贴瓷砖"游戏贯穿始终，将抽象的逻辑形象化、趣味化；其他章节的案例也非常具有实用价值，如体脂率计算、文本进度条、中文词频统计、数字时钟的绘制、扑克牌发牌游戏、政府报告词云图、简易计算器、学生管理系统、图像的手绘效果、雷达图的绘制、爬取电影排行榜等。

本书可作为普通本科院校各个专业的入门级 Python 教材，也可作为软件开发者的入门学习用书，还可作为参加 Python 等级考试的学习用书。

图书在版编目（CIP）数据

Python 程序设计案例教程／单显明，贾琼，高永香主编. — 2 版. -- 北京：北京理工大学出版社，2024.6.

ISBN 978-7-5763-4317-5

Ⅰ. TP311.561

中国国家版本馆 CIP 数据核字第 2024KV8847 号

责任编辑：曾　仙	文案编辑：曾　仙
责任校对：刘亚男	责任印制：李志强

出版发行 /	北京理工大学出版社有限责任公司
社　　址 /	北京市丰台区四合庄路 6 号
邮　　编 /	100070
电　　话 /	(010) 68914026（教材售后服务热线）
	(010) 68944437（课件资源服务热线）
网　　址 /	http://www.bitpress.com.cn

版 印 次 /	2024 年 6 月第 2 版第 1 次印刷
印　　刷 /	涿州市新华印刷有限公司
开　　本 /	787 mm×1092 mm　1/16
印　　张 /	20.5
字　　数 /	493 千字
定　　价 /	96.00 元

前　言

党的二十大报告明确指出："必须坚持科技是第一生产力、人才是第一资源、创新是第一动力，要坚持教育优先发展、科技自立自强、人才引领驱动，加快建设教育强国、科技强国、人才强国"。高等教育进入高质量发展阶段，建设高质量高等教育体系是摆在高等教育面前的重大历史使命和政治责任。高等教育要坚持国家战略引领，聚焦重大需求布局，推进新工科、新医科、新农科和新文科建设，加快培养紧缺型人才。遵循党的二十大精神，编者以多年来计算机专业程序设计课程教学和教材编写经验为基础，注重学生的计算思维培养和创新能力培养，编写了这本《Python 程序设计案例教程》。

对于高校教学而言，Python 是目前非常流行的编程语言，正逐渐替代 C 语言成为大学生的入门学习语言。Python 凭借其独特的优势，已经被广泛应用到数据采集、数据分析、图像处理、机器视觉、机器学习、深度学习、Web 开发和系统运维等领域。无论是对于计算机类专业（计算机、软件工程、大数据等），还是对于非计算机类专业，Python 都已经成为大学生必学的一门编程语言，教育部也在 2018 年将 Python 纳入全国计算机等级考试范围。

本书第 1 版于 2020 年 11 月完成，在使用过程中，得到了国内多家院校师生的认可，并历经多次印刷发行。基于第 1 版的内容并结合读者的需求，本次修订中增加了模块化编程、图形用户界面编程和数据库开发的内容，并对第 1 版的部分案例进行替换和优化。为了方便读者学习，编者录制了所有章节的教学微视频。

本书立足于 Python 的基础知识，介绍了 16 个常用模块和 36 个综合案例，语言通俗易懂，相关案例精炼实用，旨在帮助读者能在短时间内通过一定量的代码训练，理解 Python 的模块化编程思想，掌握编写 Python 程序的基本思路及调试代码的方法和技巧，能完成一定规模的程序开发。

本书在 Windows 平台上对 Python 3.×的基础知识进行讲解，全书分为 14 章，涵盖了 Python 语言在基础编程、图形用户界面、数据库开发、科学计算和数据可视化、网络爬虫等方面的内容，在强化基础语法的同时，借助案例将知识应用到实际编程中。

第 1 章，初识 Python。本章首先介绍了 Python 的历史、特点和应用领域，然后分析了在 Windows 操作系统中安装 Python 解释器的方法、IDLE 的使用，最后介绍了 PyCharm 集成开发环境的安装、使用方法，以及编写并运行 Python 代码的方法。

第 2 章，Python 基础知识。本章首先介绍了 Python 程序的编码规范、变量和基本输入/输出语句，然后分析了数字类型的运算、math 库、字符串类型及操作方法，最后以文本进度条案例演示了字符串的具体应用方法。

第 3 章，神奇的 turtle 库。本章首先介绍了 turtle 库的绘图窗体和画笔设置，然后分析了利用 turtle 绘制图形的方法，最后讲解了案例：绘制奥运五环和"贴瓷砖"游戏之绘制瓷砖方块。

第4章，程序的流程控制。本章首先介绍了程序的分支结构、循环结构和其他语句的基本语法，然后分析了 random 库的使用方法，最后讲解了案例：随机生成四位验证码和"贴瓷砖"游戏之绘制网格。

第5章，组合数据类型。本章首先介绍了列表、元组、集合和字典等组合数据的语法知识，然后分析了 jieba 库的使用方法，最后讲解了案例："贴瓷砖"游戏之计算瓷砖单元中心点。

第6章，函数和代码复用。本章首先介绍了函数的定义和调用、函数的参数、变量的作用域和函数的特殊形式，然后分析了 time 库的使用方法，最后讲解了案例：数字时钟动态显示和"贴瓷砖"游戏之键盘事件响应函数。

第7章，面向对象编程。本章首先介绍了面向对象的编程思想，然后介绍了类的封装、类的继承和类的多态，最后讲解了案例："贴瓷砖"游戏之面向对象的实现方法。

第8章，模块化编程。本章首先介绍了模块和包的语法知识，然后分析了标准库、第三方库和 pyinstaller 库的使用方法，最后讲解了案例：利用 wordcloud 库完成政府工作报告词云图。

第9章，文件和数据格式化。本章首先介绍了文件的概念和操作方法，然后分析了 os 库、csv 库、json 库和 PIL 库的使用方法，最后讲解了案例：身份证号码归属地查询和生成字母验证码图像等。

第10章，异常处理。本章首先介绍了异常类和异常处理机制，然后分析了抛出异常和自定义异常的语法知识，最后讲解了案例：学生分苹果。

第11章，图形用户界面编程。本章首先介绍了 tkinter 库的布局管理和常用组件，然后分析了 tkinter 库的事件处理方法，最后讲解了案例：利用 tkinter 库实现简易计算器。

第12章，数据库开发。本章首先介绍了数据库的基础知识和结构化查询语言 SQL，然后分析了 SQLite 库的语法知识和访问数据库的操作方法，最后讲解了案例：学生管理系统。

第13章，科学计算和数据可视化。本章首先介绍了 numpy 库和 numpy 处理图像的方法，然后分析了 matplotlib 库的操作使用，最后讲解了案例：图像的手绘效果和雷达图的绘制。

第14章，网络爬虫。本章首先介绍了网络爬虫的基本原理，然后分析了 requests 库和 BeautifulSoup 库，最后讲解了案例：爬取电影排行榜和爬取电子小说。

本书主要具有以下特色：

（1）全面覆盖计算机等级考试大纲。为了满足读者参加全国计算机等级考试的需求，编者系统梳理了《全国计算机等级考试二级 Python 语言程序设计考试大纲》的考点，力求做到本书知识点能对其全面覆盖。

（2）提供丰富的教学配套资源。编者针对全书录制了高质量的授课微视频，还提供其他教学资源，如课件、教学大纲、教案、源代码、题库和习题答案等。

（3）支持混合式教学。进入超星平台，即可使用本书的微课视频和教学资源。利用这些教学资源，教师可方便地实现线上线下混合式教学。

本书由沈阳城市学院的单显明、沈阳工学院的贾琼和高永香担任主编，由沈阳工学院的毕佳明和魏强、辽宁中医药大学的史阔、中国医科大学的单天放担任副主编。具体编写分工：单显明编写第8、9、10、14章；贾琼编写第5、6章；高永香编写第1、2章；毕佳明编写第7章；史阔编写第11、12章；魏强编写第13章；单天放编写第3、4章；全书由单显明统稿。

在本书编写过程中，编者参考了大量的网络资料和相关书籍，对Python的知识体系进行了系统性梳理，有选择性地把一些核心内容纳入本书。由于编者能力有限，书中难免存在不足之处，望广大读者不吝赐教。本书提供了丰富的教学资源，欢迎各位老师索取。电子邮箱：neusxm@foxmail.com。

CONTENTS 目录

第1章

初识 Python

■ Python 是一门功能强大、简单易学的编程语言，由于其第三方库丰富且免费开源，因此在人工智能和大数据分析等领域得到了广泛应用。

■ 本章将从 Python 语言的历史、特点和应用领域入手，介绍 Python 解释器和 PyCharm 的安装方法，并分析编写 Python 程序的方法。

1.1 Python 的历史、特点和应用领域

Python 是一种解释型的、面向对象的、带有动态语义的高级程序设计语言，开发的程序可以运行在 Windows、Linux 和 macOS 等操作系统中，实现真正的跨平台运行。Python 是目前非常流行的编程语言，具有简洁、易读、可扩展等特点，已经被广泛应用到各个领域。从 Web 开发到运维开发和搜索引擎，再到机器学习和游戏开发，都能够看到 Python 大显身手。在当前这个人工智能、大数据、云计算、物联网、区块链等新兴技术蓬勃发展的新时代，Python 正扮演着越来越重要的角色。对于编程初学者而言，Python 是理想的选择。

1.1.1 Python 的历史

Python 语言诞生于 1990 年，由 Guido van Rossum（吉多·范罗苏姆）设计并领导开发。1989 年圣诞节期间，身在阿姆斯特丹的吉多为了打发时间，决心开发一个新的脚本解释程序作为 ABC 语言的一种继承。由于他非常喜欢一部名为"蒙提·派森的飞行马戏团"（Monty Python's Flying Circus）的英国剧，于是将"Python"作为这个全新语言的名字，Python 语言就此诞生。

Python 的第一个公开发行版于 1991 年发行，到 2004 年以后，Python 的使用率呈线性增长。在 TIOBE 网站近年来发布的编程语言排行榜中，Python 稳居排行榜第一名。Python 发展到今天，已经成为最受欢迎的程序设计语言之一。

Python 常被称为"胶水语言"，能够把用其他语言（尤其是 C/C++）制作的各种模块很轻松地连接在一起。常见的一种应用情形是，使用 Python 快速生成程序的原型（有时甚至是程序的最终界面），然后对其中有特别要求的部分用更合适的语言进行改写。例如，3D 游戏中的图形渲染模块，其性能要求特别高，对此就可以先用 C/C++重写，而后封装为 Python 可以调用的扩展类库。

Python 的设计哲学是"优雅""明确""简单"，在设计 Python 语言的过程中，当面临多种选择时，Python 开发者会拒绝花哨的语法，而选择明确的没有（或者很少有）歧义的语法。总体来说，选择 Python 开发程序具有语法简单、开发速度快等特点。因此，在 Python 开发领域流传着这样一句话："人生苦短，我用 Python。"

在 Python 的发展过程中，出现了 Python 2.×和 Python 3.×两个不同系列的版本，这两个版本之间不兼容。存在 Python 2.×和 Python 3.×两个不同版本的原因是，Python 3.0 于 2008 年发布时，就不再支持 Python 2.0 的版本，但 Python 2.0 拥有大量用户，这些用户无法正常升级使用新版本，所以之后才发布了过渡版本 Python 2.7，并且 Python 2.7 被支持到了 2020 年。Python 官网宣布，自 2020 年起不再为 Python 2.×发布新版本。

1.1.2 Python 的特点

Python 作为一门高级编程语言，虽然诞生的时间不长，但是发展速度很快，已经成为众多编程爱好者入门学习的第一门编程语言。但是，作为一门编程语言，Python 也和其他编程语言一样，有着自己的优点和缺点。

1. Python 的优点

1）语法简单

Python 是一门语法简单且风格简约的易读语言，它注重的是如何解决问题，而不是编程语言本身的语法结构。Python 去掉了分号、花括号这些仪式化的符号，使得语法结构尽可能简洁，代码的可读性显著提高。

相较于 C、C++、Java 等编程语言，Python 提高了开发者的开发效率，削减了 C、C++、Java 中一些较为复杂的语法，降低了编程工作的复杂程度。实现同样的功能时，Python 所包含的代码量是最少的，代码行数是其他语言的 1/5~1/3。

2）开源免费

开源，即开放源代码，也就是所有用户都可以看到源代码。Python 的开源体现在两方面：一是程序员使用 Python 编写的代码是开源的；二是 Python 解释器和模块是开源的。

开源并不等于免费，开源软件和免费软件是两个概念，只不过大多数的开源软件也是免费软件。Python 就是这样一种语言，它既开源又免费。用户使用 Python 进行开发或者发布自己的程序，不需要支付任何费用，也不用担心版权问题，即使用于商业用途，Python 也是免费的。

3）面向对象

面向对象的程序设计，更加接近人类的思维方式，是对现实世界中客观实体进行结构和行为的模拟。Python 完全支持面向对象编程，如支持继承、重载运算符、派生及多继承等。与 C++和 Java 相比，Python 以一种非常强大而简单的方式实现面向对象编程。

需要说明的是，Python 在支持面向对象编程的同时，也支持面向过程编程，也就是说，它不强制使用面向对象编程，这使得其编程更加灵活。在面向过程的编程中，程序是由过程或仅由可重用代码的函数构建起来的。在面向对象的编程中，程序是由数据和功能组合而成的对象构建起来的。

4）跨平台

由于 Python 是开源的，因此它已经被移植到许多平台上。如果能够避免使用那些需要依赖于系统的特性，那就意味着所有 Python 程序都无须修改就可以在很多平台上运行，包括 Linux、Windows、FreeBSD、Solaris 等，甚至还有 PocketPC、Symbian 及 Google 公司基于 Linux 开发的 Android 平台。

5）强大的生态系统

在实际应用中，Python 的用户群体，绝大多数并非专业的开发者，而是其他领域的爱好者。对于这一部分用户来说，他们学习 Python 的目的不是去从事专业的程序开发，而仅仅是使用现成的类库去解决实际工作中的问题。Python 极其庞大的生态系统，刚好能够满足这些用户的需求。

2. Python 的缺点

1）运行速度慢

运行速度慢是解释型语言的通病，由于 Python 是解释型语言，所以它的速度会比 C、C++、Java 稍微慢一些。然而，现在的硬件配置都非常高，硬件性能的提升可以弥补软件性能的不足。所以，运行速度慢这一点对于使用 Python 开发的应用程序基本上没有影响，只有一些实时性比较强的程序可能会受到一些影响，但是也有解决办法，比如可以嵌入 C 程序。

2）代码不能加密

我们在发布 Python 程序时，实际上就是发布源代码。这一点与 C 语言有所不同。C 语言不用发布源代码，只需要把编译后的 .exe 文件发布。从机器码反推出源代码是不可能的，所以，凡是编译型的语言都没有这个问题。而对于 Python 这样的解释型语言，我们必须把源代码发布出去。

3）存在多线程性能瓶颈

Python 中存在全局解释器锁（Global Interpreter Lock），它是一个互斥锁，只允许一个线程来控制 Python 解释器。Python 的默认解释器要执行字节码时，都需要先申请这个锁。这意味着在任何时间点都只有一个线程可以处于执行状态。执行单线程程序的开发人员感受不到全局解释器锁的影响，但它成为多线程代码中的性能瓶颈。

4）Python 2.×和 Python 3.×不兼容

一个普通的软件或者库如果不能够做到向后兼容，通常会被用户抛弃。Python 的一个饱受诟病之处就是 Python 2.×和 Python 3.×不兼容，这给 Python 开发人员带来了很多烦恼。

1.1.3 Python 的应用领域

Python 具有广泛的应用领域，主要用于 Web 开发、科学计算、游戏开发等。

1）Web 开发

Python 是 Web 开发的主流语言，与 Java Script、PHP 等广泛使用的语言相比，Python 的类库丰富、使用方便，能够为一个需求提供多种方案。此外，Python 支持最新的 XML 技术，具有强大的数据处理能力，因此 Python 在 Web 开发中占有一席之地。Python 为 Web 开发领域提供的框架有 Django、Flask、Tornado、web2py 等。

2）科学计算

Python 提供了支持多维数组运算与矩阵运算的 numpy 库、支持高级科学计算的 Scipy 库、支持 2D 绘图功能的 matplotlib 库，这些库还具有简单易学的特点，因此被程序员用于编写科学计算程序。

3）游戏开发

很多游戏开发者先利用 Python 或 Lua 编写游戏的逻辑代码，再使用 C++编写图形显示等对性能要求较高的模块。Python 标准库提供了 pygame 模块进行 2D 游戏开发。

4）自动化运维

Python 是一种脚本语言，其标准库又提供了一些能够调用系统功能的库，因此 Python 常被用于编写脚本程序，实现自动化运维。

5）多媒体应用

Python 提供了 PIL、pillow、ReportLab 等模块，利用这些模块可以处理图像、声音、视频和动画等，并动态生成统计分析图表。Python 的 PyOpenGL 模块封装了 OpenGL 应用程序编程接口，提供了二维和三维图像的处理。

6）网络爬虫应用

网络爬虫程序通过自动化程序有针对性地爬取网络数据，提取可用资源。Python 拥有良好的网络支持，具备相对完善的数据分析与数据处理库，又兼具灵活简洁的特点，因此被广泛应用于网络爬虫开发。

1.2　Python 环境配置

本书代码的运行环境为 64 位 Windows 11 操作系统和 Python 3.12.1 版本的解释器。安装 Python 解释器的方式有两种方式：直接安装 Python、使用 Anaconda 安装。

1.2.1　直接安装 Python

在 Python 官网可以下载 Python 解释器，Python 解释器支持 Windows、Linux 和 macOS 等平台，这些操作系统的使用方式基本相同。本节将介绍如何安装 Python 解释器和配置 Python 开发环境。

下面以 Windows 平台为例，演示 Python 解释器的安装过程，访问 Python 官网下载页面 https://www.python.org/downloads/，如图 1-1 所示。单击图 1-1 所示页面中的 "Windows" 链接，进入 Windows 平台下载页面，如图 1-2 所示。其中，"Stable Releases" 表示测试过的稳定发布版本，"Pre-releases" 表示还处于测试阶段的预发布版本，"32-bit" 表示 32 位系统，"64-bit" 表示 64 位系统。单击图 1-2 中 "Python 3.12.1-Dec,8,2023" 下的 Windows installer（64-bit），下载安装包 python-3.12.1-amd64.exe。

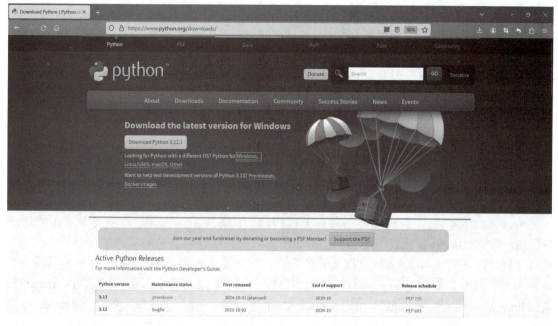

图 1-1　Python 官网下载页面

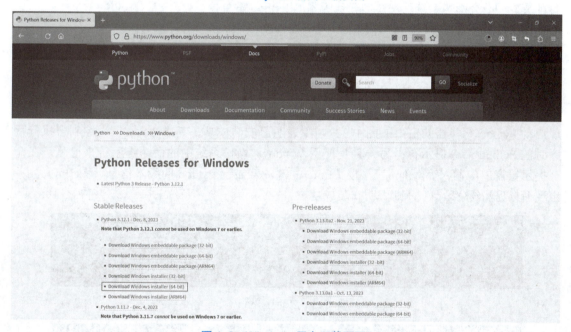

图 1-2　Windows 平台下载页面

　　下载完成后，双击安装包，将启动安装程序。注意：在选择安装方式时，选择"Install Now"将采用默认安装方式，选择"Customize installation"可自定义安装路径。安装时，建议读者选中安装界面的两个复选框，即"Install Python 3.12 for all users"和"Add Python to environment variables"，后者可在 Python 解释器安装完成后自动将 Python 添加到环境变量中，从而省去烦琐的环境变量配置过程。

1.2.2　使用 Anaconda 安装

Python 中的模块分为内置模块、第三方模块和自定义模块。其中，内置模块是 Python 内置标准库中的模块，也是 Python 的官方模块，可直接导入程序；第三方模块由非官方制作发布，是供大众使用的 Python 模块，在使用之前需要用户自行安装；自定义模块是指用户自行编写存放功能性代码的.py 文件。

Python 的第三方模块需要安装后才能使用，由于 Python 语言经历了版本更迭过程，而且第三方模块由全球开发者分布式维护，缺少统一的集中管理，因此 Python 的第三方模块曾经一度制约了 Python 的普及和发展。

Anaconda 是一个基于 Python 的数据处理和科学计算平台，内置了许多非常有用的第三方模块，安装 Anaconda 后，就相当于把数十个第三方模块自动安装好了。

安装前，需要从 Anaconda 官网下载安装包，网址为 https://www.anaconda.com/，该文件比较大，下载时需要耐心等待。另外，也可到国内镜像网站下载，如清华大学的 Anaconda 镜像 https://mirrors.tuna.tsinghua.edu.cn/anaconda/archive/，下载后直接安装即可。Anaconda 会把系统路径中的 Python 指向自带的 Python，并且 Anaconda 安装的第三方模块会安装在自己的目录下，不会影响系统已安装的其他版本的 Python 解释器。

1.2.3　验证 Python 解释器

在运行 Python 程序前，首先需要检测 Python 解释器是否已安装成功。检测方法有两种：一种是单击"开始"→"所有应用"→"Python 3.12"→"Python 3.12(64-bit)"，若出现启动 Python 解释器的窗口（图 1-3），则表明已安装成功，其中"＞＞＞"为控制台执行程序时的 Python 命令提示符；另一种是使用 Windows 操作系统中的命令提示符来检测，在命令提示符窗口中输入"python"，按【Enter】键，若显示 Python 的版本信息（图 1-4），并出现命令提示符"＞＞＞"，则表明安装成功。

图 1-3　启动 Python

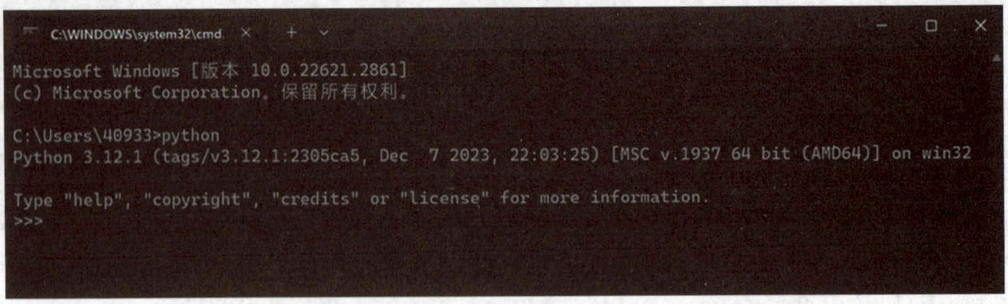

图 1-4　显示 Python 版本信息

在命令提示符"＞＞＞"后输入如下代码：

```
>>>print("Hello World")
```

然后，按【Enter】键，控制台将输出字符串"Hello World"，如图1-5所示。如果要退出 Python 环境，则在命令提示符"＞＞＞"后输入"quit()"或"exit()"，再按【Enter】键，即可退出 Python 环境。

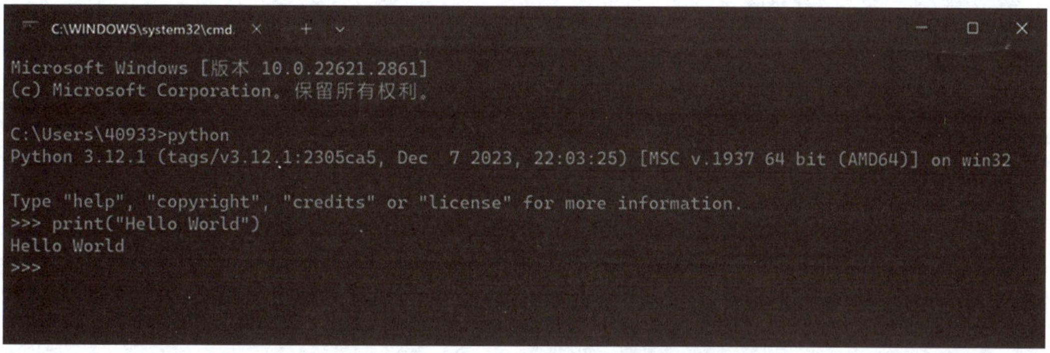

图 1-5 "Hello World"运行结果

1.2.4 环境变量的配置

如果在安装时忘记勾选"Add Python to environment variables"复选框，那么就需要手动配置环境变量。Python 解释器安装完成后，在控制台输入"python"，若系统提示"'python'不是内部或外部命令，也不是可运行的程序或批处理文件。"，则说明系统未能找到 Python 解释器的安装路径，此时必须手动配置环境变量，才能解决该问题。

环境变量是操作系统中所包含的一个（或多个）应用程序将会使用的信息的变量。在 Windows 操作系统中搭建开发环境时，经常需要配置环境变量中的 Path 变量，以便系统在运行程序时可以获取该程序所在的完整路径。若配置了环境变量，则系统除了在当前目录下寻找指定程序，还会到 Path 变量所指定的路径中查找程序。

Python 配置环境变量 Path 的步骤如下：

第1步，单击"开始"→"设置"→"系统"→"系统信息"→"高级系统设置"，打开"系统属性"对话框，如图1-6所示。

第2步，单击"系统属性"对话框中的"环境变量"按钮，打开"环境变量"对话框，如图1-7所示。

第3步，在"系统变量"列表框里选择环境变量"Path"并单击"编辑"按钮，打开"编辑环境变量"对话框，如图1-8所示。

第4步，在"编辑环境变量"中添加路径"C:\Python\Python312\"和"C:\Python\Python312\Scripts\"，如图1-8所示。其中，第一个路径为 Python 的安装路径，这里安装了 Python 解释器的可执行文件 python.exe；第二个路径中安装了一些非常有用的工具，如 pip、pip3 等。

第5步，单击"确定"按钮，完成环境变量的配置。

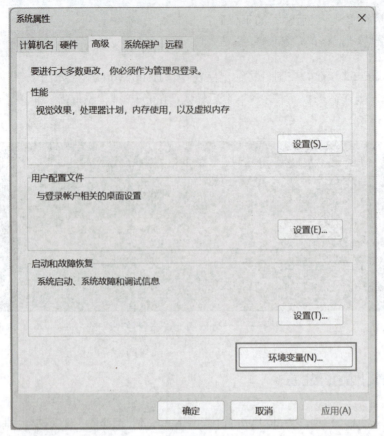

图 1-6　"系统属性"对话框

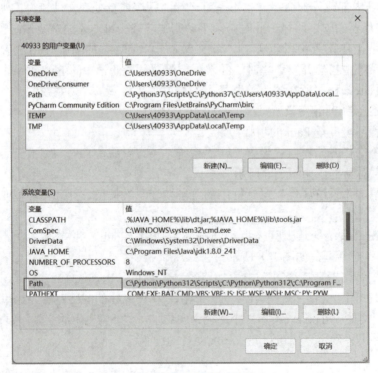

图 1-7　"环境变量"对话框

图 1-8 "编辑环境变量"对话框

1.3 IDLE 的使用

Python 安装过程中默认自动安装了 IDLE（Integrated Development and Learning Environment，集成开发环境)。下面以 Windows 操作系统为例，介绍如何使用 IDLE 编写 Python 代码。

单击"开始"→"所有程序"→"Python 3.12"中的 IDLE (Python 3.12 64-bit)，进入 IDLE 界面，窗口左侧会显示 Python 命令提示符">>>"，在提示符后面输入 Python 代码，按【Enter】键后会立即执行并返回结果，如使用 print() 函数输出"Hello World"，如图 1-9 所示。

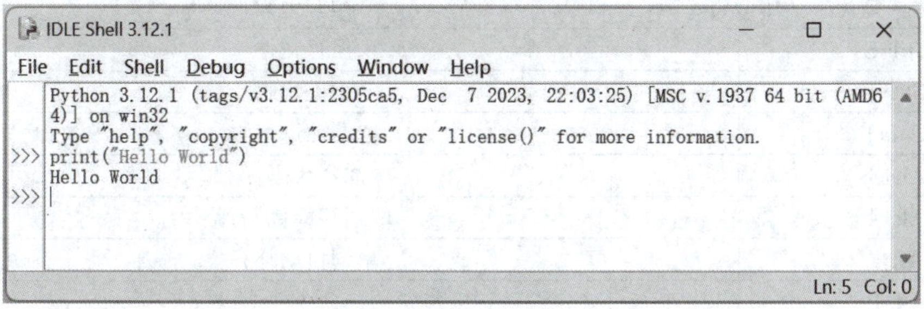

图 1-9 IDIE 主窗口

如果要创建一个代码文件，则可以在 IDLE 主窗口的顶部菜单栏中选择"File"→"New File"，然后就会弹出文件窗口，可以在该文件窗口中输入 Python 代码，最后在顶部菜单栏中选择"File"→"Save As …"，把文件保存为 Hello.py，如图 1-10 所示。

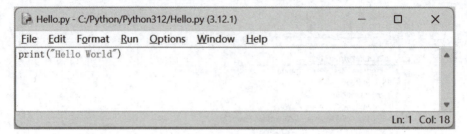

图 1-10　IDIE 的文件窗口

如果要运行代码文件 Hello.py，则可以在 IDLE 文件窗口的顶部菜单栏中选择"Run"→
"Run Module"（或者直接使用快捷键【F5】），这时就会开始运行程序。程序运行结束
后，会在 IDLE Shell 窗口显示执行结果，如图 1-11 所示。

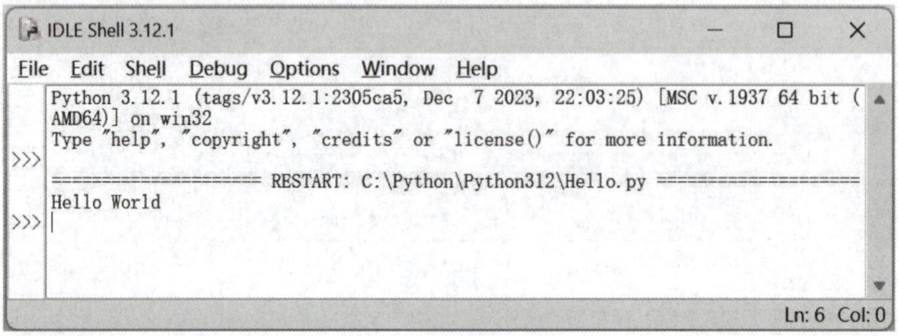

图 1-11　程序执行结果

IDLE 支持 Python 的语法高亮显示，即 IDLE 能够以彩色标识出 Python 语言的关键
字，提醒开发人员该词的特殊作用。例如，注释以红色显示，关键字以紫色显示，字符
串以绿色显示。

IDLE 支持撤销、全选、复制、粘贴、剪切等常用功能的快捷键，使用 IDLE 的快捷键能
显著提高编程速度和开发效率。IDLE 常用快捷键和功能如表 1-1 所示。

表 1-1　IDLE 常用快捷键和功能

快捷键	功能说明
Ctrl+S	保存文件
Ctrl+[	缩进代码
Ctrl+]	取消缩进代码
Alt+3	注释代码行
Alt+4	取消注释代码行
Alt+/	单词自动补齐
Alt+P	浏览历史命令（上一条）
Alt+N	浏览历史命令（下一条）
F1	打开 Python 帮助文档
F5	运行程序
Ctrl+F6	重启 Shell，之前定义的对象和导入的模块全部清除

1.4 PyCharm 集成开发环境

在安装 Python 解释器、配置环境变量之后，就可以开发 Python 程序。虽然 Python 安装过程中默认安装了集成开发环境（IDLE），但其功能有限，使用不太方便，所以在实际学习与开发中，还会选择其他集成开发编辑器（IDE）。这些工具通常提供了一系列插件，有助于开发者加快开发速度。

1.4.1 常用开发环境

常用的 Python IDE 有 PyCharm、VSCode、Vim、Eclipse、Jupyter Notebook 等。

1）PyCharm

PyCharm 是一款功能强大的 Python 编辑器，具有跨平台性，可以应用在 Windows、Linux 和 macOS 系统中。PyCharm 拥有一般的集成开发环境应该具备的功能，如调试、语法高亮、项目管理、代码跳转、智能提示、自动完成、单元测试和版本控制等。另外，PyCharm 还提供了一些很好的功能用于 Django 开发，而且支持 Google AppEngine。

2）VSCode

VSCode（Visual Studio Code）是一款由微软开发且跨平台的免费源代码编辑器。该软件支持语法高亮、代码自动补全、代码重构、查看定义功能，并且内置了命令行工具和 Git 版本控制系统。用户可以通过更改主题和键盘快捷方式来实现个性化设置，也可以通过内置的扩展程序商店安装扩展以拓展软件功能。

3）Vim

Vim 是 Linux 系统中自带的高级文本编辑器，也是 Linux 程序员广泛使用的编辑器，它具有代码补全、编译及错误跳转等功能，并支持以插件形式进行扩展，能实现更丰富的功能。

4）Eclipse

Eclipse 是著名的、跨平台的自由集成式开发环境。最初主要用于 Java 开发，现在可通过安装插件，将其作为其他计算机语言（如 C++和 Python）的开发工具。如果要使用 Eclipse 进行 Python 开发，则需要安装插件 PyDev。

5）Jupyter Notebook

Jupyter Notebook 最初只支持 Python 开发，后来发展到可以支持其他 40 多种编程语言，目前已经成为利用 Python 从事教学、计算和科研的一个重要工具。

本书选择 PyCharm 作为集成开发环境，下面将介绍如何在 Windows 操作系统中安装和使用 PyCharm。

1.4.2 PyCharm 的下载与安装

访问 PyCharm 官方网址 https://www.jetbrains.com/pycharm/download/，进入 PyCharm 的下载页面。PyCharm 有 Professional 和 Community 两个版本。

1）Professional 版本的特点

（1）提供 Python IDE 的所有功能，支持 Web 开发。

（2）支持 Django、Flask、Google App 引擎、Pyramid 和 web2py。

（3）支持 JavaScript、CoffeeScript、TypeScript、CSS 和 Cython 等。

（4）支持远程开发、Python 分析器、数据库和 SQL 语句。

2）Community 版本的特点

（1）轻量级的 Python IDE，只支持 Python 开发。

（2）免费、开源、集成 Apache2 的许可证。

（3）智能编辑器、调试器、支持重构和错误检查，集成 VCS 版本控制。

单击相应版本下的"Download"按钮，即可下载 PyCharm 的安装包，本书选择下载 Community 版本。下载成功后的安装文件为 pycharm-community-2023.3.2.exe，运行安装程序，按照安装向导的提示进行操作即可。

1.4.3　PyCharm 解释器的配置

如果运行代码时，PyCharm 提示找不到解释器，或者读者想选择其他版本的解释器，则可以在 PyCharm 中进行配置。方法如下：单击"File"→"Settings…"→"Project:Chapter01"→"Python Interpreter"，出现图 1-12 所示的界面，其中 Chapter01 为项目的名称。

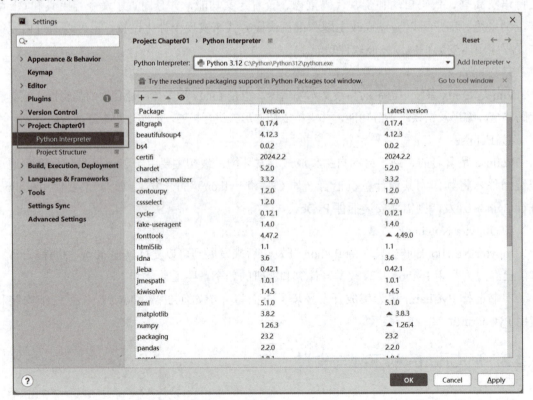

图 1-12　配置 Python 解释器

单击右上角的"Add Interpreter"→"Add Local Interpreter"，出现图 1-13 所示的界面，单击下拉列表箭头，选择已存在的解释器，或者单击"..."添加其他解释器。

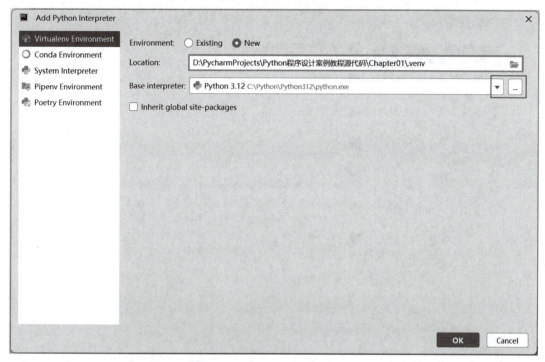

图 1-13 添加 Python 解释器

1.4.4 PyCharm 的使用

1. 创建项目和文件

第一次启动 PyCharm 时，会显示若干初始化的提示信息，保持默认值即可。之后，进入创建项目的界面。如果不是第一次启动 PyCharm，并且以前创建过 Python 项目，则创建过的 Python 项目会出现在图 1-14 所示的窗口中，其右上角 3 个选项的含义分别是"新建项目"、"打开项目"和"从代码托管平台或者你自己的服务器上获取项目"。

1）创建项目

选择"New Project"选项创建项目后，会出现创建项目的对话框，如图 1-15 所示。项目的名称为"Chapter01"，保存目录为"D:\PycharmProjects"；Python 解释器的版本为前面安装的"Python 3.12.1"，所在目录为"C:\Python\Python312\python.exe"。单击下方的"Create"按钮，则创建项目。

2）新建文件

项目创建完成后，如果要在项目中创建 Python 程序文件，则可选中项目名称，单击鼠标右键，在弹出的快捷菜单中选择"New"→"Python File"命令来新建 Python 文件，如图 1-16 所示。此外，通过菜单"File"→"New"→"Python File"，也可新建 Python 文件。

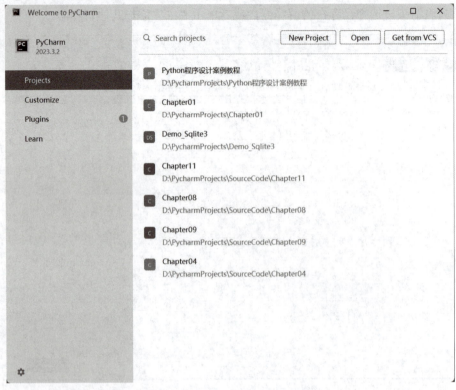

图 1-14　创建 Python 项目界面

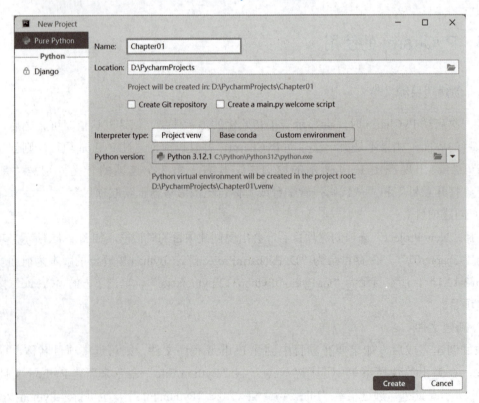

图 1-15　创建项目对话框

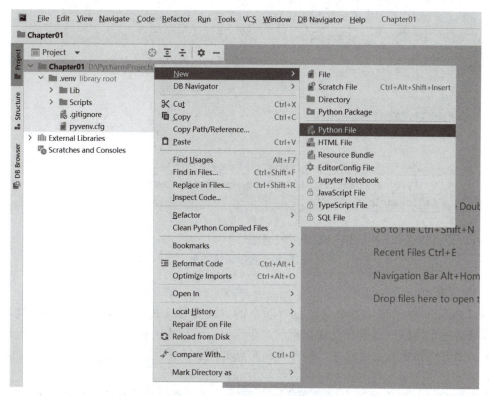

图 1-16　创建 Python 文件

将新建的 Python 文件命名为"hello_world"，使用默认文件类型"Python file"，如图 1-17 所示。注意：在命名时，不要输入文件的后缀 .py。

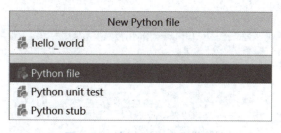

图 1-17　为 Python 文件命名

3）编写和运行代码

在已创建的 hello_world.py 文件中输入如下代码：

```
print("hello world")
```

代码输入完成后，使用"Run"菜单中的命令可以调试和运行程序，程序运行结果如图 1-18 所示，可以看到在下方的控制台窗口输出了字符串"hello world"。

2. 调试 Python 程序

将 Python 程序编写完成，在排除语法错误后，还有可能存在功能性错误，即运行结果和预期不符。这时就需要使用 PyCharm 开发环境调试程序，调试的主要方法是设置断点、控制程序执行和观察变量运行结果。

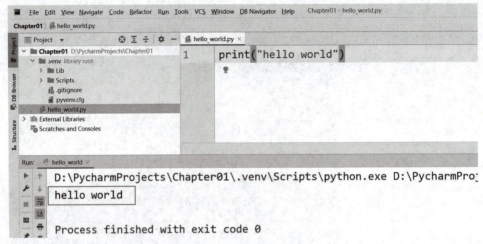

图 1-18　程序运行结果

1）设置断点

调试 Python 程序时，主要通过设置断点的方式进行。PyCharm 提供了多种类型的断点，并设有特定图标。这里只介绍行断点，即标记了一行待挂起的代码。当在某一行设置断点之后，通过调试模式运行程序，程序会在断点处停止，并且在调试面板中显示变量、函数等信息。

单击 PyCharm 编辑区域中序号和代码中间的区域，即可设置断点。如图 1-19 所示，在程序的第 3 行和第 7 行各设置了一个断点。取消断点的操作也很简单，在同样位置再次单击即可。根据需要，可以设置多个断点，程序会按照代码执行的顺序进入相应断点。

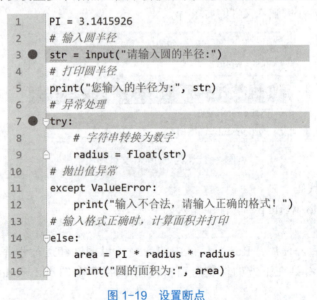

图 1-19　设置断点

2）进入调试模式

设置断点后，有三种方式进入调试模式。接下来，以调试 Case1_1.py 文件为例进行说明。

方式 1：单击 PyCharm 页面右上角的绿色"甲壳虫"图标，则程序进入调试模式运行，如图 1-20 所示。

图 1-20　调试方式 1

方式 2：在菜单栏选择"Run"→"Debug Case1_1"，或者按【Shift+F9】组合键，进入调试模式。

方式 3：打开或选择 Case1_1.py 文件，在代码编辑区（或在左侧"Project"区域）单击鼠标右键，在弹出的快捷菜单中选择"Debug Case1_1"选项。

3）程序调试界面

程序调试界面如图 1-21 所示，其中第 5 行背景为蓝色，表示程序执行到当前行，当前行还未执行。在程序调试过程中，可以通过图标控制程序的单步运行或进入函数内部运行等多种方式，在代码编辑区域可看到相关变量的值，以灰色显示，或在右下方的 Variables 窗口中显示变量的类型和当前值。

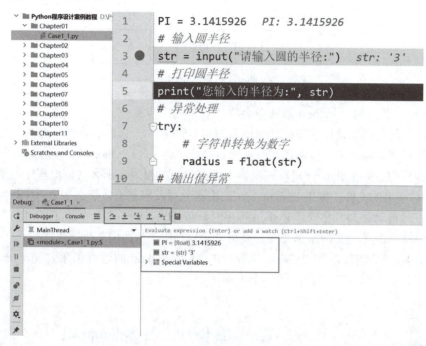

图 1-21　程序调试界面

4）调试控制操作

在程序调试过程中，需要控制程序的执行过程。调试控制操作的常用图标如图 1-22 所示。方框内的 5 个图标从左至右依次为 Step Over、Step Into、Step Into MyCode、Step Out 和 Run to Cursor。

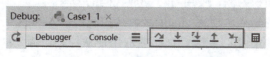

图 1-22　调试控制操作的常用图标

Step Over：单步跳过。遇到方法就直接执行方法，然后进入下一步。该操作不会进入方法内部。

Step Into：单步进入。若遇到方法且是自定义方法，则进入方法内部；否则，不会进入。

Step Into MyCode：单步进入。进入自定义方法，不进入系统方法。

Step Out：单步跳出。跳出当前进入的方法，返回方法调用处的下一行。

Run to Cursor：执行到光标处，可以看作临时断点，程序运行到当前光标所在行暂停。

1.5　Python 程序执行过程

采用 C、C++等编译性语言编写的程序在执行前需要将源文件转换成计算机使用的机器语言，经过编译、连接，形成二进制的可执行程序。运行该程序时，就可以把可执行程序从硬盘载入内存运行。但对于 Python 而言，Python 源代码不需要编译成二进制代码，它可以直接从源代码运行程序。Python 解释器将源代码转换为字节码，然后将字节码转发到 PVM（Python Virtual Machine，Python 虚拟机）中执行。Python 程序的执行过程如图 1-23 所示。

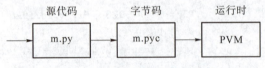

图 1-23　Python 程序的执行过程

运行 Python 程序时，Python 解释器会执行以下两个步骤：

第 1 步，把源代码编译成字节码。编译后的字节码是特定于 Python 的一种表现形式，它不是二进制的机器码，需要进一步编译才能被机器执行，这也是 Python 程序无法运行得像 C/C++程序一样快的原因。如果 Python 进程在机器上拥有"写"权限，那么它将把程序的字节码保存为以 .pyc 为扩展名的文件；如果 Python 无法在机器上写入字节码，那么字节码将在内存中生成并在程序结束时自动丢弃。在构建 Python 程序时，最好为其赋予在计算机上的"写"权限，这样只要源代码没有改变，生成的 .pyc 文件就可以重复利用，从而提高执行效率。

第 2 步，将字节码转发到 PVM 中执行。PVM 是 Python 的运行引擎，是 Python 系统的一部分，它是迭代运行字节码指令的一个大循环，可一个接一个地完成操作。

1.6　案例 1：计算圆面积

获取源代码

无论是解决四则运算的小规模程序，还是复杂的控制程序，都遵循输入数据、处理数据和输出数据这一运算模式。这种运算模式形成了基本的程序编写方法——IPO（Input、 Process、Output），即包括输入、处理、输出三个过程。IPO 不仅是编写程序的基本方法，也是在设计程序时描述问题的方式。

接下来，以计算圆面积为例，使用 IPO 完成代码的编写。

（1）输入：获取圆的半径，使用 input()函数从控制台输入圆的半径 radius。其中，input() 是 Python 标准函数库中的函数，主要功能是获取用户从控制台输入的数据，并以字符串的形式将其结果返回。

（2）处理：根据圆面积计算公式 area=π•radius²，计算圆的面积 area。

（3）输出：使用 print() 函数向控制台输出圆面积计算结果。print()是 Python 中的基本函数，其主要功能是在控制台中输出信息。

代码如下：

【Case1_1.py】

```
1   PI = 3.1415926
2   # 输入圆半径
3   str = input("请输入圆的半径:")
4   # 打印圆半径
5   print("您输入的半径为:", str)
6   # 异常处理
7   try:
8       # 字符串转换为数字
9       radius = float(str)
10  # 抛出值异常
11  except ValueError:
12      print("输入不合法，请输入正确的格式！")
13  # 输入格式正确时，计算面积并打印
14  else:
15      area = PI * radius * radius
16      print("圆的面积为:", area)
```

运行两次程序，分别输入"5""3good"，运行结果如下：

```
请输入圆的半径:5↙
您输入的半径为:5
圆的面积为:78.539815
请输入圆的半径:3good↙
您输入的半径为:3good
输入不合法，请输入正确的格式！
```

程序的第 1 行代码定义了 PI 的值，第 3 行代码将从控制台输入的字符串赋值给 str，之后通过异常处理机制，在第 9 行代码将字符串转换为数字，如果出现错误格式，则执行第 12 行代码，提示输入非法。只有在输入为数字的情况下才通过第 15 行代码计算圆的面积，并通过第 16 行代码打印输出。读者可以尝试输入其他数字和字符串，观察程序的输出结果。

1.7　本 章 小 结

本章首先介绍了 Python 的历史、特点和应用领域，然后分析在 Windows 操作系统中安装 Python 解释器的方法、IDLE 的使用，最后介绍了 PyCharm 集成开发环境的安装、使用方法，以及编写运行 Python 代码的方法。希望通过本章的学习，读者能够对 Python 有一个初步的认识，独立完成 Python 解释器的安装，并熟练使用 IDLE 和 PyCharm 集成开发环境编写代码，为后续学习打好基础。

1.8 编 程 题

1.1 输入三角形的三条边，用海伦公式计算三角形面积。

```python
import math
a=eval(input("请输入 a 边长："))
b=eval(input("请输入 b 边长："))
c=eval(input("请输入 c 边长："))
p=(a+b+c) / 2
s=math.sqrt(p * (p - a) * (p - b) * (p - c))
print("三角形的面积是{:.2f}".format(s))
```

1.2 整数序列求和。接收用户输入的整数 n，计算并输出 1~n 相加之后的结果。

```python
n=int(input("请输入一个整数 n："))
sum=0
for i in range(n):
    sum+=i+1
print("1～%d 的求和结果为%d"%(n,sum) )
```

1.3 整数排序。接收用户输入的 4 个整数，并把这 4 个数由小到大输出。

```python
list1= []
for i in range(4):
    x=int(input("请输入整数："))
    list1.append(x)
list1.sort()
print(list1)
```

1.4 使用列表实现斐波那契数列。

```python
list1 =[1,1]
n=int(input("请输入斐波那契数列的长度："))
while(len(list1)<n) :
    list1.append(list1[len(list1)-1]+list1[len(list1) -2])
print(list1)
```

第2章

Python基础知识

■ 无论使用哪种语言编写程序，遵循一定的编码规范是十分必要的，良好的编码规范可以提高代码的可读性。Python的数据类型分为数字类型和组合类型两类。字符串类型是编程语言经常使用的数据类型。

■ 本章将介绍Python的编码规范、变量、基本的输入/输出语句、数字类型的运算和字符串操作使用，详细介绍math库并将其应用于具体案例。

2.1 编 码 规 范

2.1.1 代码缩进

Python采用缩进方式表示代码块，严格的缩进要求使得Python的代码显得精简且有层次。需要注意的是，在Python中对代码的缩进要十分小心，如果没有正确缩进，则代码的运行结果可能和预期完全不同。

Python代码的缩进是通过【空格】键和【Tab】键完成的，虽然【空格】键和【Tab】键都可以使用，但是Python要求两者不能混合使用，否则容易出错。本书建议采用4个空格的缩进方式书写代码。在PyCharm中编辑代码时，可以自动对代码进行缩进。

以下代码的功能为"使用while循环遍历列表"，代码在PyCharm中编写。

```
1   namesList = ['xiaoWang','xiaoZhang','xiaoSun']
2   length = len(namesList)
3   i = 0
4   while i < length:
5       print(namesList [i])
6       i += 1
```

其中，行号是IDE自动添加的，这样便于代码的阅读。可以看出，这段代码一共有6行，第1～4行代码为不需要缩进的代码，应顶行编写，不留空白。第5、6行有缩进，表明这两行代码属于同一段代码块。采用缩进的方式编写代码，既可维护代码结构的可读性，又可避免出现一些错误。

假如以上代码在编辑时有疏忽，最后一行的缩进空格数不一致，写成以下代码：

```
1    namesList = ['xiaoWang','xiaoZhang','xiaoSun']
2    length = len(namesList)
3    i = 0
4    while i < length:
5        print(namesList[i])
6       i += 1
```

其中，第5行缩进4个空格，第6行缩进3个空格。运行该代码，会出现如下错误提示：

```
File "D:/PycharmProjects/Chapter02/Demo1.py",line 6
    i += 1
      ^
IndentationError:unindent does not match any outer indentation level
```

该提示表示：在代码第6行出现了缩进错误，导致代码无法运行。对此，将第6行缩进4个空格即可消除错误。

2.1.2　注释

注释是程序员在代码中加入的一行（或多行）信息，用于对语句、函数、数据结构或方法等进行说明，以提升代码的可读性。例如，在以上代码中添加必要的注释，修改后的代码如下：

```
1    # 定义列表并初始化
2    namesList = ['xiaoWang','xiaoZhang','xiaoSun']
3    length = len(namesList)
4    i = 0
5    # 遍历访问列表中的元素
6    while i < length:
7        print(namesList[i])
8        i += 1
```

其中，第1行和第5行是添加的注释，这样便于程序员对代码的阅读。

Python的注释分为单行注释和多行注释两种。单行注释，指的是注释中只有一行，并且以"#"标识，如以上代码的第1行和第5行。单行注释既可以单独占用一行，也可以放在代码后面，为了美观，经常在#后面加上一个空格。示例如下：

```
while i < length:   # 遍历访问列表中的元素
```

多行注释包含在3对英文半角单引号"'''"之间。示例如下：

```
1    '''
2        功能：访问列表中的所有元素并打印
3        技术：使用 while 循环遍历
4        日期：2024-03-01
5    '''
6    # 定义列表并初始化
7    namesList = ['xiaoWang','xiaoZhang','xiaoSun']
8    length = len(namesList)
9    i = 0
10   # 遍历访问列表中的元素
11   while i < length:
12       print(namesList[i])
13       i += 1
```

添加注释后，Python 代码的非注释语句将按顺序执行，注释语句则被编译器或解释器过滤，不被执行。注释主要有以下 3 种用途：

1）标注代码功能及相关信息

在每个源代码文件开始前增加注释，标注代码的功能、代码的编写者、编写日期、版权声明等信息，可以采用单行注释或多行注释。

2）解释代码原理

在关键代码附近增加注释，解释关键代码的作用，以增加程序的可读性。由于程序本身已经表达了功能意图，因此为了不影响程序阅读连贯性，程序中的注释一般采用单行注释，标记在关键代码的同一行。对于一段关键代码，可以在其附近采用一个多行注释或多个单行注释来给出代码设计原理等信息。

3）辅助程序调试

在调试程序时，可以通过单行注释或多行注释临时去掉一行（或连续多行）与当前调试无关的代码，帮助程序员找到程序发生问题的可能位置。

2.2 变　　量

2.2.1 标识符和关键字

标识符是开发人员在程序中自定义的符号和名称，如编程需要的变量名、函数名、类名等。关键字又称保留字，是具有特定含义的标识符，主要用于程序结构的定义及特殊值的使用。标识符和关键字使编写的代码更加符合实际开发的需求，使代码的可读性、执行性更好。

标识符的命名规则：使用字母、数字、下划线及其组合作为标识符名称，首个字符不能是数字。目前常用以下 6 种方法定义标识符：

（1）单个小写字母，如 i、j。

（2）单个大写字母，如 A、B。

（3）多个小写字母，如 student。

（4）多个大写字母，如 STUDENT。

（5）下划线分隔多个单词，如 st_num、ST_NUM。

（6）大写词（驼峰命名），如 StudentNum。

其中，最常用的是单词命名、驼峰命名和下划线命名。需要注意的是：所定义的标识符不能与关键字相同。

对于不同版本的 Python 解释器，关键字的个数和含义可能略有不同。随着版本的提高，在升级和迭代的过程中，Python 会定义不同版本的关键字，且有可能引入新的方法，同时产生新的关键字。Python 中的每个关键字都代表不同的含义。在 Python 的命令提示符"＞＞＞"后输入命令"help()"，可进入帮助系统查看关键字的信息。示例如下：

```
>>> help()              # 进入帮助系统内部
help > keywords         # 查看关键字列表
help > return           # 查看 return 关键字的相关说明
help > quit             # 退出帮助环境
```

本书使用的是 Python 3.12.1，输入"keywords"可查询到 35 个关键字，如表 2-1 所示。在后续章节将会对这些关键字进行详细介绍。

表 2-1　Python 的关键字

false	class	from	or
none	continue	global	pass
true	def	if	raise
and	del	import	return
as	elif	in	try
assert	else	is	while
async	except	lambda	with
await	finally	nonlocal	yield
break	for	not	

2.2.2　数据类型

Python 的数据类型分为两大类，一类是数字类型，另一类是组合类型。数字类型分为四种，分别是整型、浮点型、布尔型和复数类型。组合类型分为 5 种，分别是字符串、列表、元组、字典和集合。Python 的数据类型如图 2-1 所示。

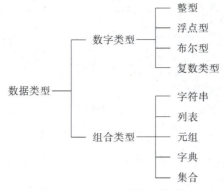

图 2-1　Python 的数据类型

1. 数字类型

1）整型

类似 -3、9、15、-16 这样的数据称为整型数据，有时也简称"整数"。在 Python 中可以使用 4 种进制表示整型，分别为十进制（默认表示方式）、二进制（以"0B"或"0b"开头）、八进制（以"0o"或"0O"开头）和十六进制（以"0x"或"0X"开头）。例如，使用二进制、八进制和十六进制表示整数 12 的示例如下：

```
0b1100          # 二进制
0o14            # 八进制
0xC             # 十六进制
```

2）浮点型

类似 2.7、0.8、-4.6、5.78e3 这样的数据称为浮点型数据。浮点型数据用于保存带有小数点的数值，Python 的浮点型数据一般以十进制形式表示，较大或较小的浮点型数据可以使用科学计数法表示。例如：

```
number_one = 2.7          # 十进制形式表示
number_two = 3e3          # 科学计数法表示(3×10³,即 3000,e 表示底数 10)
number_three = 3e-3       # 科学计数法表示(3×10⁻³,即 0.003,e 表示底数 10)
```

3）布尔型

Python 中的布尔型（bool）数据只有两个取值，即 True、False。实际上，布尔型是一种特殊的整型，其中 True 对应整数 1，False 对应整数 0。Python 中的任何对象都可以转换为布尔型数据，若要进行转换，则符合以下条件的数据都会被转换为 False。

（1）None。

（2）任何为 0 的数字类型，如 0、0.0、0j。

（3）任何空序列，如 ""、0、[]。

（4）任何空字典，如 {}。

（5）用户定义的类实例，如类中定义了__bool__()或__len__()。

除以上对象外，其他对象都会被转换为 True。

可以使用 bool()函数检测对象的布尔值。示例如下：

```
>>> bool(0)
False
>>> bool(None)
False
>>>bool(3)
True
>>>bool([])
False
```

4）复数类型

类似 5+7j、1.6+3.7j 这样的数据称为复数类型数据，简称"复数"。Python 中的复数有以下 3 个特点：

（1）复数由实部和虚部构成，其一般形式为 real+imagj。

（2）实部 real 和虚部的 imag 都是浮点型。

（3）虚部必须有后缀 j 或 J。

在 Python 中有两种创建复数的方式：一种是按照复数的一般形式直接创建；另一种是通过内置函数 complex()创建。示例如下：

```
number_one = 5+7j              # 按照复数格式使用赋值运算符直接创建
number_two = complex(5,7);      # 使用内置函数 complex()函数创建
```

2. 组合类型

1）字符串

字符串是由 0 个（或多个）字符组成的集合，使用单引号"''"或者双引号""""标识，如 'dog'、"Hello world"、"Python 3.12.1"。定义字符串时，单引号与双引号可以嵌套使用。注意：使用双引号表示的字符串中允许嵌套单引号，但不允许嵌套双引号；使用单引号表示的字符串中不允许嵌套单引号。

2）列表

列表是由 0 个（或多个）元素组成的集合，用方括号"[]"标识，各元素之间用"，"进行分隔。示例如下：

```
list1 = [25,'car','李明',[20,"peter"]]
```

3）元组

元组与列表相似，是由 0 个（或多个）不同元素组成的集合，但它用圆括号"()"标识。示例如下：

```
tuple1 =(25,'car','李明',[20,"peter"])
```

4）字典

字典是由 0 个（或多个）键值对（key-value）组成的集合，用大括号"{}"标识，其中键值对由表示数据名称的键（key）和数据的值（value）组成，key 和 value 之间通过半角冒号"："分隔。示例如下：

```
dict1 = {'name':'李明','age':20,'sex':'男'}
```

5）集合

集合类型与数学中的集合概念一致，其内元素是无序、唯一、不可变的，常用来完成成员测试、移除重复数据、交集、并集、差集等操作。在 Python 中，既可以使用大括号"{ }"创建集合，元素之间用逗号","分隔，也可以使用 set()函数创建集合。示例如下：

```
set1 = {"a","b","c"}
```

2.2.3 变量赋值

将数值赋给变量的过程称为赋值，实现赋值过程的语句称为赋值语句。Python 规定变量在使用之前必须被赋值，这与其他编程语言有所不同。在 Python 中，如果对变量仅定义但未赋值，系统将进行报错。因此，Python 的特点是变量在定义时就进行了赋值。

变量定义的语法格式如下：

```
变量 = 数值
```

示例如下：

```
student_score = 89
```

在内存中，变量保持的不是数值而是引用。在该示例中，系统在定义变量后就会为其划分内存，内存中存放变量的数值"89"，student_score 保存的是变量的引用。

2.3 基本的输入/输出

2.3.1 input()函数

input()是 Python 标准函数库中的函数，其主要作用是获取用户从控制台输入的数据，并以字符串的形式将结果返回。需要注意的是，返回的数据类型是字符串。input()函数可以在获取用户从控制台输入的信息之前，向用户输出一些提示信息，如"请输入 3 位数字""请输入年月日"等。其语法格式如下：

```
变量= input(<提示信息>)
```

示例如下：

```
str = input("请输入字符串：");
print ("你输入的字符串是：",str)
```

该代码中定义了变量 str，并提供了提示信息"请输入字符串："，这一提示信息主要用于提示用户要做的事情，print()函数用于将用户输入的字符串输出至控制台。

2.3.2　print()函数

print()是 Python 标准函数库中的基本函数，其主要功能是在控制台中输出信息，下面介绍几种常用的输出方式。

1. 输出字符串

print()函数可以直接输出字符串。例如，输出字符串"运行结果如下："的代码如下：

```
print("运行结果如下：")
```

以上代码可直接输出由双引号（""）括起的字符串。

print()函数也可以输出字符串变量的数值。示例如下：

```
>>> str = "Hello world!"          # 定义字符串 str,并且进行赋值
>>> print(str)                    # 输出字符串
Hello world!                      # 输出结果
```

2. 格式化输出

print()函数可以将变量与字符串组合，按照一定格式输出组合后的字符串。例如，分别将变量 price、sum 和提示文字组合并输出。示例如下：

```
print("每部手机的价格为：%.2f"%price)
print("购买 5 部手机的总价为：%.2f"%sum)
```

以上代码 print()函数中的内容包含由双引号括起的格式字符串、百分号（%）和变量，%用于分隔格式字符串和变量。字符串中的"%f"为格式控制符，用于接收浮点型数据 price 和 sum，".2"表示输出小数点后的前 2 位小数。

如果 print()函数输出的字符串中包含一个（或多个）变量，则应将%后的变量放入圆括号中，并用逗号","进行分隔。示例如下：

```
print("单价 price=%f，总价 sum=%f"%(price,sum))
```

如果 price 的值为 1200.45，sum 的值为 6002.25，则以上代码的输出结果如下：

```
单价 price=1200.45，总价 sum=6002.25
```

3. 不换行输出

print()函数将信息输出到控制台后会自动换行，控制台中的光标会出现在输出信息的下一行。示例如下：

```
>>> print("数据文件写入成功")
数据文件写入成功
>>>                              # "_"为光标
```

运行该代码会出现换行现象。这是因为，print()函数在输出字符串后，还会输出结束标志换行符"\n"。如果希望 print()函数输出信息后不换行，则可以通过设置 print()函数的 end 参

数来修改结束标志。下面以输出字符串"数据文件写入成功"为例来进行说明。

1）删除换行符

```
>>> print("数据文件写入成功",end=")
数据文件写入成功>>> _              #"_"为光标
```

2）结束标志改为"__"

```
>>> print("数据文件写入成功",end='__')
数据文件写入成功__>>> _          #"_"为光标
```

4. 更换间隔字符

默认情况下，print()函数一次性输出的两个字符串之间通过空格分隔。示例如下：

```
>>>str1 = "Hello"
>>>str2 = "World"
>>>print(str1,str2)
Hello World
```

以上输出的字符串变量 str1 和 str2 由空格分隔，可以使用参数 sep 来更换间隔字符。示例如下：

```
>>> print(str1,str2,sep=':')           # 更换为冒号(:)
Hello:World
>>> print(str1,str2,sep=',')           # 更换为逗号(,)
Hello,World
```

2.3.3 eval()函数

eval()函数是标准函数库中一个十分重要的函数，它能以 Python 表达式的方式解析并执行字符串，并将返回结果输出。该函数的语法格式如下：

```
eval(<字符串>)
```

示例如下：

```
>>>num = 5
>>> eval("num + 3")
8
>>>eval("2.5 +3.3")
5.8
```

简而言之，eval(<字符串>)的作用是将输入的字符串转换成 Python 语句，并执行该语句。如果用户希望输入一个数字，并在程序中使用这个数字，则可以采用"eval(input<输入提示字符串>)"的组合。示例如下：

```
>>> student_age = eval(input("请输入学生的年龄："))
请输入学生的年龄：20↙
```

```
>>> print(student_age)
20
```

获取源代码

2.4 案例2：球员身高单位转换

本案例用于完成球员身高单位的相互转换，要求分别完成英制单位和公制单位的转换，即输入待转换的数值和单位后，完成相应的换算。输入时，用 in 表示英寸，用 cm 表示厘米。当把英寸转换成厘米时，将英寸值乘以 2.54；反之，把厘米转换成英寸时，将厘米值除以 2.54。

案例代码如下：

【Case2_1.py】

```
1    value = float(input("请输入您要转换的数值:"))       # 使用 input()获取值 value
2    unit = input("请输入数值的单位:")                  # 使用 input()获取单位 unit
3    if unit == "in" or unit == "英寸":                # 如果单位是英寸或者 in
4        print("{}英寸={:.2f}厘米".format(value,value * 2.54))   # 使用公式计算出厘米值
5    elif unit == "cm" or unit == "厘米":              # 如果单位是厘米或者 cm
6        print("{}厘米={:.2f}英寸".format(value,value / 2.54))   # 使用公式计算出英寸值
7    else:
8        print("请输入有效单位!")                       # 如果输入单位不是英寸或厘米,则提示输入有效单位
```

下面以身高为 226 cm 来验证程序的正确性，运行结果如下：

```
请输入您要转换的数值:226↙
请输入数值的单位:cm↙
226.0 厘米=88.98 英寸
```

然后用身高为 80.5 in 来进行验证，运行结果如下：

```
请输入您要转换的数值:80.5↙
请输入数值的单位:in↙
80.5 英寸=204.47 厘米
```

如输入一个错误的单位，运行结果如下：

```
请输入您要转换的数值:226↙
请输入数值的单位:m↙
请输入有效单位!
```

代码分析：

第 1～6 行和第 8 行采用了单行注释。注释可提高代码的可读性，建议读者养成注释代码的习惯。

第 1 行定义变量 value 存储要转换的值，第 2 行定义变量 unit 存储要转换的单位。变量的作用是存储数据，变量名称可以使用数字、字母、下划线的组合来进行命名，但是变量名称不能以数字开头，且不能与关键字一样。

第 1、2 行使用 input() 函数，在程序运行中提示用户输入信息，提示内容就是函数括号中的内容。用户输入的数据会通过赋值符号（=）赋值给等号左边的变量 value 和 unit。

第 3、5、7 行使用 if 分支语句，对其后面的语句进行判断。只有其后的语句为 True 时才执行相应的后续动作；如果为 False，就会跳过 if 的执行语句而进行下一个判断。

第 4、6、8 行采用了缩进，缩进表示上下语句的逻辑层次关系。代码中的缩进必须一致，若要缩进 4 个空格就全部用 4 个空格缩进。如果不一致，那么程序在执行时就会报错。缩进是 Python 语法的强制要求。

第 4、6 行采用 print() 函数输出转换后的结果，其参数的内容就是输出的结果。format() 是一个函数，大括号 "{}" 里面的字符将被 format() 中的参数替换，其中 {:.2f} 表示取小数点后两位。format() 函数将在 2.8.6 节详细介绍。

本案例可以实现生活中用公式表示的类似转换，如重量转换、汇率转换、距离转换、尺码转换、容量转换等，读者可以尝试编写类似的程序。

2.5　数字类型的运算

2.5.1　运算符类型

按照不同的功能，运算符可划分为算术运算符、赋值运算符、比较运算符、逻辑运算符、成员运算符、身份运算符等。

1. 算术运算符

Python 中的算术运算符包括 +、−、*、/、%、// 和 **，它们都是双目运算符，只要在终端输入由两个操作数和一个算术运算符组成的表达式，Python 解释器就会计算表达式，并给出计算结果。

以操作数 n = 7、m = 2 为例，算术运算符的功能说明及举例如表 2-2 所示。

表 2-2　算术运算符

符号	含义	功能说明	举例
+	加	两个操作数相加，得到操作数的和	n+m，结果为 9
−	减	两个操作数相减，得到操作数的差	n−m，结果为 5
*	乘	两个操作数相乘，得到操作数的积	n*m，结果为 14
/	除	两个操作数相除，得到操作数的商	n/m，结果为 3.5
%	取余	两个操作数相除，得到余数	n%m，结果为 1
//	整除	两个操作数相除，得到商的整数部分	n//m，结果为 3
**	幂	两个操作数进行幂运算，得到幂运算结果	n**m，结果为 49

Python 中的算术运算符既支持相同类型的数据进行运算，也支持不同类型的数据进行混合运算。在混合运算时，Python 会强制将数据进行临时类型转换。类型转换遵循如下原则：

（1）布尔型数据进行算术运算时，将其视为数值 0 或 1。

（2）整型数据与浮点型数据进行混合运算时，将整型数据转换为浮点型数据。

（3）其他类型数据与复数进行运算时，将其他类型数据转换为复数。

简单来说，类型相对简单的数据与类型相对复杂的数据进行运算时，所得的结果为更复杂的类型。示例如下：

```
>>> 25 +False          # 整型+布尔型,布尔型 False 会转换为 0
25
>>> 20/2.0             # 整型/浮点型,整型 20 会转换为浮点型 20.0
10.0
>>>9+(5+2j)            # 整型+复数,整型 9 会转换为复数 9+0j
(14+2j)
```

需要注意的是，除法操作符可能会改变操作数的类型。例如，两个整型数据 7 和 2 进行除法运算，所得的结果是浮点型：

```
>>>7/2                 # 整型/整型,结果转换为浮点型
3.5
```

2. 赋值运算符

赋值运算符的作用是将一个表达式（或对象）赋给一个左值。左值是指一个能位于赋值运算符左边的表达式，它通常是一个可修改的变量。

所有算术运算符都可以与"="组合成复合赋值运算符，包括 +=、-=、*=、/=、%=、// =、**=，它们的功能相似。

以操作数 n = 7、m= 2 为例，赋值运算符的功能说明及举例如表 2-3 所示。

表 2-3　赋值运算符

符号	含义	功能说明	举例
=	等	将右值赋给左值	n=m，结果为 n= 2
+=	加等	将左值加上右值的结果赋给左值	n+=m，结果为 n=9
-=	减等	将左值减去右值的结果赋给左值	n-=m，结果为 n=5
*=	乘等	将左值乘以右值的结果赋给左值	n*=m，结果为 n=14
/=	除等	将左值除以右值的结果赋给左值	n/=m，结果为 n=3.5
%=	取余等	将左值除以右值的余数赋给左值	n%=m，结果为 n=1
// =	整除等	将左值整除右值的商的整数部分赋给左值	n//=m，结果为 n=3
**=	幂等	将左值的右值次幂的结果赋给左值	n**=m，结果为 n=49

3. 比较运算符

比较运算符的功能是比较它两边的操作数，以判断操作数之间的关系。Python 中的比较

运算符包括==、!=、>、<、>=、<=，它们通常用于布尔运算，其运算结果只能是 True 或 False。

以操作数 n = 7、m= 2 为例，比较运算符的功能说明及举例如表 2-4 所示。

表 2-4　比较运算符

符号	功能说明	举例
==	比较左值和右值，若两者相同则为 True，否则为 False	n==m，不成立，结果为 False
!=	比较左值和右值，若两者不相同则为 True，否则为 False	n!=m，成立，结果为 True
>	比较左值和右值，若左值大于右值则为 True，否则为 False	n>m，成立，结果为 True
<	比较左值和右值，若左值小于右值则为 True，否则为 False	n<m，不成立，结果为 False
>=	比较左值和右值，若左值大于或等于右值则为 True，否则为 False	n>=m，成立，结果为 True
<=	比较左值和右值，若左值小于或等于右值则为 Tue，否则为 False	n<=m，不成立，结果为 False

4. 逻辑运算符

逻辑运算符可以把多个条件按照逻辑进行连接，变成更复杂的条件。Python 中的逻辑运算符包括与（and）、或（or）、非（not）三种，下面分别介绍它们的功能。

当用 or 运算符连接两个操作数时，若左操作数的布尔值为 True，则返回左操作数或其计算结果（若为表达式），否则返回右操作数或其计算结果（若为表达式）。示例如下：

```
>>>8-4 or None          # 左操作数是表达式,其布尔值为 True
4
>>> 0 or 2+7            # 左操作数的布尔值为 False
9
```

当用 and 运算符连接两个操作数时，若左操作数的布尔值为 False，则返回左操作数或其计算结果（若为表达式），否则返回右操作数或其计算结果（若为表达式）。示例如下：

```
>>>5-5 and 7
0
>>>4+2 and 8
8
```

当用 not 运算符时，若操作数的布尔值为 False，则返回 True，否则返回 False。示例如下：

```
>>> not(2+3)
False
>>> not(3-3)
True
```

5. 成员运算符

Python 提供了富有特色的成员运算符，能极大地提高编程效率，成员运算符的主要功能是判断给定值是否在序列中。其中，序列包括列表、元组、字符串等。成员运算符分为两种，分别是 in 和 not in。

（1）in：如果指定元素在序列中，则返回 True，否则返回 False。

（2）not in：如果指定元素不在序列中，则返回 True，否则返回 False。

成员运算符的用法示例如下：

```
>>>str1 = "good morning"
>>> 'good' in str1                    # 'good'是否在 str1 中
True
>>> 'good' not in str1                # 'good'是否不在 str1 中
False
```

6. 身份运算符

Python 中的身份运算符分为 is 和 is not，用于判断两个对象的内存地址是否相同。

（1）is：测试两个对象的内存地址是否相同，若相同则返回 True，否则返回 False。

（2）is not：测试两个对象的内存地址是否不同，若不同则返回 True，否则返回 False。

例如，变量 n 的值为 36，变量 m 的值为 17，通过 is 来检查这两个变量的内存地址是否相同，再通过 id()函数进行验证。代码如下：

```
>>>n = 36              # 定义变量 n
>>>m = n               # 将 n 引用的内存地址赋值给 m
>>>n is m              # 此时 n 和 m 引用的内存地址一样
True
>>> id(n)              # 查看 n 的内存地址
140728094572056
>>>id(m);              # 查看 m 的内存地址
140728094572056
```

2.5.2 运算符优先级

在表达复杂运算时，Python 支持使用多个不同的运算符连接简单表达式。为了避免含有多个运算符的表达式在运算过程中产生歧义，Python 为每种运算符都设定了优先级。将 Python 各种运算符按优先级由高到低排列，如表 2-5 所示。

当表达式比较复杂时，要准确地辨别出运算符的先后运算顺序有时会比较困难，这时可以通过添加圆括号来改变表达式的先后执行次序，使括号中的表达式优先执行。例如，对于表达式"9-2/6"，如果希望先执行减法运算，则可以将表达式改写为"(9-2)/6"。

表 2-5　运算符优先级

运算符	功能
**	指数
~	按位取反
+a　-b	正负号
*　/　%	乘法、除法、取余
+　-	加法、减法
<<　>>	按位左移、按位右移
&	按位与
^	按位异或
|	按位或
<　>　<=　>=　!=　==	比较
is　is not	身份测试
in　not in	成员测试
not	逻辑"非"
and	逻辑"与"
or	逻辑"或"

2.5.3　数字类型转换

Python 内置了一系列可实现强制类型转换的函数,可保证用户在有需求的情况下,将目标数据转换为指定的类型。数字间进行类型转换的函数有 float()、int()、bool()、complex(),这些函数的功能如表 2-6 所示。

表 2-6　类型转换函数

函数名称	函数功能
float()	将整型和符合数值类型规范的字符串转换为浮点型
int()	将浮点型、布尔型和符合数值类型规范的字符串转换为整型
bool()	将任意类型转换为布尔型
complex()	将其他数值类型或符合数值类型规范的字符串转换为复数类型

当浮点数转换为整数时,小数部分会发生截断,即舍弃小数点后的部分,而不是四舍五入。复数不能直接转换为其他数据类型,但是可以获取复数的实部或虚部,对它们进行分别转换。

使用 Python 中的 type()函数可以准确获取数值的类型。在具体应用中，用户可以使用类型转换函数来转换数据类型，并通过 type()函数来验证是否转换成功。示例如下：

```
>>> n = 3.14                    # n 为浮点数
>>> type(n)                     # 查看 n 的类型
<class 'float'>
>>> m = int(n)                  # 将浮点数转换为整数
>>> type(m)                     # 查看 m 的类型
<class 'int'>
>>> f = 3 - 4j
>>> float(f.real)               # 将 f 的实部转换为浮点数
3.0
>>> float(f.img)                # 将 f 的虚部转换为浮点数
4.0
>>> complex('5+2j')             # 将字符串转换为复数
(5+2j)
```

2.5.4 案例 3：体脂率计算

获取源代码

体脂率是指人体内脂肪重量在人体总重中所占的比例，又称体脂百分数，它反映人体内脂肪含量的多少。以下案例通过输入一个人的身高、体重、年龄和性别信息来计算体脂率，并判断其体脂率是否在正常范围内。

计算体脂率时，首先计算身体质量指数（body mass index，BMI），其计算公式如下：

$$BMI = \frac{体重(kg)}{身高(m) \times 身高(m)}$$

体脂率的计算公式如下：

体脂率 = 1.2×BMI + 0.23×年龄 − 5.4 − 10.8×性别（男：1；女：0）

一般成年人的正常体脂率范围：男性为 15%~18%；女性为 25%~28%。

代码如下：

【Case2_2.py】

```
1    # 将输入的身高、体重、年龄和性别转换为 float 类型
2    person_height = eval(input("请输入身高(m): "))
3    person_weight = eval(input("请输入体重(kg): "))
4    person_age = eval(input("请输入年龄："))
5    person_sex = eval(input("请输入性别(男：1；女：0): "))
6    # 计算体脂率
7    BMI = person_weight/(person_height*person_height)
8    TZL = 1.2*BMI + 0.23*person_age −5.4 −10.8*person_sex
9    TZL/=100
10   # 判断体脂率是否在正常范围内
11   min_Num = 0.15 + 0.1 *(1-person_sex)
```

```
12    max_Num = 0.18 + 0.1 *(1-person_sex)
13    result = min_Num <= TZL <= max_Num
14    # 输出结果,True 为在正常范围内,False 为不在正常范围内
15    print("您的体脂率: %.3f" %TZL)
16    if(result):
17        print("您的体脂率符合标准")
18    else:
19        print("您的体脂率不符合标准")
```

输入某位男性的数据，运行结果如下：

```
请输入身高(m): 1.78↙
请输入体重(kg): 72↙
请输入年龄: 45↙
请输入性别(男: 1; 女: 0): 1↙
您的体脂率: 0.214
您的体脂率不符合标准
```

输入某位女性的数据，运行结果如下：

```
请输入身高(m): 1.63↙
请输入体重(kg): 52↙
请输入年龄: 32↙
请输入性别(男: 1; 女: 0): 0↙
您的体脂率: 0.254
您的体脂率符合标准
```

2.6 模块 1：math 库

2.6.1 math 库简介

从本节开始，本书将在各章节介绍一些常用的 Python 模块。这些模块分为 Python 环境中默认支持的模块函数库，以及第三方提供的需要进行安装的模块。其中，默认支持的模块函数库也叫作标准模块或内置模块。

math 库是 Python 提供的内置数学模块，由于复数常用于科学计算，一般计算并不常用，因此 math 库不支持复数，仅支持整数和浮点数运算。math 库提供 4 个数学常数和 44 个函数。44 个函数共分为 4 类：数值表示函数（16 个）、幂对数函数（8 个）、三角对数函数（16 个）和高等特殊函数（4 个）。math 库中的函数较多，在实际编程中，如果需要采用 math 库，可以随时查看帮助文档，找到所需的相应函数。

在使用 math 库中的函数前，需要使用保留字 import 导入该库，否则不能使用。导入方式有以下三种。

1. 使用"import math"

对 math 库中函数采用"math.函数名()"的形式使用。示例如下：

```
>>> import math
>>> math.pow(3,2)                    # 返回 3 的 2 次幂
9
```

2. 使用"from math import 函数名"

采用这种方式导入 math 库后，只能使用导入的函数。示例如下：

```
>>> from math import sqrt
>>>sqrt(25)
5
```

3. 使用"from math import *"

采用这种方式导入 math 库后，math 库中的所有函数都可以直接通过"函数名()"的形式使用。示例如下：

```
>>>from math import *
>>>sqrt(25)
5.0
>>>log2(3)
1.584962500721156
```

2.6.2 常数

数学运算中经常使用一些特别的常数，如圆周率 π、自然常数 e 等。math 库提供了 4 个常数，分别是 pi、e、inf 和 nan，它们对应的数学符号和含义如表 2-7 所示。

表 2-7 常数

常数	数学符号	含义
math.pi	π	圆周率，具体数值为 3.1415926536
math.e	e	自然常数，值为 2.7182818285
math.inf	∞	正无穷大，负无穷大为 −math.inf(−∞)
math.nan	—	非浮点数标记，值为 NaN

下面的代码利用 math 库输出自然常数 e 和圆周率 π 的值：

```
>>>import math
>>>print("自然常数 e：%.10f" % math.e)        # 精确到小数点后 10 位
>>>print("圆周率π：%.10f"% math.pi)           # 精确到小数点后 10 位
```

运行结果如下：

自然常数 e：2.7182818285

圆周率π：3.1415926536

2.6.3 常用函数

数学运算中除了一些基本运算以外，还支持一些特殊运算，如求绝对值、阶乘、最大公约数等。math 库提供了一些数值表示函数，这些函数对应的数学表示和功能描述如表 2-8 所示。

表 2-8 math 常用函数

函数名称	数学符号	功能描述
math.fmod(x, y)	$x \bmod y$	返回 x 与 y 的模
math.fabs(x)	$\lvert x \rvert$	返回 x 的绝对值
math.fsum([x, y, …])	$x+y+…$	浮点数精确求和
math.ceil(x)	$\lceil x \rceil$	向上取整，返回不小于 x 的最小整数
math.modf(x)	—	返回 x 的小数和整数部分
math.factorial(x)	$x!$	返回 x 的阶乘，如果 x 是小数或负数，则返回 ValueError
math.gcd(a,b)	(a,b)	返回 a 与 b 的最大公约数
math.floor(x)	$\lfloor x \rfloor$	向下取整，返回不大于 x 的最大整数
math.sin(x)	$\sin x$	返回 x 的正弦函数值
math.cos(x)	$\cos x$	返回 x 的余弦函数值
math.tan(x)	$\tan x$	返回 x 的正切函数值
math.sqrt(x)	$\sqrt{x}$	返回 x 的平方根
math.exp(x)	e^x	返回 e 的 x 次幂，e 是自然对数
math.pow(x,y)	x^y	返回 x 的 y 次幂
math.log2(x)	$\log_2 x$	返回 x 的以 2 为底的对数值

2.7 案例 4：积跬步以至千里，积懈怠以至深渊！

获取源代码

积跬步以至千里，积懈怠以至深渊！这句话的意思是：事在人为，努力就有收获，每天前进一小步，一年下来就是跨了一大步；如果每天落后一小步，一年下来就有非常大的差距。

下面我们编写程序来实现"积跬步以至千里，积懈怠以至深渊！"的模拟运算。计算：如果一个人每天进步 1%，一年后会进步多少？如果他每天退步 1%，一年后会退步多少？

本案例使用 math 库实现，进步 1% 就是 1+0.01=1.01，365 天的累计就变成了 1.01^{365}；同理，退步可以写作 0.99^{365}。

在 math 库中，幂运算使用 pow()函数，其语法如下：

```
math.pow(x,y)        # 返回 x 的 y 次幂
```

每天进步 1% 和每天退步 1% 分别表示如下：

```
pow(1.01,365)
pow(0.99,365)
```

案例代码如下：

【Case2_3.py】

```
1    # 导入 math 库
2    from math import *
3    # 输入进步或退步的幅度
4    dayfactor = eval(input("您准备每天进步或退步的幅度是百分之: "))*0.01
5    # 调用 math.pow()
6    dayup=pow(1+dayfactor,365)
7    daydown=pow(1-dayfactor,365)
8    print("每天进步",dayfactor,"的结果: {:.6f} ".format(dayup))
9    print("每天退步",dayfactor,"的结果: {:.6f} ".format(daydown))
```

当每天进步或者退步 1%时，运行结果如下：

您准备每天进步或退步的幅度是百分之: 1↙

每天进步 0.01 的结果: 37.783434

每天退步 0.01 的结果: 0.025518

当每天进步或者退步 2%时，运行结果如下：

您准备每天进步或退步的幅度是百分之: 2↙

每天进步 0.02 的结果: 1377.408292

每天退步 0.02 的结果: 0.000627

从以上数值对比可以看出，每天进步（或退步）一点，时间久了，就会产生巨大的差距。1.01^{365} 说明，哪怕每天比前一天只有一点点进步，只要坚持下去，一年后就会取得骄人的成绩；0.99^{365} 说明，哪怕每天比前一天只少做一点点，如果天天这样懈怠，一年后就会出现惊人的退步。

2.8 字符串类型及操作

字符串是一组由字符构成的序列，是 Python 中最常用的数据类型。与其他编程语言不同，Python 中的字符串并不支持动态修改。本节将对字符串的表示方式、字符串切片处理、字符串操作符、字符串处理函数等进行详细介绍。

2.8.1 字符串的表示方式

字符串是字符的序列表示，可以由一对单引号（''）、双引号（""）或三引号（"""）构成。其中，单引号和双引号都可以表示单行字符串，两者的作用相同。使用单引号时，双引号可以作为字符串的一部分；使用双引号时，单引号可以作为字符串的一部分；三引号可以表示单行或多行字符串。

1. 单行字符串

单行字符串包含在一对单引号或一对双引号中。例如：

```
# 合法的字符串
'Hello Wor"ld!'
"Python","Pyt'hon"
#不合法的字符串
'Hello Wor'ld!'
"Py"thon"
```

单引号括起的字符串中可以包含双引号，但不能直接包含单引号。这是因为，Python 解释器会将字符串中出现的单引号与标识字符串的第一个单引号配对，系统会认为字符串到此就输出完毕了。同样，使用双引号标识的字符串中不能直接包含双引号。若要解决以上问题，可以对字符串中的特殊字符（单引号、双引号或其他）进行转义处理，即在特殊字符的前面插入转义字符"\"，使转义字符与特殊字符组成新的含义。示例如下：

```
>>>"you can\'t go"          # 对单引号进行语句转化,转化为"you can't go"
"you can't go"
```

以上代码使用转义字符对单引号进行了转义，解释器此时不再将单引号视为字符串的语法标志，而是将其与转义字符视为一个整体。

反斜杠字符"\"是一个特殊字符，在字符串中表示转义，即该字符与后面相邻的一个字符共同组成了新的含义。例如，\n 表示换行、\\表示反斜杠、\'表示单引号、\"表示双引号、\t 表示制表符（Tab）等。示例如下：

```
>>> print("中国\n 是一个\\历史悠久\t 的国家")
中国
是一个\历史悠久  的国家
```

除此之外，还可以在字符串的前面添加 r 或者 R，将字符串中的所有字符按字面的意思使用，禁止转义字符的实际意义。例如：

```
>>> print(r"\nD:\PycharmProjects\Chapter02")          # \n 表示换行符,通过 r 禁止其实际意义
D:\PycharmProjects\Chapter02
```

2. 多行字符串

多行字符串以一对三单引号或三双引号作为边界来表示。示例如下：

```
txt ='''中国位于亚洲东部,太平洋西岸
是一个历史悠久的国家'''
print(txt)
```

运行结果如下：

```
中国位于亚洲东部,太平洋西岸
是一个历史悠久的国家
```

通常情况下，三引号表示的字符串代表文档字符串（多行注释），主要用来说明包、模

块、类或者函数的功能。

另外，Python 的所有函数都有相应的注释。例如，pow()函数的说明注释如下：

```
def pow(*args,**kwargs):#real signature unknown
    """ Return x**y(x to the power of y). """
    pass
```

2.8.2　字符串切片处理

字符串在操作过程中经常用到切片处理方式。切片是指对操作对象截取其中一部分的操作。字符串、列表、元组都支持切片操作，字符串切片的语法格式如下：

```
[起始:结束:步长]
```

需要注意的是，切片选取的区间属于左闭右开型，即从"起始"位开始，到"结束"位的前一位结束（不包含结束位本身）。示例如下：

```
>>>name = "Python programmer"
>>>print(name[0:5])        # 取下标为 0~4 的字符
>>>print(name[3:9])        # 取下标为 3~8 的字符
>>>print(name[2:-1])       # 取下标从 2 开始到倒数第 2 个之间的字符
>>>print(name[3:])         # 取下标从 3 开始到最后的字符
>>>print(name[::-2])       # 逆序，从后往前取步长为 2 的字符
```

运行结果如下：

```
Pytho
hon pr
thon programme
hon programmer
rmagr otP
```

2.8.3　字符串操作符

Python 提供了 5 个字符串操作符，如表 2-9 所示。

表 2-9　字符串操作符

操作符	功能
+	x+y 表示连接字符串 x 与字符串 y
*	x*n 表示复制 n 次字符串 x
in	x in s 表示如果 x 是 s 的子串，则返回 True，否则返回 False
str[i]	索引，返回第 i 个字符
str[N:M]	切片，返回索引第 N~M 个字符的子串，其中不包含 M

字符串常见操作符的用法示例如下：

```
>>>"Good"*3
' GoodGoodGood '
>>> bookname="Python 程序设计"+"案例教程"
>>>"Python" in bookname
True
```

2.8.4 字符串处理函数

Python 提供了一些字符串处理函数，部分如表 2-10 所示。

表 2-10 字符串处理函数（部分）

函数	功能
str(x)	返回任意类型 x 所对应的字符串形式
len(x)	返回字符串 x 的长度，也可返回其他组合数据类型元素个数
ord(x)	返回单字符表示的 Unicode 编码

str(x)用于返回 x 的字符串形式，x 可以是数字类型或其他类型。示例如下：

```
>>> str(3.1415926)
'3.1415926'
```

len(x)用于返回字符串 x 的长度。由于 Python 3.×以 Unicode 字符为计数基础，因此字符串中的英文字符和中文字符都是 1 个长度单位。

```
>>> len("Python 程序设计案例教程")
14
>>> word = 'b'
>>>ord(word)
98
```

2.8.5 字符串内置处理方法

在 Python 解释器内部，所有数据类型都采用面向对象方式实现，封装为一个类。字符串也是一个类，它具有类似"字符串名.函数名()"形式的字符串处理函数。在面向对象编程中，这类函数被称为"方法"。

字符串类型共包含 43 个内置处理方法，表 2-11 列出了常用的内置处理方法。

表 2-11　字符串常用的内置处理方法

方法名称	功能描述
str.isdigit()	若字符串 str 中只包含数字，则返回 True；否则返回 False
str.isnumeric()	若字符串 str 的所有字符都是数字，则返回 True；否则返回 False
str.lower()	返回字符串 str 的副本，全部字符小写
str.upper()	返回字符串 str 的副本，全部字符大写
str.islower()	若字符串 str 的所有字符都是小写，就返回 True；否则返回 False
str.isprintable()	若字符串 str 的所有字符都是可打印的，就返回 True；否则返回 False
str.isspace()	若字符串 str 的所有字符都是空格，就返回 True；否则返回 False
str.endswith(suffix[,start[,end]])	若字符串 str[start:end]以 suffix 结尾，就返回 True；否则返回 False
str.startswith(prefix[,start[,end]])	若字符串 str[start:end]以 prefix 开始，就返回 True；否则返回 False
str.split(sep=None,maxsplit=-1)	返回一个列表，由字符串 str 根据 sep 被分隔的部分构成
str.count(sub[,start[,end]])	返回字符串 str[start:end]中 sub 子串出现的次数
str.replace(old,new[,count])	返回字符串 str 的副本，所有 old 子串被替换为 new，如果 count 给出，则前 count 次 old 出现被替换
str.center(width[,fillchar])	将字符串居中，在两边填充指定字符 fillchar
str.strip([chars])	返回字符串 str 的副本，在其左侧和右侧去掉 chars 中列出的字符
str.zfill(width)	返回字符串 str 的副本，长度为 width，不足部分在左侧添 0
str.format()	返回字符串 str 的一种排版格式
str.join(iterable)	返回一个新字符串，由组合数据类型 iterable 变量的每个元素组成，元素间用 str 分隔

上表列出的内置处理方法在字符串处理中经常使用，受篇幅所限，以下仅介绍部分处理方法。

1. 大小写转换

1）lower、upper

```
str.lower()
str.upper()
```

功能：分别返回字符串 str 的小写、大写格式。注意：这时在另一内存片段中新生成一个字符串。示例如下：

```
>>>'def PQ'.lower()
'def pq'
>>> 'def PQ'.upper()
'DEF PQ'
```

2）title、capitalize

```
str.title()
str.capitalize()
```

功能：title()返回字符串 str 中所有单词首字母大写且其他字母小写的新字符串，capitalize() 返回首字母大写且其他字母全部小写的新字符串。示例如下：

```
>>> 'def PQ'.title()
'Def Pq'
>>> 'def PQ'.capitalize()
'Def pq'
```

3）swapcase

```
str.swapcase()
```

功能：对字符串 str 中的所有字符做大小写转换，即大写转换成小写，小写转换成大写。示例如下：

```
>>> 'def PQ'.swapcase()
'DEF pq'
```

2. 填充

1）center

```
str.center(width[,fillchar])
```

功能：将字符串居中，左右两边用 fillchar 进行填充，使整个字符串的长度为 width。fillchar 默认为空格。如果 width 小于字符串的长度，则无法填充，而直接返回字符串本身。示例如下：

```
>>> 'de'.center(4,'_')        # 使用下划线填充并居中字符串
'_de_'
>>> 'de'.center(5,'_')
'__de_'
```

2）ljust 和 rjust

```
str.ljust(width[,fillchar])
str.rjust(width[,fillchar])
```

功能：ljust()用 fillchar 填充在字符串 str 的右边，使整体长度为 width。rjust()则用 fillchar 填充在字符串 str 的左边。如果不指定 fillchar，则默认使用空格填充。如果 width 小于或等于字符串 str 的长度，则无法填充，而直接返回字符串 str。示例如下：

```
>>> 'abc'.ljust(6,'_')
'abc___'
>>> 'abc'.rjust(6,'_')
'___abc'
```

3. 子串搜索

1）count

```
str.count(sub[,start[,end]])
```

功能：返回字符串 str 中子串 sub 出现的次数，可以指定从哪里开始计算（start）以及计算到哪里结束（end），索引位置从 0 开始计算，不包括 end 边界。示例如下：

```
>>> 'xyabxyxy'.count('xy')
3
```

以下代码的运行结果为 2。因为从索引位置 1 算起（即从 'y' 开始查找），所以查找的范围为 'yabxyxy'。

```
>>> 'xyabxyxy'.count('xy',1)
2
```

以下代码的运行结果为 1。因为不包括 end，所以查找的范围为 'yabxyx'。

```
>>> 'xyabxyxy'.count('xy',1,7)
1
```

2）endswith 和 startswith

```
str.endswith(suffix[,start[,end]])
str.startswith(prefix[,start[,end]])
```

功能：endswith()用于检查字符串 str 是否以 suffix 结尾，返回布尔值 True 或 False。suffix 可以是一个元组，可以指定起始（start）和结尾（end）的搜索边界。同理，startswith()用于判断字符串 str 是否是以 prefix 开头。示例如下：

```
>>> 'abcxyz'.endswith('xyz')
True
```

以下代码的运行结果为 False，因为搜索范围为 'yz'。

```
>>> 'abcxyz'.endswith('xyz',4)
False
```

以下代码的运行结果为 True，因为搜索范围为 'abcxyz'。

```
>>> 'abcxyz'.endswith('xyz',0,6)
True
```

4. 分割（split、rsplit 和 splitlines）

```
str.split(sep=None,maxsplit=-1)
str.rsplit(sep=None,maxsplit=-1)
str.splitlines([keepends=True])
```

功能：以上三个方法都可用于分割字符串，并生成一个列表。split()根据 sep 对字符串 str 进行分割，maxsplit 用于指定分割次数。如果不指定 maxsplit 或给定值为"-1"，则从左向右搜索并且每遇到 sep 一次就分割，直到搜索完字符串。如果不指定 sep 或指定为 None，则改变分割算法，以空格为分隔符，且将连续的空白压缩为一个空格。rsplit()和 split()的功能相似，只不过从右向左搜索。splitlines()用来分割换行符。split()示例如下：

```
>>> '1,2,3'.split(',')
['1','2','3']
>>> '1,2,3'.split(',',1)
['1','2,3']                    # 只分割了一次
>>> '1,2,,3'.split(',')
['1','2','','3']               # 不会压缩连续的分隔符
>>> '<hello><><world>'.split('<')
['','hello>','>','world>']
```

sep 为多个字符的示例：

```
>>> '<hello><><world>'.split('<>')
['<hello>','<world>']
```

不指定 sep 的示例：

```
>>> '1 2 3'.split()
['1','2','3']
```

2.8.6　字符串类型的格式化

1. 使用格式符"%"对字符串格式化

对字符串格式化时，Python 将一个带有格式符的字符串作为模板，这个格式符用于为真实值预留位置，并说明真实数值应该呈现的格式。示例如下：

```
>>>"亲爱的%s 你好" % "李晓明"
'亲爱的李晓明你好'
```

以上所示的字符串"亲爱的%s 你好"是一个模板，该字符串中的"%s"是一个格式符，用来给字符串类型的数据预留位置；"李晓明"是替换"%s"的真实值。模板和真实值之间有一个"%"，表示执行格式化操作。"李晓明"会替换模板中的"%s"，最终返回字符串"亲爱的李晓明你好"。

另外，Python 可以用一个元组（即小括号里面包含多个基本数据类型）将多个值传递给模板，元组中的每个值对应一个格式符。示例如下：

```
>>>"亲爱的%s 你好，你在%d 月的话费是：%.2f 元" % ("李晓明",3,88.5)
'亲爱的李晓明你好，你在 3 月的话费是：88.50 元'
```

上述示例中，"亲爱的%s 你好，你在%d 月的话费是：%.2f 元"是一个模板，其中"%s"为第 1 个格式符，用于为字符串类型的数据占位，"%d"为第 2 个格式符，用于为整型数据占位，"%.2f"为第 3 个格式符，用于为浮点型数据占位。"李晓明""3""88.5"是替换"%s""%d"和".2f"的真实值，在模板和元组之间使用"%"分隔，最终返回的字符串是"亲爱的李晓明你好，你在 3 月的话费是：88.50 元"。

Python 还支持其他类型的格式符，常用的格式符如表 2-12 所示。

表 2-12　常用的格式符

格式符	功能描述
%i 或%d	有符号十进制整数
%s	通过 str()转换后的字符串
%c	字符
%o	八进制整数
%f	十进制浮点数（小写字母）
%F	十进制浮点数（大写字母）
%x	十六进制整数（小写字母）
%X	十六进制整数（大写字母）
%e	科学记数法，小写"e"
%E	科学记数法，大写"E"
%g	浮点数或指数，根据值的大小选择采用%f 或%e
%G	浮点数或指数，根据值的大小选择采用%F 或%E

以格式符方式格式化字符时，支持通过字典传值，这时需要先以"(name)"的形式对变量进行命名，每个命名对应字典的一个键。示例如下：

```
>>>"大家好，我叫%(name)s，今年%(age)d 岁了" % {'name':'李晓明','age':20}
'大家好，我叫李晓明，今年 20 岁了'
```

另外，还可以进一步控制字符串的格式。示例如下：

```
>>>import math
>>>print("%.7f"%math.pi)        # 表示精确到小数点后 7 位
3.1415927
>>>print("%+10o"%12)            # +表示右对齐，宽度为 10，八进制
      +14
>>>print("%05d"%9)             # 表示用 0 填充，宽度为 5，十进制整型
00009
```

2. 使用 format()对字符串格式化

Python 3.×中引入了一种新的字符串格式化方法：format()。它摆脱了操作符"%"的特殊用法，使字符串格式化的语法更加规范。

1）format()的使用方法

format()的基本使用格式如下：

```
<模板字符串>.format(<逗号分隔的参数>)
```

其中，模板字符串由一系列大括号（{}）组成，用于控制修改字符串中嵌入值出现的位置，其基本思想是将 format()中用逗号分隔的参数按照序号关系替换到模板字符串的{}中。如果模板字符串中有多个{}，并且{}内没有指定任何序号（序号从 0 开始编号），则默认按照{}

出现的顺序分别用参数替换，如图2-2所示。

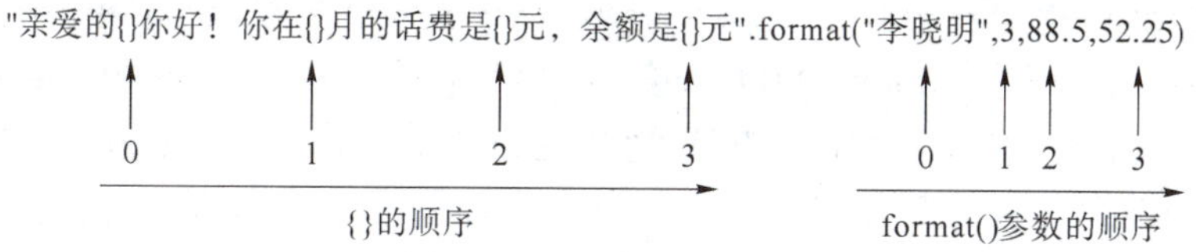

图2-2 { }顺序和参数顺序

示例如下：

>>>"亲爱的{}你好！你在{}月的话费是{}元，余额是{}元。".format("李晓明",3,88.5,52.25)
'亲爱的李晓明你好！你在 3 月的话费是 88.5 元，余额是 52.25 元。'

如果大括号中指定了使用参数的序号，则按照序号对应参数替换，如图2-3所示，参数从0开始编号。

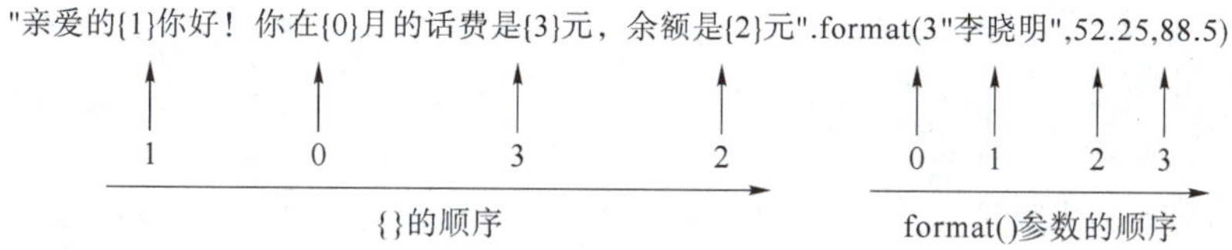

图2-3 { }与参数的对应关系

示例如下：

>>>"亲爱的{1}你好！你在 {0}月的话费是{3}元，余额是{2}元。".format(3,"李晓明",52.25,88.5)
'亲爱的李晓明你好！你在 3 月的话费是 88.5 元，余额是 52.25 元。'

使用 formal()方法可以非常方便地连接不同类型的变量或内容，如果需要输出大括号，则用 "{{" 表示 "{"，用 "}}" 表示 "}"。示例如下：

>>>"{}{}{}".format("圆周率是",3.1415926,"…")
'圆周率是 3.1415926…'
>>>"圆周率{{{1}{2}}}是{0}".format("无理数",3.1415926," …")
'圆周率{3.1415926…}是无理数'

2）format()格式控制

在 format()方法中，模板字符串的{}除了可以包含参数序号，还可以包含格式控制信息，此时{}的内部样式如下：

{<参数序号>:<格式控制标记>}

其中，格式控制标记用来控制参数显示时的格式，格式内容如图2-4所示。

:	<填充>	<对齐>	<宽度>	<,>	<.精度>	<类型>
引导符号	用于填充的单个字符	<表示左对齐 >表示右对齐 ^表示居中对齐	{}的设定输出字符宽度	数字的千位分隔符适用于整数和浮点数	浮点数小数部分的精度或字符串的最大输出长度	整数类型： d,b,c,o,x,X; 浮点数类型： f,%,e,E

图2-4 { }中格式控制标记的字段

格式控制标记包括<填充>、<对齐>、<宽度>、<,>、<.精度>、<类型>6个字段，这些字段都是可选的，可以组合使用。<宽度>、<对齐>和<填充>是3个相关字段。<宽度>指当前{}的设定输出字符宽度，如果该{}对应的format()参数长度比<宽度>的设定值大，则使用参数实际长度；如果该值的实际位数小于指定宽度，则位数默认以空格字符补充。<对齐>是指参数在宽度内输出时的对齐方式，分别使用<、>和^表示左对齐、右对齐和居中对齐。<填充>是指宽度内除了参数外的字符采用什么方式表示，默认采用空格，也可以通过填充来更换。示例如下：

```
>>>str = "Pycharm"
>>>"{0:20}".format(str)              # 默认左对齐
'Pycharm             '
>>>"{0:#^20}".format(str)            # 居中对齐且使用#填充
'######Pycharm#######'
>>>"{0:>20}".format(str)             # 右对齐
'             Pycharm'
>>>"{0:4}".format(str)
'Pycharm'
```

格式控制标记中的逗号（,）用于显示数字类型的千位分隔符。示例如下：

```
>>>"{0:-^30}".format(1234567890)
'----------1234567890----------'
>>>"{0:-^30,}".format(1234567890)    # ,千位分隔
'--------1,234,567,890---------'
>>>"{0:-^30,}".format(123456.7890)
'---------123,456.789----------'
```

<.精度>由小数点（.）开头，表示两个含义：对于浮点数，精度表示小数部分输出的有效位数；对于字符串，精度表示输出的最大长度。示例如下：

```
"{0:.3f}".format(123.45678)
'123.457'
"{0:.3}".format("1234567")
'123'
```

<类型>表示输出整数和浮点数的格式规则。对于整数，输出格式有以下6种：

（1）d：输出整数的十进制数。

（2）b：输出整数的二进制数。

（3）c：输出整数对应的Unicode字符。

（4）o：输出整数的八进制数。

（5）x：输出整数的小写十六进制数。

（6）X：输出整数的大写十六进制数。

示例如下：

```
>>>"{0:d},{0:b},{0:c},{0:o},{0:x},{0:X}".format(225)
'225,11100001,á,341,e1,E1'
```

对于浮点数类型，输出格式有以下 4 种：

（1）f：输出浮点数的标准浮点形式。

（2）%：输出浮点数的百分形式。

（3）e：输出浮点数对应的小写字母 e 的指数形式。

（4）E：输出浮点数对应的大写字母 E 的指数形式。

输出浮点数时，尽量使用<.精度>表示小数部分的宽度，这有助于更好控制输出格式。示例如下：

```
>>>"{0:f},{0:%},{0:e},{0:E}".format(2.78)
'2.780000,278.000000%,2.780000e+00,2.780000E+00'
>>>"{0:.3f},{0:.3%},{0:.3e},{0:.3E}".format(2.78)
'2.780,278.000%,2.780e+00,2.780E+00'
```

2.9　案例5：文本进度条

获取源代码

本案例将利用 Python 字符串处理方法来实现文本进度条功能，案例涉及 print()函数、for 循环、format()方法的使用。首先，定义一个变量，用于接收总的任务量；然后，在 for 循环体中编写表示任务已完成、未完成、完成百分比；最后，使用 format()方法将字符串进行格式化输出。

利用 print()函数实现文本进度条的基本思想：按照任务执行百分比将整个任务划分为 100 个单位，每执行 N% 就输出一次进度条。每行输出包含进度百分比、代表已完成的部分（*）和未完成的部分（.）。程序运行效果如下：

```
38%[*******************..............]
```

由于程序执行速度远超过人眼的视觉停留时间，直接进行字符输出几乎是在瞬间完成，这不利于观察运行效果。为了模拟程序处理的时间效果，在此调用 Python 标准时间库 time。关于时间模块 time 的详细使用方法，将在 6.7 节介绍。使用 time.sleep(seconds)函数将当前程序暂时挂起 seconds 秒，seconds 可以是小数，这样就可以接近真实地模拟进度条效果输出。导入时间模块 time 的语法如下：

```
import time
```

默认情况，print()函数在输出结尾处会自动产生一个 '\n'（即换行符），从而让光标自动移动到下一行行首。为了实现光标不换行，就在 print 最后增加"end="""。进度条的已完成、未完成、完成百分比通过以下代码实现：

```
print("\r{:.0f}%[{}{}]".format(percentage,completed,incomplete),end="")
```

采用 for 循环和 print()函数构成程序的主体部分，使用（:.0f）格式化百分比部分。需要说明的是：\r 在这里表示将默认输出的内容返回第一个指针，后面的内容会覆盖前面的内容，这样就可实现实时显示进度条的功能。

案例代码如下：

【Case2_4.py】

```
1     # 导入时间模块 time
2     import time
3     incomplete_sign = 50                                    # .的数量
4     # 输出开始下载字符串
5     print('='*23+'开始下载'+'='*25)
6     for i in range(incomplete_sign + 1):
7         completed = "*" * i                                 # 表示已完成
8         incomplete = "." * (incomplete_sign – i)            # 表示未完成
9         percentage = (i / incomplete_sign)* 100             # 百分比
10        print("\r{:.0f}%[{}{}]".format(percentage,completed,incomplete),end="")
11        time.sleep(0.5)                                     # 程序挂起 0.5 秒,即 0.5 秒更新一次
12    # 输出下载完成字符串
13    print("\n" + '='*23+'下载完成'+'='*25)
```

程序运行过程中的效果如下：

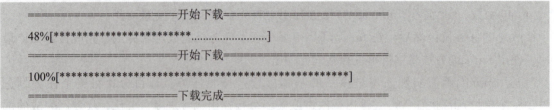

可以看出，程序非常完美地模拟了进度条的运行效果。

2.10　本 章 小 结

本章首先介绍了 Python 程序的编码规范、变量和基本的输入/输出语句，然后分析了数字类型的运算、math 库、字符串类型及操作方法，最后以文本进度条案例演示了字符串的具体应用方法。希望通过本章的学习，读者能够熟练使用字符串操作方法完成字符串的相关操作。

2.11　编 程 题

2.1　请参考球员身高单位转换的程序，完成汇率兑换程序，按照 1 美元=7.17 元人民币汇率，编写一个美元和人民币的双向兑换程序。

2.2　判断水仙花数。水仙花数是一个 3 位数，它的每位数字的 3 次幂之和等于它本身，例如 $1^3+5^3+3^3$=153，153 就是一个水仙花数。编写程序，判断用户输入的 3 位数是否为水仙花数。

2.3　输入一行字符，统计其中有多少个单词，每两个单词之间以空格隔开。例如，输入"This is a Python program"，则输出"There are 5 words in the line."

2.4　从下标 0 开始索引，找出单词"welcome"在字符串"Hello, welcome to my world."中出现的位置，若找不到则返回-1。

2.5　输入一行字符，分别统计出英文字母、空格、数字和其他字符的个数。

第 3 章

神奇的 turtle 库

■ turtle 库是 Python 中一个常用于绘制图像的函数库。turtle 库的功能非常强大，逻辑也非常简单。利用 turtle 库内置的函数，用户可以像使用笔在纸上绘图一样，在 turtle 画布上绘制图形。

■ 从本章开始，将介绍如何利用 turtle 库的知识来绘制瓷砖方块，并逐渐完善"贴瓷砖"游戏。

3.1　初识 turtle 库

turtle 是 Python 自带的标准库之一，用于绘制图形。其绘图原理是：默认情况下，在窗体的中心有一只海龟（turtle），海龟走过的路径形成绘制的图形，海龟由程序控制，可以变换颜色、宽度等。

接下来，利用 turtle 库绘制一条红色线段，代码如下：

【Case3_1.py】

```
1   import turtle              # 导入 turtle 库
2   turtle.setup(500,400)      # 设置窗体大小为宽 500 像素、高 400 像素
3   turtle.color("red")        # 设置画笔颜色是红色
4   turtle.forward(150)        # 向前行进 150 像素
5   turtle.done()              # 结束当前的绘制
```

运行该代码，会弹出一个图形化窗口，如图 3-1 所示。该窗口的大小为宽 500 像素、高 400 像素，窗口中心的光标即海龟，海龟向前移动 150 像素后停下。

3.2　turtle 库中的绘图窗体

turtle 的绘图窗体又称画布（canvas）。我们可以使用 setup() 函数来设置绘图窗体的大小及初始位置。该函数的用法如下：

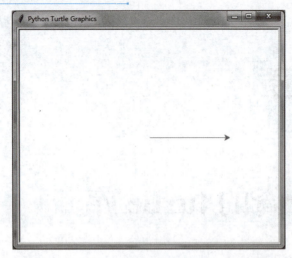

图 3-1　turtle 库绘制线段

turtle.setup(width,height,startx=None,starty=None)

- width、height：分别表示绘图窗体的宽度和高度。值为整数时，表示以像素为单位的尺寸；值为小数时，表示绘图窗体的宽（或高）与屏幕的比例。
- startx、starty：分别表示绘图窗体在计算机屏幕的横坐标和纵坐标，即表示绘图窗体左上角顶点的位置。如果为空，则绘图窗体默认位于屏幕中心。

绘图窗体的参数设置与屏幕的关系如图 3-2 所示。

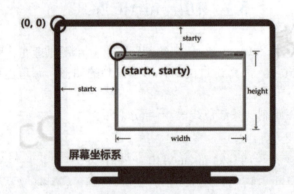

图 3-2　绘图窗体与屏幕

需要说明的是，使用 turtle 库实现图形化程序时，setup()函数不是必需的，如果程序中未调用 setup()函数，则程序运行时会生成一个默认窗口。

3.3　turtle 库中的画笔设置

3.3.1　画笔状态

在 turtle 库中，画笔状态分为提起和放下两种。当画笔为提起状态时，绘制图形不会留下痕迹；只有画笔为放下状态时，移动画笔才会在画布上留下痕迹。turtle 库中的画笔默认为放下状态，改变画笔状态的函数使用如下：

```
turtle.penup()          # 提起画笔
turtle.pendown()        # 放下画笔
```

需要说明的是，turtle 库中的有些函数虽然函数名不同，但其作用相同。例如，可使用 up() 函数表示提起画笔，使用 down()函数表示放下画笔。

3.3.2　画笔属性

1.　设置画笔尺寸

```
turtle.pensize(width=None)
turtle.width(width=None)
```

pensize()和 width()函数的参数 width 都可用于设置画笔绘制出的线条宽度，如果参数为空，则返回画笔当前的尺寸。

2.　设置画笔移动速度

```
turtle.speed(speed)
```

speed()函数的参数 speed 用于设置画笔移动的速度，其取值为范围在[0,10]的整数，数值越大，则速度越快。

3.　设置画笔颜色

```
turtle.pencolor(color)
turtle.color(color)
```

pencolor()和 color()函数的参数 color 有以下几种表示方法：

- 字符串，如"red""yellow""green"。
- RGB 颜色，R、G、B 分别表示红色、绿色、蓝色三种基本颜色所占的比例。
- 十六进制数，如"#33cc8c""#FFFFFF"。

参数 color 的 3 种表示方式中，字符串和十六进制数可直接使用。示例如下：

```
turtle.pencolor("blue")
turtle.pencolor("#0000FF")
```

在使用 RGB 颜色的方式前，需要用 colormode()函数设置颜色模式。colormode()函数的具体用法如下：

```
turtle.colormode(mode)
```

- 当参数 mode 取值为 1.0 时，表示设置为 RGB 小数值模式，此为默认模式。
- 当参数 mode 取值为 255 时，表示设置为 RGB 整数值模式。

使用 RGB 颜色方式设置画笔颜色的示例如下：

```
turtle.colormode(255)              # 将颜色模式设置为 RGB 整数值模式
turtle.pencolor((255,192,203))     # 将画笔颜色设置成粉红色
```

| turtle.colormode(1.0) | # 将颜色模式设置为 RGB 小数值模式 |
| turtle.pencolor((0.63,0.13,0.94)) | # 将画笔颜色设置成紫色 |

3.4 利用 turtle 库绘制图形

3.4.1 turtle 绘图坐标体系

为了使图形出现在合理的位置，我们需要了解 turtle 绘图坐标体系，以确定画笔出现的位置。turtle 绘图坐标体系包括空间坐标体系和角度坐标体系，turtle 空间坐标体系以窗口中心为原点，默认以原点右侧为 x 轴正方向、以原点上方为 y 轴正方向。turtle 空间坐标体系如图 3-3 所示。

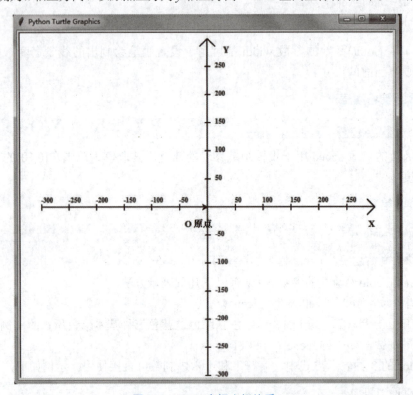

图 3-3 turtle 空间坐标体系

turtle 角度坐标体系以 x 轴正向为 0°，以逆时针方向为正，角度从 0° 逐渐增大；以顺时针方向为负，角度从 0° 逐渐减小。turtle 角度坐标体系如图 3-4 所示。

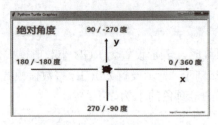

图 3-4 turtle 角度坐标体系

3.4.2　海龟运动控制函数

turtle 库中的运动控制函数主要控制海龟向前、向后的直线移动，以及海龟的弧线运动。

1.　向前移动

turtle.forward(distance)

turtle.fd(distance)

forward()函数和 fd()函数的参数 distance 主要用于指定海龟前进的距离，其方向为海龟朝向。

2.　向后移动

turtle.backward(distance)

turtle.bk(distance)

backward()函数和 bk()函数的参数 distance 主要用于指定海龟后退的距离，其方向与海龟朝向相反。

3.　移动到指定位置

turtle.goto(x,y=None)

goto()函数的参数主要接收表示目标位置的横坐标和纵坐标，用于将海龟移动到一个绝对坐标位置。

4.　弧线运动

turtle.circle(radius,extent=None,steps=None)

使用 circle()函数可绘制以当前坐标为圆心、以指定像素值为半径的圆或弧。circle()函数的参数用法如下：
- radius：用于设置半径。若 radius 的值为正，则圆心在海龟的左侧；若 radius 的值为负，则圆心在海龟的右侧。默认圆心在海龟的左侧。
- extent：用于设置弧形角度。若 extent 的值为正，则顺海龟当前方向绘制；若 extent 的值为负，则逆海龟当前方向绘制；若 extent 的值为 None，则默认绘制 360° 整圆。
- steps：用于设置步长。圆由近似正多边形描述，若 steps 为 None，步长将自动计算；若给出步长，则 circle()函数可用于绘制正多边形。例如，在程序中写入 "turtle.circle(100,3)"，程序将绘制一个边长为 100 像素的等边三角形。

3.4.3　海龟方向控制函数

turtle 库中的方向控制函数主要用于更改海龟朝向。

1.　海龟右转

turtle.right(angle)

turtle.rt(angle)

right()函数和 rt()函数的参数 angle 用于指定海龟右转的角度。

2. 海龟左转

turtle.left(angle)

turtle.lt(angle)

left()函数和 lt()函数的参数 angle 用于指定海龟左转的角度。

3. 设置海龟朝向

turtle.seth(angle)

seth()函数的参数 angle 用于设置海龟在坐标系中的角度。

接下来，通过绘制边长为 100 像素的正方形案例来演示方向控制函数的用法。具体代码如下：

【Case3_2.py】

```
1   import turtle          # 导入 turtle 库
2   turtle.fd(100)         # 前进 100 像素
3   turtle.right(90)       # 调整海龟朝向，向右转 90 度
4   turtle.fd(100)         # 前进 100 像素
5   turtle.right(90)       # 调整海龟朝向，向右转 90 度
6   turtle.fd(100)         # 前进 100 像素
7   turtle.right(90)       # 调整海龟朝向，向右转 90 度
8   turtle.fd(100)         # 前进 100 像素
9   turtle.done()          # 图形绘制结束
```

运行结果如图 3-5 所示。

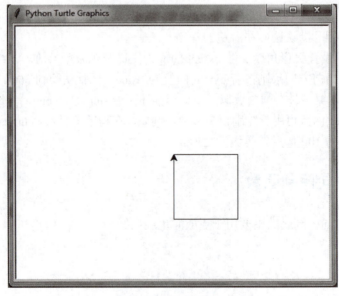

图 3-5　绘制正方形

3.4.4　图形填充

turtle 库中的 fillcolor()函数可用于设置填充颜色，使用 begin_fill()函数和 end_fill()函数填充图形。下面以绘制一个被蓝色填充的圆为例来演示填充函数的用法。代码如下：

【Case3_3.py】

```
1   import turtle
2   turtle.fillcolor("blue")        # 设置填充颜色为蓝色
3   turtle.begin_fill()             # 开始填充
4   turtle.circle(50)
5   turtle.end_fill()               # 结束填充
6   turtle.done()
```

运行结果如图 3-6 所示。

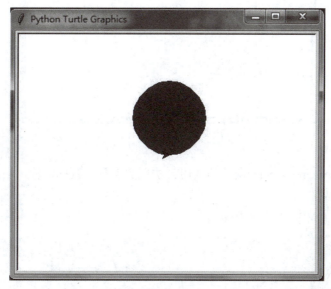

图 3-6　图形填充

3.4.5　海龟事件处理

turtle 库中的 listen()函数可用于设置焦点到图形绘制界面，onkey()函数可用于获取键盘响应，onscreenclick()函数可用于获取鼠标响应。下面以一个案例来演示海龟事件处理的使用方法，该案例要实现的功能是通过按【↑】键（Up 键）来绘制六边形。代码如下：

【Case3_4.py】

```
1   import turtle
2   def f():                        # 定义一个函数，函数名为 f
3       turtle.fd(50)
4       turtle.lt(60)
```

5	turtle.onkey(f,"Up")	# 给函数 f 绑定按键事件
6	turtle.listen()	# 获取屏幕焦点
7	turtle.done()	# 结束绘制

第 5 行代码中的 onkey()函数有两个参数：第一个参数是一个函数，并且该函数没有参数；第二个参数是一个字符串，是一个键（如"a"）或键标（如"space"）。onkey()函数的功能是绑定指定函数到按键事件。

注意：为了绘图窗体能获得焦点，并且响应按键事件，在程序中就必须调用 listen()函数。

运行上面代码，按【↑】键，得到的运行结果如图 3-7 所示。

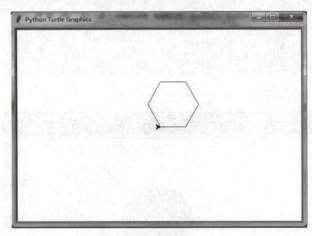

图 3-7　绘制六边形

接下来，演示 onscreenclick()函数的使用方法，实现单击鼠标，输出当前单击位置坐标功能。代码如下：

【Case3_5.py】

```
1   import turtle
2   def get_Pos(x,y):                          # 定义获取当前位置函数
3       print("(",x,"," ,y,")")                # 输出当前位置坐标
4       return
5   turtle.onscreenclick(get_Pos)              # 给函数绑定鼠标单击事件
6   turtle.done()
```

在画布上每单击鼠标左键一次，控制台将输出当前位置的鼠标坐标，结果如下：

```
(-245.0,230.0)
( 127.0,10.0 )
```

函数 onscreenclick(fun,btn=1,add=None)的功能是绑定指定的函数到鼠标单击事件。该函数有 3 个参数：第一个参数 fun 是一个有两个参数的函数，调用时将传入两个参数表示鼠标在画布上单击位置的坐标；第二个参数 btn 是鼠标键编号，默认值为 1（鼠标左键）；第三个参数的默认值为 None，当值为 True 时，表示将添加一个新绑定。

获取源代码

3.5 案例6：利用 turtle 库绘制奥运五环

本案例的代码如下：

【Case3_6.py】

```
1   import turtle
2   # 绘图窗体设置
3   turtle.setup(650,600,50,50)              # 设置窗体大小及位置
4   # 画笔设置
5   turtle.penup()                           # 抬起画笔
6   turtle.fd(-250)                          # 后退 250 像素
7   turtle.pendown()                         # 放下画笔
8   turtle.pensize(6)                        # 设置画笔宽度为 6 像素
9   turtle.seth(-90)                         # 画笔转向-90 度
10  # 绘制第一个环
11  turtle.pencolor("blue")                  # 设置画笔颜色为蓝色
12  turtle.circle(80,540)                    # 以海龟左侧的点为圆心、80 像素为半径，画 540 度的弧
13  turtle.right(180)                        # 画笔向右转 180 度
14  # 绘制第二个环
15  turtle.pencolor("black")
16  turtle.circle(80,540)
17  turtle.right(180)
18  # 绘制第三个环
19  turtle.pencolor("red")
20  turtle.circle(80,540)
21  turtle.left(90)
22  # 移动到绘制第四个环的位置，落笔
23  turtle.penup()
24  turtle.fd(400)
25  turtle.left(90)
26  turtle.fd(100)
27  turtle.pendown()
28  # 绘制第四个环
29  turtle.pencolor("orange")
30  turtle.circle(80,540)
31  turtle.right(180)
32  # 绘制第五个环
33  turtle.pencolor("green")
34  turtle.circle(80,540)
35  turtle.right(180)
36  turtle.done()
```

运行结果如图 3-8 所示。

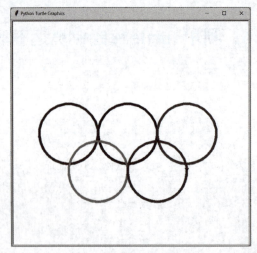

图 3-8　绘制奥运五环

3.6　案例 7："贴瓷砖"游戏之一——绘制瓷砖方块

从本章开始，将利用 turtle 库并结合每章的知识点来逐步完成"贴瓷砖"游戏。该游戏的步骤如下：

第 1 步，绘制一个 4×4 的网格，并且在网格中的随机位置有一个点状橘黄色的瓷砖，如图 3-9（a）所示。

第 2 步，按【T】键，生成一个 L 形的蓝色瓷砖，如图 3-9（b）所示。使用方向键可以移动该瓷砖，每次移动一个单位网格长度；按【R】键，可以旋转该瓷砖，每次旋转 90°。

第 3 步，将蓝色瓷砖移动到网格的适当位置，如图 3-9（c）所示。按【S】键，则瓷砖变为绿色，并且不可再移动，表示已将该瓷砖"贴"在网格上。

第 4 步，重复第 2 步和第 3 步，不断在网格上"贴"瓷砖，并且瓷砖不可重叠，如图 3-9（d）所示。如果能够将网格全部铺满，则游戏胜利；否则，游戏失败。

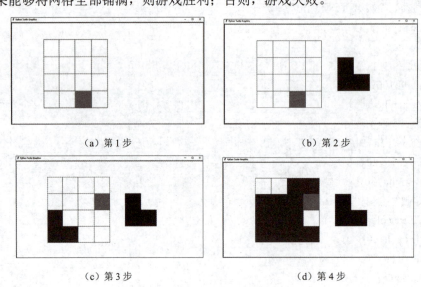

（a）第 1 步　　　　　　　　　（b）第 2 步

（c）第 3 步　　　　　　　　　（d）第 4 步

图 3-9　绘制瓷砖方块

为利用开发过程来逐步巩固各章节知识，本书将该游戏的技术点进行分解，在各章逐步开发，最后进行组合，形成完整游戏。本节将利用 turtle 库绘制 L 形瓷砖和点状瓷砖。

获取源代码

3.6.1　L 形瓷砖的绘制

考虑到瓷砖的旋转需求（将在第 6 章实现），L 形瓷砖的绘制从瓷砖中心点开始，并且将网格的单位长度设置为 100，具体绘制过程可参考如下代码进行梳理。

【Case3_7.py】

```
1    import turtle
2    turtle.fillcolor("blue")
3    turtle.begin_fill()
4    turtle.forward(100)
5    turtle.right(90)
6    turtle.forward(100)
7    turtle.right(90)
8    turtle.forward(100*2)
9    turtle.right(90)
10   turtle.forward(100*2)
11   turtle.right(90)
12   turtle.forward(100)
13   turtle.right(90)
14   turtle.forward(100)
15   turtle.end_fill()
16   turtle.done()
```

运行结果如图 3-10 所示。

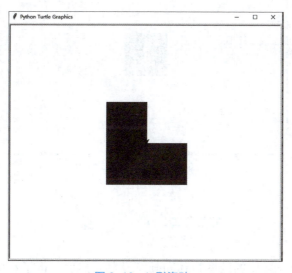

图 3-10　L 形瓷砖

3.6.2 点状瓷砖的绘制

代码如下：

【Case3_8.py】

```
1    import turtle
2    turtle.pendown()
3    turtle.fillcolor("orange")
4    turtle.begin_fill()
5    turtle.forward(100*0.5)
6    turtle.right(90)
7    turtle.forward(100)
8    turtle.right(90)
9    turtle.forward(100)
10   turtle.right(90)
11   turtle.forward(100)
12   turtle.right(90)
13   turtle.forward(100*0.5)
14   turtle.end_fill()
15   turtle.done()
```

运行结果如图 3-11 所示。

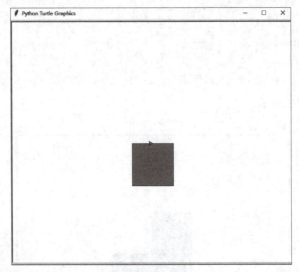

图 3-11　点状瓷砖

3.7　本章小结

本章首先介绍了 turtle 库的绘图窗体和画笔设置，然后分析了利用 turtle 绘制图形的方法，最后讲解了绘制奥运五环和"贴瓷砖"游戏之绘制瓷砖方块案例。希望通过本章的学习，读者能够熟练使用 turtle 库绘制各种所需的图形。

3.8　编　程　题

3.1　等边三角形的绘制。使用 turtle 库中的 turtle.fd()函数和 turtle.seth()函数绘制一个等边三角形，效果如图 P3.1 所示。

3.2　正方形的绘制。使用 turtle 库绘制图 P3.2 所示的正方形。

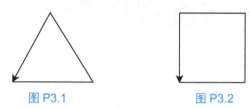

图 P3.1　　　　　　　　　图 P3.2

3.3　使用 turtle 库绘制图 P3.3 所示的紫色蟒蛇图形。

图 P3.3

3.4　使用 turtle 库绘制图 P3.4 所示的新年贺卡。

3.5　使用 turtle 库绘制图 P3.5 所示的太阳花。

图 P3.4　　　　　　　　　图 P3.5

3.6　使用 turtle 库绘制图 P3.6 所示的五角星。

3.7　使用 turtle 库绘制图 P3.7 所示的正方形螺旋线。

图 P3.6　　　　　　　　　图 P3.7

第 4 章

程序的流程控制

■ 程序中的语句在默认情况下按自上而下的顺序执行，但在有些时候，顺序执行不能满足需求。流程控制是指在程序运行时，通过一些特定的指令来更改程序中语句的运行顺序，使其产生跳跃、回溯等现象。

■ 本章将介绍程序流程控制的语法知识，并利用它们完成"贴瓷砖"游戏的网格绘制。

4.1 分 支 结 构

分支结构又称选择结构，这种结构必定包含判断条件。如果满足该判断条件，则允许做某件事情；如果不满足该判断条件，则不做这件事情。例如，当计算两个数相除时，需要判断用户输入的除数是否为零，如果为零，则不予计算。

4.1.1 单分支结构

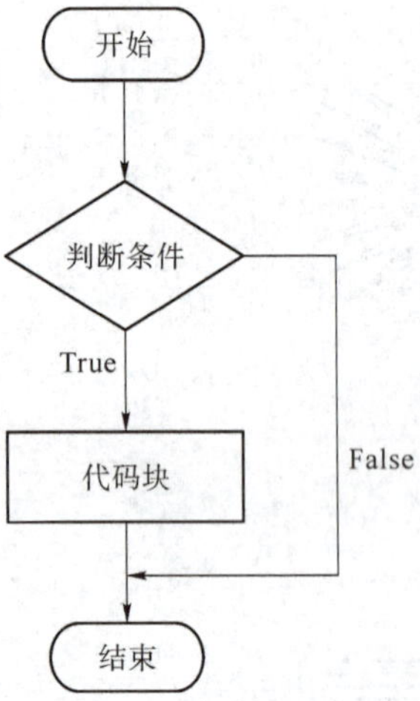

图 4-1 单分支结构流程图

Python 单分支结构的执行过程如图 4-1 所示，其语法格式如下：

```
if 判断条件:
    代码块
```

if 语句是最简单的条件判断语句，它由三部分组成，分别是 if 关键字、条件表达式、代码块。上述格式中，可将 if 关键字理解为"如果"。如果判断条件表达式的值为 True，则执行 if 语句后的代码块；如果判断条件不成立，则跳过 if 语句后的代码块。单分支结构中的代码块只有"执行"与"跳过"两种情况。

例如，使用 if 语句判断一个数的奇偶性，用户根据提示输入一个整数，程序根据输入进行判断：如果是偶数，则输出"此数为偶数"；如果是奇数，则输出"此数为奇数"。具体代码如下：

【Case4_1.py】

```
1    num = int(input("请输入一个整数:"))          # 获取用户输入
2    if num%2==0:                              # 如果对 2 取余等于 0，则此数为偶数
3        print("此数为偶数")
4    if num%2!=0:                              # 如果对 2 取余不等于 0，则此数为奇数
5        print("此数为奇数")
```

上述代码中，首先从控制台接收用户输入的一个整数，然后使用 if 语句判断表达式"num%2==0"的值是否为 True。如果为 True，则执行第 3 行代码，输出"此数为偶数"，进而执行第 4 行代码；否则，跳过第 3 行代码，转而执行第 4 行代码。如果第 4 行代码判断表达式的值为 True，则执行第 5 行代码，输出"此数为奇数"，程序结束。

4.1.2　双分支结构

双分支结构产生两个分支，可根据条件表达式的判断结果来选择执行哪一个分支的语句。双分支结构的流程图如图 4-2 所示，其语法格式如下：

```
if 判断条件:
    代码块 1
else:
    代码块 2
```

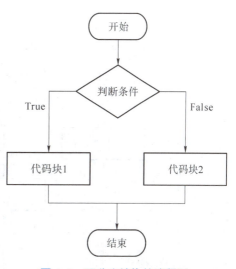

上述格式中，如果 if 条件表达式的判断结果为 True，就执行代码块 1；如果 if 条件表达式的判断结果为 False，则执行代码块 2。

分析 Case4_1.py，如果一个数是偶数，则其肯定不是奇数，因为偶数和奇数存在互斥关系。也就是说，如果第 1 个 if 条件成立，则第 2 个 if 结构无须执行。但是在 Case4_1.py 中，无论第 1 个 if 条件成立与否，第 2 个 if 结构总是会被执行，这样就出现了冗余。

图 4-2　双分支结构的流程图

为了避免执行不必要的条件结构、提高程序执行效率，在编写代码时可以利用双分支结构。双分支结构包括两个分支，这两个分支总是只有一个被执行。

使用双分支结构优化 Case4_1.py，优化后的代码如下：

```
num = int(input("请输入一个整数:"))
if num%2==0:
    print("此数为偶数")
else:
    print("此数为奇数")
```

如果双分支结构中的代码块只包含简单的表达式，则该结构可以浓缩为更简洁的表达方式，其语法格式如下：

```
表达式 1 if 判断条件 else 表达式 2
```

该表达方式可以理解为：如果判断条件为 True，则执行表达式 1；如果判断条件为 False，则执行表达式 2。

可采用以上格式来实现判断奇偶数的程序，代码修改如下：

```
num = int(input("请输入一个整数:"))
result="此数为偶数" if num%2==0 else "此数为奇数"
print(result)
```

4.1.3　多分支结构

双分支结构可以处理两种情况，如果程序需要处理多种情况，则可以使用多分支结构。多分支结构的流程图如图 4-3 所示。

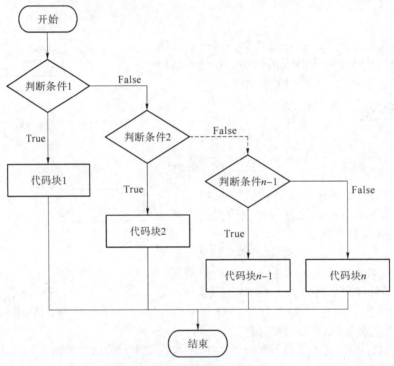

图 4-3　多分支结构的流程图

多分支结构的语法格式如下：

```
if 判断条件 1:
    代码块 1
elif 判断条件 2:
    代码块 2
......
elif 判断条件 n-1:
    代码块 n-1
else:
    代码块 n
```

在该格式中，if 结构之后可以有任意数量的 elif 语句。上述语法格式的执行过程如下：

（1）如果满足判断条件 1，就执行代码块 1，然后整个 if 结构结束。

（2）如果不满足判断条件 1，那么判断是否满足条件 2，如果满足判断条件 2，就执行代码块 2，然后整个 if 结构结束。

（3）照此类推，如果 *n*-1 个判断条件都不满足，则执行 else 后面的代码块 *n*。

4.1.4　案例 8：模拟出租车计价功能

获取源代码

某城市的出租车计价标准：3 km 内，收费 8 元；3～15 km，超出 3 km 的部分按每 550 m 收费 1 元；超过 15 km，超出部分按每 370 m 收费 1 元。编写程序，根据用户输入的行驶千米数，计算应缴费用。

下面使用程序来实现该案例，完整代码如下：

【Case4_2.py】

```
1    distance=eval(input("请输入行驶千米数："))
2    if 0<distance<=3:
3        price=8
4    elif 3<distance<=15:
5        price=8+(distance-3)/0.55*1
6    elif distance>15:
7        price=8+12/0.55*1+(distance-15)/0.37*1
8    print("需要缴费：{:.2f}元".format(price))
```

运行上面代码，输入"12"，得到的运行结果如下：

请输入行驶千米数：12↙
需要缴费：24.36 元

4.1.5　if 嵌套

除了多分支结构，Python 还有一种选择结构，叫作分支嵌套，其语法格式如下：

if 判断条件 1:
　　代码块 1
　　if 判断条件 2:
　　　　代码块 2

在执行该嵌套语句时，先判断外层 if 语句中判断条件 1 的结果是否为 True，如果为 True，则执行代码块 1，然后判断内层 if 语句的判断条件 2 的结果是否为 True，如果判断条件 2 的结果为 True，则执行代码块 2。

针对 if 嵌套，有两点需要说明：

（1）if 语句可以多层嵌套，而不仅限于两层。

（2）外层和内层的 if 判断都可以使用 if 语句、if-else 语句、elif 语句。

获取源代码

4.1.6　案例9：飞机场安检

当我们乘坐飞机时，先检查是否有飞机票，有票才允许进行安检；安检时，需要检查随身携带的液体物品，判断盛放液体物品的容器容积是否超过100毫升：如果超过100毫升，就提示超过允许范围，不允许上飞机；如果不超过100毫升，则安检通过。

下面使用程序来实现该案例，示例代码如下：

【Case4_3.py】

```
1    has_ticket = True           # True 代表有飞机票，False 代表没有飞机票
2    liquid_volume = 300         # 盛放液体物品的容器容积，单位为毫升
3    if has_ticket:
4        print("飞机票检查通过，准备开始安检")
5        if liquid_volume > 100:
6            print("您携带的液体超量，有% d 毫升!" % liquid_volume)
7            print("不允许上飞机")
8        else:
9            print("安检已经通过，祝您旅途愉快!")
10   else:
11       print("请您先买票")
```

运行结果如下：

```
飞机票检查通过，准备开始安检
您携带的液体超量，有 300 毫升！
不允许上飞机
```

读者可以自行修改 has_ticket 和 liquid_volume 两个参数的值，观察不同的运行结果。

获取源代码

4.1.7　案例10：计算体脂率案例优化

本案例通过运用分支结构的知识，对2.5.4节的体脂率计算案例进行优化。

1）数据输入部分

程序要对身高、体重、年龄和性别进行数据有效性验证（限制身高范围、体重范围、年龄范围，性别只能输入"0"或"1"）。

2）数据处理部分

利用分支结构，分别根据男女体脂率的不同标准来进行判断。

3）数据输出部分

程序输出结果应根据性别分别进行问好，并输出较友好的体脂率判断结果。具体要求如下：

（1）如果是男士，则输出"先生，您好"。

（2）如果是女士，则输出"女士，您好"。

（3）如果结果正常，则输出"恭喜您，身体非常健康，请继续保持"。

（4）如果结果异常，则输出"请注意，您的身体偏瘦/偏胖"。

下面使用程序来实现该案例，完整代码如下：

【Case4_4.py】

```
1    # 获取用户输入：身高、体重、年龄、性别
2    PersonHeight = eval(input("请输入身高(m)："))
3    PersonWeight = eval(input("请输入体重(kg)："))
4    PersonAge = eval(input("请输入年龄："))
5    PersonSex = eval(input("请输入性别(男：1；女：0)："))
6    # 优化之一：对输入数据进行数据有效性验证
7    # 1.限制身高：大于 0，小于 3 m
8    # 2.限制体重：大于 0，小于 300 kg
9    # 3.限制年龄：大于 0，小于 150 岁
10   # 4.限制性别：只能输入 0 或 1
11   if not (0 < PersonHeight < 3 and 0 < PersonWeight < 300 and 0 < PersonAge < 150 and
         (PersonSex == 0 or PersonSex == 1)):
12       print("数据不符合标准，程序退出")
13       exit()                           # 如果输入数据不符合，则退出程序
14   # 如果通过数据有效性的验证，则计算体脂率
15   BMI = PersonWeight/(PersonHeight*PersonHeight)
16   TZL = 1.2*BMI + 0.23*PersonAge −5.4 −10.8*PersonSex
17   TZL/=100
18   # 优化之二：利用分支结构，分别根据男女体脂率的不同标准来判断是否正常
19   if PersonSex == 1:
20       # 男性体脂率标准
21       sayHello = "先生，您好"
22       maxNum = 0.18
23       minNum = 0.15
24       result = 0.15 <= TZL <= 0.18
25   elif PersonSex == 0:
26       # 女性体脂率标准
27       sayHello = "女士，您好"
28       maxNum = 0.28
29       minNum = 0.25
30       result = 0.25 <= TZL <= 0.28
31   # 优化之三：输出提示语优化
32   # 根据体脂率的标准进行判断，如果在正常范围，则给予正常的提示
33   if result:
34       notice = "恭喜您，身体非常健康，请继续保持"
35   else:
```

```
36        # 对体脂率不符合标准的要给出偏胖/偏瘦的提示
37        if TZL > maxNum:
38            notice = "请注意，您的身体偏胖"
39        else:
40            notice = "请注意，您的身体偏瘦"
41    print(sayHello,notice)
```

输入某位男性的数据，运行结果如下：

请输入身高(m)：1.78✓

请输入体重(kg)：72✓

请输入年龄：45✓

请输入性别(男：1；女：0)：1✓

先生，您好 请注意，您的身体偏胖

输入某位女性的数据，运行结果如下：

请输入身高(m)：1.63✓

请输入体重(kg)：52✓

请输入年龄：32✓

请输入性别(男：1；女：0)：0✓

女士，您好 恭喜您，身体非常健康，请继续保持

4.2 循 环 结 构

循环结构是一种让指定的代码块重复执行的机制。构造循环结构需要两个要素：一个是循环体，即重复执行的语句和代码；另一个是循环条件，即重复执行代码所要满足的条件。Python 程序中的循环结构分为 while 循环和 for 循环两种，while 循环一般用于实现条件循环，for 循环一般用于实现遍历循环。

4.2.1 while 循环

while 循环是指 while 语句可以在条件为 True 的前提下重复执行某语句块。while 循环的语法格式如下：

```
while 循环条件:
    代码块
```

当程序执行到 while 语句时，若循环条件的值为 True，则执行之后的代码块，代码块执行结束后再次判断 while 语句中的循环条件，如此往复，直到循环条件的值为 False，终止循环。然后，执行 while 循环结构之后的语句。

接下来，用 while 循环编程实现考拉兹猜想 (Collatz conjecture)。考拉兹猜想又称为 $3n+1$ 猜想或冰雹猜想，是指对于每一个正整数，如果它是奇数则对它乘以 3 再加 1，如果它是偶数则对它除以 2，如此循环，最终都能得到 1。示例如下：

【Case4_5.py】

```
1    num = int(input("输入初始值："))
2    while num!=1:
3        if num%2== 0:
4            num = num/2
5        else:
6            num=num*3+1
7        print(num)
```

运行上面代码，得到的运行结果如下：

```
输入初始值：10↙
5.0
16.0
8.0
4.0
2.0
1.0
```

4.2.2　for 循环

for 循环用于遍历任何序列，如字符串、列表、字典等。所谓遍历，就是指逐一访问序列中的数据，如逐一访问字符串中的字符。for 循环的语法格式如下：

```
for 循环变量 in 序列:
    代码块
```

上述格式中的"循环变量"用于保存本次循环中访问到的遍历结构中的元素，for 循环的遍历次数取决于序列中元素的个数。

1. 遍历字符串

例如，可以使用 for 循环编程遍历字符串，并逐个输出字符串中的字符。示例如下：

【Case4_6.py】

```
1    for letter in 'python':
2        print('当前字母:',letter)
```

运行结果如下：

```
当前字母: p
当前字母: y
当前字母: t
当前字母: h
当前字母: o
当前字母: n
```

2. for 循环与 range()函数

Python 中的 range()函数可以创建一个整数列表。range()函数的用法如下：

```
range(start,end,step)
```

range()函数的参数说明如下：

● start：表示列表起始位置。该参数可以省略，此时列表默认从 0 开始。例如，range(5)等价于 range(0,5)。

● end：表示列表结束位置，但不包括 end。例如，range(0,5)表示列表[0,1,2,3,4]。

● step：表示列表中元素的增幅。该参数可以省略，此时列表的步长默认为 1。例如，range(0,5)等价于 range(0,5,1)

对 range()函数参数进行不同取值，得到的数字序列示例如下：

```
>>> range(10)          # 从 0 开始到 9
[0,1,2,3,4,5,6,7,8,9]
>>> range(1,11)         # 从 1 开始到 10
[1,2,3,4,5,6,7,8,9,10]
>>> range(0,10,3)       # 步长为 3
[0,3,6,9]
>>> range(0,-10,-1)     # 负数
[0,-1,-2,-3,-4,-5,-6,-7,-8,-9]
```

for 循环常与 range()函数搭配使用，以控制 for 循环中代码块的执行次数。例如，将其搭配后编程计算 1～100 的和，代码如下：

【Case4_7.py】

```
1    sum=0
2    for i in range(1,101):   # 产生 1～100 的数字序列
3        sum+=i
4    print(sum)
```

运行结果如下：

```
5050
```

如果要对 1～100 内的奇数求和，则可将 Case4_7.py 修改如下：

【Case4_8.py】

```
1    sum=0
2    for i in range(1,101,2):   # 设置步长为 2，产生 1～100 的所有奇数数字序列
3        sum+=i
4    print(sum)
```

运行结果如下：

```
2500
```

4.2.3 循环嵌套

1. while 循环嵌套

在 while 循环中可以嵌套 while 循环，其语法格式如下：

```
while 循环条件 1：
    代码块 1
    while 循环条件 2：
        代码块 2
```

以上格式中，首先判断外层 while 循环的循环条件 1 是否成立，如果成立，则执行代码块 1，且接下来能够执行内层 while 循环；在执行内层 while 循环时，判断循环条件 2 是否成立，如果成立，则执行代码块 2，直至内层 while 循环结束。也就是说，每执行一次外层的 while 语句，如果循环条件 1 成立，就都将内层的 while 循环执行一遍。

使用 while 循环嵌套语句编写程序，根据用户输入的金字塔层数，输出由"＊"组成的金字塔。代码如下：

【Case4_9.py】

```
1   n=int(input("请输入金字塔层数："))
2   level=0
3   while level<n:
4       a = n - level
5       b = 2 * level + 1
6       j=0
7       k=0
8       while j<a:
9           print(' ',end='')
10          j=j+1
11      while k<b:
12          print('*',end='')
13          k=k+1
14      level=level+1
15      print('')
```

运行结果如下：

```
请输入金字塔层数：5↙
    *
   ***
  *****
 *******
*********
```

2. for 循环嵌套

在 for 循环中可以嵌套 for 循环，其语法格式如下：

```
for 循环变量 in 序列：
    代码块 1
    for 循环变量 in 序列：
        代码块 2
```

for 循环嵌套语句与 while 循环嵌套语句的执行顺序类似，都是先执行外层循环再执行内层循环，每执行一次外层循环都要执行一遍内层循环。

将 Case4_9.py 用 for 循环嵌套实现，代码如下：

【Case4_10.py】

```
1   n=int(input("请输入金字塔层数： "))
2   for i in range(n):
3       a = n - i
4       b = 2 * i + 1
5       for j in range(a):
6           print(' ',end='')
7       for k in range(b):
8           print('*',end='')
9       print('')
```

Case4_10.py 的运行结果与 Case4_9.py 的运行结果相同。

获取源代码

4.2.4 案例 11：模拟微波炉定时器

想象一下你在用微波炉上的定时器，输入你想倒数的时间（精确到分和秒），微波炉计时器会倒计时到 0:00，程序中要给出分钟数和秒钟数的倒计时，并输出微波炉显示的剩余时间，每次倒计时都分行输出。注意：输出每一行的时候不需要真的等待 1 秒；需要考虑三种输入情况，如 0:12、10:34、00:96。

下面使用程序来实现该案例，完整代码如下：

【Case4_11.py】

```
1   strInput = input('Enter the digits as input to the microwave: ')
2   inputList = strInput.split(":")              # 按照":"将字符串分隔开，得到分和秒
3   minuteValue = eval(inputList[0])             # 分钟数
4   secondValue = eval(inputList[1] .strip("0")) # 秒钟数
5   # 设置第一圈循环为 True
6   firstLoop = True
7   # 考虑到 0:95 这种情况，即秒数大于 60 s 的情况，在第一圈循环中，将秒数耗尽
8   # 即不管是否大于 60 s，从第二圈循环开始，都从每分钟 60 s 开始
9   for i in range(minuteValue,-1,-1):
```

```
10          if firstLoop:
11              for j in range(secondValue,-1,-1):
12                  # 格式化输出，在数字左侧自动补位，如将 0:9 改为 0:09
13                  print("%d:%02d"%(i,j))
14              firstLoop = False
15          else:
16              for j in range(59,-1,-1):
17                  print("%d:%02d"%(i,j))
```

以输入"0:12"为例，得到的运行结果如下：

```
Enter the digits as input to the microwave: 0:12↙
0:12
0:11
0:10
0:09
0:08
0:07
0:06
0:05
0:04
0:03
0:02
0:01
0:00
```

4.3 其 他 语 句

4.3.1 break 语句

break 语句用于跳出离它最近一级的循环，能够用于 for 循环和 while 循环中，通常与 if 语句结合使用，放在 if 语句代码块中。

例如，循环遍历"python"字符串，当遇到字母"h"的时候结束循环。示例如下：

【Case4_12.py】

```
1   for letter in "python":
2       if letter=='h':
3           break
4       print('当前字母:',letter)
```

上面的代码在遍历到字母"h"时，结束整个循环，"h"后面的字母都没有被遍历。运行结果如下：

```
当前字母: p
当前字母: y
当前字母: t
```

4.3.2 continue 语句

continue 语句用于跳出当前循环，继续执行下一循环。当执行到 continue 语句时，程序会忽略当前循环中剩余的代码，重新开始执行下一次循环。

利用 Case4_12.py，将"break"修改为"continue"。示例如下：

【Case4_13.py】

```
1   for letter in "python":
2       if letter=='h':
3           continue
4       print('当前字母:',letter)
```

上述代码在遍历到字母"h"时，跳出当前循环，不输出字母"h"，继续执行下一循环，"h"后面的字母相继输出。运行结果如下：

```
当前字母: p
当前字母: y
当前字母: t
当前字母: o
当前字母: n
```

4.3.3 else 语句

Python 中的循环语句可以有 else 分支。

在 while 语句中使用 else 语句的语法如下：

```
while  表达式:
    语句块 1
else:
    语句块 2
```

在 for 语句中使用 else 语句的语法如下：

```
for 循环变量 in 序列:
    语句块 1
else:
    语句块 2
```

执行带有 else 语句的循环语句时，会先正常执行循环结构，如果循环正常执行完，接下来就执行 else 语句中的语句块 2，否则不执行 else 中的语句块 2。else 语句的使用示例如下：

【Case4_14.py】

```
1    for letter in "python":
2        print('当前字母:',letter)
3    else:
4        print("字符串遍历完毕")
```

运行该程序时，会先遍历字符串"python"，直到遍历完最后一个字母就结束整个循环，然后程序会执行 else 语句的代码。运行结果如下：

```
当前字母: p
当前字母: y
当前字母: t
当前字母: h
当前字母: o
当前字母: n
字符串遍历完毕
```

在循环过程中，遇到 break 语句就退出是一种循环未执行完的情况。修改 Case4_14.py 的程序，示例如下：

【Case4_15.py】

```
1    for letter in "python":
2        if letter=='h':
3            break
4        print('当前字母:',letter)
5    else:
6        print("字符串遍历完毕")
```

运行该代码，则不再执行 else 语句。运行结果如下：

```
当前字母: p
当前字母: y
当前字母: t
```

4.3.4 pass 语句

pass 语句的含义是空语句，主要是为了保持程序结构的完整性而设计的。pass 语句一般用作占位，该语句不影响其后语句的执行。例如，用 for 循环输出 1~20 之间的偶数，若不是偶数，就用 pass 语句占个位置，方便以后进行处理。示例如下：

【Case4_16.py】

```
1    for i in range(1,20) :
2        if i % 2==0:
3            print(i,end=' ')
4        else :
5            pass
```

运行结果如下：

2 4 6 8 10 12 14 16 18

4.4　模块2：random库

random 库是 Python 的内置标准库，用于生成随机数，它提供了很多函数。接下来，介绍常见的随机数函数。

1. random.random()

random.random()用于生成一个在[0,1)范围的随机浮点数。示例如下：

【Case4_17.py】

```
1   import random
2   # 生成第1个随机数
3   print("random():",random.random())
4   # 生成第2个随机数
5   print("random():",random.random())
```

运行结果如下：

random(): 0.6308799812767377

random(): 0.8647801681762285

2. random.uniform(a,b)

random.uniform(a,b)用于返回 a 与 b 之间的随机浮点数 N。如果 a 的值小于 b 的值，则生成的随机浮点数 N 的取值范围为[a,b]；如果 a 的值大于 b 的值，则生成的随机浮点数 N 的取值范围为[b,a]。示例如下：

【Case4_18.py】

```
1   import random
2   print("random:",random.uniform(10,20))
3   print("random:",random.uniform(30,10))
```

运行结果如下：

random: 12.796566656860763

random: 23.95318886190638

3. random.randint(a,b)

random.randint(a,b)用于返回一个随机的整数 N，N 的取值范围为[a,b]。需要注意的是，a 和 b 的取值必须为整数，并且 a 的值一定要小于 b 的值。示例如下：

【Case4_19.py】

```
1   import random
2   print(random.randint(12,20))
```

```
3    print(random.randint(30,60))
```

运行结果如下：

```
19
47
```

4. random.randrange(start,end,step)

random.randrange(start,end,step)用于返回指定递增基数集合中的一个随机数，基数默认值为 1。其中，参数 start 用于指定范围内的开始值，其包含在范围内；参数 end 用于指定范围内的结束值，其不包含在范围内；参数 step 表示递增基数。

上述这些参数必须为整数。示例如下：

【Case4_20.py】

```
1    import random
2    print(random.randrange(10,100,2))
```

运行结果如下：

```
36
```

5. random.choice(sequence)

random.choice(sequence)用于从参数 sequence 返回一个随机的元素，sequence 可以是列表、元组或字符串。需要注意的是，如果参数 sequence 为空，则会引发 IndexError 异常。示例如下：

【Case4_21.py】

```
1    import random
2    print(random.choice("人生苦短，我学 Python"))
3    print(random.choice(["I","am","a","boy"]))              # 从列表中随机选择元素
4    print(random.choice(("red","blue","white")))            # 从元组中随机选择元素
```

运行结果如下：

```
生
a
blue
```

6. random.shuffle(x,random)

random.shuffle(x,random)用于将列表中的元素打乱顺序，俗称洗牌。示例如下：

【Case4_22.py】

```
1    import random
2    list = [20,16,10,5]
3    random.shuffle(list)
4    print("随机排序列表: ", list)
```

运行结果如下：

随机排序列表: [5,20,10,6]

7. random.sample(sequence,k)

random.sample(sequence,k)用于从指定序列中随机获取 k 个元素，组成一个新的子序列进行返回，不会修改原有序列。示例如下：

【Case4_23.py】

```
1   import random
2   fruit_list=['banana','apple','peach','orange','cherry','grape']
3   slice=random.sample(fruit_list,3)        # 从 fruit_list 中随机获取 3 个元素
4   print(slice)
5   print(fruit_list)
```

运行上面代码，将输出两个结果，第一个结果是从列表中随机获取的 3 个元素，第二个结果是原列表，原有序列并没有改变。运行结果如下：

['banana','grape','cherry']

['banana','apple','peach','orange','cherry','grape']

获取源代码

4.5　案例 12：随机生成四位验证码

验证码是一种区分操作是来自计算机自动操作还是人为操作的方法，该方法可以防止恶意破解密码、刷票、论坛灌水等。接下来要实现随机生成四位验证码的功能，验证码由数字、大写字母、小写字母组成。代码如下：

【Case4_24.py】

```
1    import random
2    checkcode=''
3    for i in range(4):
4        current = random.randint(0,100)              # 随机生成 0～100 之间的整数
5        num = current % 3
6        if num == 0:
7            tmp = chr(random.randint(65,90))          # 生成大写字母
8        elif num == 1:
9            tmp = chr(random.randint(97,122))         # 生成小写字母
10       else:
11           tmp = random.randint(0,9)                 # 生成数字
12       checkcode += str(tmp)                         # 将生成的验证码字符拼接
13   print("本次生成的验证码是 %s"% checkcode)
```

运行结果如下：

本次生成的验证码是 HZhi

4.6 案例13："贴瓷砖"游戏之二 —— 绘制网格

获取源代码

在 3.6 节的"贴瓷砖"游戏中绘制了 L 形、点状瓷砖，本节将介绍如何绘制"贴瓷砖"游戏的网格，如图 4-4 所示。绘制网格过程中存在重复操作，因此需要通过循环结构来进行绘制。

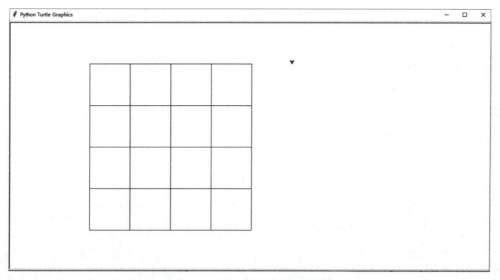

图 4-4 "贴瓷砖"游戏的网格

代码如下：

【Case4_25.py】

```
1    import turtle
2    unit_length = 100                              # 单位边长
3    width = 4                                       # 网格宽为 4 个单元格
4    height = 4                                      # 网格高为 4 个单元格
5    grid_width = unit_length * width
6    grid_height = unit_length * height
7    turtle.setup((width+8)*unit_length,(height+2)*unit_length)
8    turtle.penup()
9    turtle.forward(-1 * grid_width)
10   turtle.right(-90)
11   turtle.forward(grid_height * 0.5)              # 将画笔移动到左上角
12   turtle.right(90)
13   # 绘制横条
14   for i in range(height + 1):
15       turtle.pendown()
16       turtle.forward(grid_width)
17       turtle.penup()
```

```
18      turtle.forward(-1 * grid_width)

19      turtle.right(90)

20      turtle.forward(unit_length)

21      turtle.right(-90)

22   # 画笔回位

23   turtle.home()

24   turtle.penup()

25   turtle.forward(-1 * grid_width)

26   turtle.right(90)

27   turtle.forward(-1 * grid_height * 0.5)

28   # 绘制竖条

29   for i in range(width + 1):

30      turtle.pendown()

31      turtle.forward(grid_height)

32      turtle.penup()

33      turtle.forward(-1 * grid_height)

34      turtle.right(-90)

35      turtle.forward(unit_length)

36      turtle.right(90)

37   turtle.done()
```

4.7　本 章 小 结

本章首先介绍了程序的分支结构、循环结构和其他语句的基本语法，然后分析了 random 库的使用方法，最后讲解了随机生成四位验证码和"贴瓷砖"游戏之绘制网格案例。希望通过本章的学习，读者能够完成程序流程控制语句的编写。

4.8　编 程 题

4.1　输出图 P4.1 所示的九九乘法表。

```
1*1=1
1*2=2    2*2=4
1*3=3    2*3=6    3*3=9
1*4=4    2*4=8    3*4=12   4*4=16
1*5=5    2*5=10   3*5=15   4*5=20   5*5=25
1*6=6    2*6=12   3*6=18   4*6=24   5*6=30   6*6=36
1*7=7    2*7=14   3*7=21   4*7=28   5*7=35   6*7=42   7*7=49
1*8=8    2*8=16   3*8=24   4*8=32   5*8=40   6*8=48   7*8=56   8*8=64
1*9=9    2*9=18   3*9=27   4*9=36   5*9=45   6*9=54   7*9=63   8*9=72   9*9=81
```

图 P4.1

4.2　输入一个行数（必须是奇数），输出图 P4.2 所示的图形。

图 P4.2

4.3　求出 100～300 之间的所有素数。

4.4　输入驾驶员的血液酒精含量，判断是否为酒后驾车。其中驾驶员的血液酒精含量小于 20 mg/100 mL 不构成酒驾，酒精含量大于或等于 20 mg/100 mL 为酒驾，酒精含量大于或等于 80 mg/100 mL 为醉驾。

4.5　输入 PM2.5 的值，输出当日的空气质量情况。空气质量判别标准如下：PM2.5 数值 0~50 为优，51~100 为良，101~150 为轻度污染，151~200 为中度污染，201 以上为重度污染。

4.6　编写程序，实现分段函数的计算，分段函数如下：

$$y=\begin{cases}0, & x<5 \\ 5x-25, & 5\leqslant x<10 \\ (x-5)^2, & 10\leqslant x\end{cases}$$

4.7　猜数游戏。在程序中预设一个 0~9 之间的整数，让用户通过键盘输入所猜的数。如果大于预设的数，则显示"遗憾，太大了"；如果小于预设的数，则显示"遗憾，太小了"；如此循环，直至猜中该数，显示"预测 N 次，你猜中了!"，其中 N 是用户输入数字的次数。

4.8　最大公约数计算。从键盘接收两个整数，编写程序求出这两个整数的最大公约数和最小公倍数（提示：求最大公约数可用辗转相除法，求最小公倍数则用两数的积除以最大公约数即可）。

4.9　输出图 P4.9 所示的数字金字塔。

```
       1
      212
     32123
    4321234
   543212345
  65432123456
 7654321234567
876543212345678
```

图 P4.9

第5章

组合数据类型

■ Python 的数字类型仅能表示一类数据，称为基本数据类型。然而，实际计算中存在大量同时处理多类数据的情况，这种能将多类数据有效组织起来的数据类型称为组合数据类型。

■ 本章将介绍组合数据类型的知识，并利用它们解决"贴瓷砖"游戏中的计算瓷砖单元中心点的问题。

5.1　组合数据类型概念

组合数据类型能够将多个相同类型的数据或不同类型的数据组织起来，通过单一的表示使数据更加有序、更易于使用。根据数据之间的关系，组合数据类型可以分为序列类型、集合类型、映射类型，如图 5-1 所示。

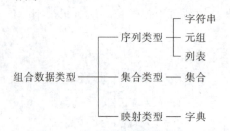

图 5-1　组合数据类型的分类

（1）序列类型存储一组有序的元素，每个元素的类型可以不同，通过索引可以获取序列中的指定元素。

（2）集合类型存储一组无序的元素，集合中的数据不允许重复，必须唯一。

（3）映射类型是"键-值"数据项的组合，其存储的每个元素都是一个键值对，通过键值对的键可以获取对应的值。

5.2 序列类型

5.2.1 序列索引

序列中的每个元素都有属于自己的编号。从起始元素开始，索引值从 0 开始递增，如图 5-2 所示。

图 5-2 序列索引值示意图

Python 还支持索引值是负数，此类索引是从右向左计数，从最右端的元素开始计数，索引值从−1 开始，如图 5-3 所示。

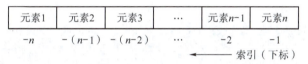

图 5-3 负值索引示意图

注意：在使用负值作为序列中各元素的索引值时，是从 −1 开始，而不是从 0 开始。

5.2.2 序列切片

切片是指对序列截取其中一部分的操作。切片的语法格式如下：

```
[start_index:end_index:step]
```

● start_index：表示起始索引（包含该索引对应值）。该参数省略时，表示从对象"端点"开始取值，至于是从"起点"还是从"终点"开始，则由参数 step 的正负决定。若 step 参数为正，则从"起点"开始；若参数 step 为负，则从"终点"开始。

● end_index：表示终止索引（不包含该索引对应值）。该参数省略时，表示一直取到数据"端点"，至于是到"起点"还是到"终点"终止，则由参数 step 的正负决定。若参数 step 为正，则直到"终点"；若参数 step 为负，则直到"起点"。

● step：正负数均可。其绝对值大小决定切取数据时的"步长"；其正负号决定"切取方向"，为正则表示"从左到右"取值，为负则表示"从右到左"取值。当省略参数 step 时，表示默认步长为 1，即从左到右以步长为 1 取值。

常用的切片操作，有以下几种情况。

1. 步长大于 0

按照从左到右的顺序，每隔"步长 −1"个元素进行一次截取，即索引间的差值为步长值。这时，"起始"指向的位置应该在"结束"指向的位置的左边；否则，返回值为空。

示例如下：

【Case5_1.py】

```
1    string='Python'
2    print(string[0:6])          # 未指定步长，默认为1
3    print(string[2:5:2])        # 指定步长为2
```

运行结果如下：

```
Python
to
```

注意：切片截取的范围属于左闭右开，即从起始索引开始，到结束索引前一位结束（不包含结束位本身）。

2. 步长小于0

按照从右到左的顺序，每隔"步长 -1"个元素进行一次截取。这时，"起始"指向的位置应该在"结束"指向的位置的右边；否则，返回值为空。

示例如下：

【Case5_2.py】

```
1    string='Python'
2    print(string[3:0:-1])
3    print(string[0:3:-2])       # 起始指向的位置在结束指向的位置的左边，返回值为空
```

运行结果如下：

```
hty
```

注意：起始位置的索引必须大于结束位置的索引；否则，返回空字符串。

3. 切取完整对象

示例如下：

【Case5_3.py】

```
1    string='Python'
2    print(string[:])            # 从左到右
3    print(string[::])           # 从左到右
4    print(string[::-1])         # 从右到左
```

运行结果如下：

```
Python
Python
nohtyP
```

4. 获取偶数位置

示例如下：

【Case5_4.py】

```
1   string='Python'
2   print(string[::2])
```

运行上面的代码，可得到字符串偶数位置上的元素，运行结果如下：

```
Pto
```

5. 获取奇数位置

示例如下：

【Case5_5.py】

```
1   string='Python'
2   print(string[1::2])
```

运行上面的代码，可得到字符串奇数位置上的元素，运行结果如下：

```
yhn
```

5.2.3 列表

1. 列表简介

Python 列表是一个可变的序列，它不受长度的限制，可以包含任意个元素。列表的长度和元素都是可变的，开发人员可以自由地对列表中的数据进行各种操作，包括添加、删除、修改元素。

Python 列表的元素表现形式类似于其他编程语言中的数组，列表中的元素使用"[]"包含，各元素之间使用英文逗号分隔。

2. 列表常见操作

1）创建列表

```
list1=[]                    # 创建空列表
list2=[1,10,55,20,6]        # 列表元素的类型均是整型
list3=[10,'word',True,[6,1]] # 列表中元素的类型不同
```

2）访问列表中的元素
例如，访问 list4 列表中的元素，访问方法如下：

【Case5_6.py】

```
1   list4 = ['p','y','t','h','o','n']
2   print(list4[0])        # 输出列表中的第一个元素 p
3   print(list4[1])        # 输出列表中的第二个元素 y
```

运行结果如下：

```
p
y
```

3）列表的遍历

为了能更有效地访问列表中的每个数据，可以使用 for 循环和 while 循环进行遍历。

（1）使用 for 循环遍历列表。

示例如下：

【Case5_7.py】

```
1    list6=["Python",'Java','C']
2    for name in list6:
3        print(name)
```

运行结果如下：

```
Python
Java
C
```

（2）使用 while 循环遍历列表。

在使用 while 循环遍历列表时，需要先获取列表的长度，将获取的列表长度作为 while 循环的条件。示例如下：

【Case5_8.py】

```
1    list7=["Python",'Java','C']
2    length=len(list7)
3    i=0
4    while i <length:
5        print(list7[i])
6        i+=1
```

运行结果如下：

```
Python
Java
C
```

4）在列表中增加元素

（1）通过 append()方法向列表添加元素。

使用 append()方法向列表添加的元素位于列表的末尾。示例如下：

【Case5_9.py】

```
1    list7=["Python","Java","C"]
2    list7.append("C++")
3    print(list7)
```

运行结果如下：

```
['Python','Java','C','C++']
```

（2）通过 extend()方法向列表添加元素。

使用 extend()方法可以将一个列表中的元素全部添加到另一个列表。示例如下：

【Case5_10.py】

```
1    list8=["Python","Java","C"]
2    list9=["C++","C#"]
3    list8.extend(list9)
4    print(list8)
```

运行结果如下：

```
['Python','Java','C','C++','C#']
```

（3）通过 insert()方法向列表添加元素。

使用 insert()方法可以在列表的指定位置添加元素。示例如下：

【Case5_11.py】

```
1    list10=["Python","Java","C"]
2    list10.insert(1,"C++")
3    print(list10)
```

在 Case5_11.py 中，首先创建了一个包含 3 个元素的列表 list10，接着调用 insert()方法向列表中索引为 1 的位置插入一个元素"C++"，该位置及其以后的元素均向后移。

运行结果如下：

```
['Python','C++','Java','C']
```

5）在列表中查找元素

利用 Python 中的成员运算符，可以检查某个元素是否存在于列表中。关于成员运算符的用法如下：

（1）in：若元素存在于列表中，则返回 True，否则返回 False。

（2）not in：若元素不存在于列表中，则返回 True，否则返回 False。

接下来通过一个例子来演示如何在列表中查找元素。代码如下：

【Case5_12.py】

```
1    list11=["Python","Java","C"]
2    find_name=input("请输入要查找的语言：")
3    if find_name in list11:
4        print("在列表中找到了相同的语言")
5    else:
6        print("没有找到")
```

在 Case5_12.py 中，创建了一个包含 3 个元素的列表 list11，然后通过 input()函数接收一个要查找的数据，之后对 list11 进行遍历，查找在该列表中是否存在该数据。程序运行后，会产生两种结果，这两种结果分别如下：

```
请输入要查找的语言：Python✓
在列表中找到了相同的语言
```

请输入要查找的语言：C++↙
没有找到

6）在列表中修改元素

在列表中可通过指定索引来修改列表中的元素。示例如下：

【Case5_13.py】

```
1    list12=["Python","Java","C"]
2    list12[1]="C++"
3    for temp in list12:
4        print(temp)
```

在Case5_13.py中，将list12列表中的索引为1的元素"Java"修改成了"C++"。运行结果如下：

```
Python
C++
C
```

7）在列表中删除元素

在列表中删除元素的方法有3种。

（1）使用del语句删除列表。

使用del语句，既可以删除指定索引的列表元素，也可以直接将整个列表删除。示例如下：

【Case5_14.py】

```
1    list13=["Python","Java","C"]
2    del list13[1]
3    for temp in list13:
4        print(temp)
```

在Case5_14.py中，创建了一个列表list13，然后删除列表中索引为1的元素，并输出列表中的剩余元素。运行结果如下：

```
Python
C
```

（2）使用pop()方法删除列表元素。

使用pop()方法可以删除列表的最后一个元素。示例如下：

【Case5_15.py】

```
1    list14=["Python","Java","C"]
2    list14.pop()
3    for temp in list14:
4        print(temp)
```

运行结果如下：

```
Python
Java
```

（3）使用 remove()方法删除列表元素。

使用 remove()方法可以删除列表的指定元素。示例如下：

【Case5_16.py】

```
1    list15=["Python","Java","C"]
2    list15.remove('Java')
3    for temp in list15:
4        print(temp)
```

运行结果如下：

```
Python
C
```

8）列表的排序

如果希望对列表中的元素进行重新排序，则可以通过 sort()方法或 reverse()方法实现。其中，sort()方法是将列表中的元素按照特定的顺序重新排列，默认顺序为由小到大。如果要将列表中的元素由大到小排列，则可以将 sort()方法中的参数 reverse 的值设为 True。reverse()方法的作用是将列表逆置。示例如下：

【Case5_17.py】

```
1    list16=["Python","Java","C"]
2    list16.reverse()
3    print(list16)
4    list16.sort()
5    print(list16)
6    list16.sort(reverse=True)
7    print(list16)
```

在 Case5_17.py 中，首先定义了一个列表 list16，调用 reverse()方法将列表进行逆置后输出；然后，调用 sort()方法按照从小到大（按字母表的顺序）的顺序排列列表中的元素后输出；最后，调用 sort()方法，将参数 reverse 的值设置为 True，按照从大到小的顺序排列元素后重新输出。运行上面代码，运行结果如下：

```
['C','Java','Python']
['C','Java','Python']
['Python','Java','C']
```

3. 列表的嵌套

列表的嵌套是指一个列表的元素是一个列表。示例如下：

```
course_name=[['程序设计基础','高等数学'],['Java 程序设计','离散数学'],['数据结构与算法','计算机组成原理','操作系统']]
```

获取源代码

5.2.4　案例 14：世界杯参赛队随机分组

世界杯共有 32 支参赛队，这 32 支参赛队分为 8 个小组，每个小组有 4 支参赛队。现在通过随机分配的方式，将32 支参赛队随机分成 8 个小组。

代码如下：

【Case5_18.py】

```
1    import random
2    teams = [[],[],[],[],[],[],[],[]]
3    countrys = ['中国','俄罗斯','德国','巴西','葡萄牙','阿根廷','比利时','波兰','法国',
4              '西班牙','秘鲁','瑞士','英格兰','哥伦比亚','墨西哥','乌拉圭','克罗地亚',
5              '丹麦','冰岛','哥斯达黎加','瑞典','突尼斯','埃及','塞内加尔','伊朗','塞尔维亚',
6              '尼日利亚','澳大利亚','摩洛哥','巴拿马','韩国','沙特']
7    for j in range(8):
8        for i in range(4):
9            index = random.randint(0,len(countrys)-1)
10           teams[j].append(countrys.pop(index))
11   print(teams)
```

运行结果如下：

```
[['丹麦','哥伦比亚','摩洛哥','哥斯达黎加'], ['突尼斯','巴西','韩国','巴拿马'], ['沙特','中国','秘鲁','埃及'],
['俄罗斯','英格兰','比利时','乌拉圭'], ['西班牙','伊朗','波兰','瑞士'], ['克罗地亚','法国','德国','澳大利亚'], ['墨
西哥','葡萄牙','塞尔维亚','冰岛'], ['尼日利亚','阿根廷','塞内加尔','瑞典']]
```

获取源代码

5.2.5　案例 15：字母游戏

输入一个英文句子，找出未在该句子中出现的英文字母。注意：大小写字母算同一个字母，如"A"和"a"都算作"A"。程序的运行结果是以大写字母的形式按字母表的顺序输出未出现的字母。

问题分析：

（1）由于大小写字母都算同一个字母，并且要求程序的最后输出是以大写字母的形式，因此需要将用户输入的所有英文字符都转换成大写字母的形式。

（2）排除用户输入的标点符号及不属于英文字母范围内的字符。

（3）找出未在用户输入的句子中出现的字母。

代码如下：

【Case5_19.py】

```
1    str_input = input('Enter text: ')
2    str_upper = str_input.upper()
3    list = []
4    list_alphabet = ['A','B','C','D','E','F','G','H','I','J','K','L','M','N','O','P','Q','R','S','T','U','V','W','X','Y','Z']
```

```
5    # 排除标点符号等不属于英文字母的字符
6    for i in range(len(str_upper)):
7        if str_upper[i] in list_alphabet:
8            if str_upper[i] not in list:
9    list.append(str_upper[i])
10   result_str = ""
11   # 找出不在字母表中的字母
12   for char in list_alphabet:
13       if char not in list:
14           result_str += char
15   print("Letters not in the text: "+result_str)
```

运行结果如下：

```
Enter text: I am a slow walker, but I never walk backwards. ✓
Letters not in the text: FGHJPQXYZ
```

5.2.6　元组

Python 的元组与列表类似，不同之处在于：元组的元素不能修改；元组用圆括号包含元素，而列表用方括号包含元素。元组的创建很简单，只需要在圆括号中添加元素，并使用逗号分隔，非空元组的括号可以省略。示例如下：

```
tuple1=('Python','Java','C')
tuple2=(1,2,3,4,5)
tuple3="a","b","c","d"
```

接下来，介绍元组的几种常见操作。

1）访问元组

在 Python 中，可以使用索引来访问元组中的元素。示例如下：

【Case5_20.py】

```
1    tuple4=('Python','Java','C')
2    print(tuple4[0])
3    print(tuple4[1])
```

运行结果如下：

```
Python
Java
```

2）修改元组

元组中的元素值是不允许修改的，但可以对元组进行连接组合。示例如下：

【Case5_21.py】

```
1    tuple5=('Python','Java','C')
```

```
2    #  tuple5[1]='C++'        #  操作非法
3    #  可以创建一个新的元组
4    tuple6=('C#','C++')
5    tuple7=tuple5+tuple6
6    print(tuple7)
```

在 Case5_21.py 中，创建了两个元组，使用运算符"+"连接这两个元组，生成了一个新的元组。运行结果如下：

```
('Python','Java','C','C#','C++')
```

需要注意的是，Python 不允许修改或删除元组中的元素，否则会报错。将 Case5_21.py 中的第 2 行代码取消注释，再次运行，程序将报错。运行结果如下：

```
1    Traceback (most recent call last):
2      File "D:\PycharmProjects\Chapter05\Case5_21.py", line 2, in <module>
3        tuple5[1] = 'C++'        #  操作非法
4        ~~~~~~^^^
5    TypeError: 'tuple' object does not support item assignment
```

3）遍历元组

通过 for 循环可以遍历元组。示例如下：

【Case5_22.py】

```
1    tuple8=('Python','Java','C')
2    for temp in tuple8:
3        print(temp,end="")
```

运行结果如下：

```
Python Java C
```

4）元组内置函数

Python 提供的元组内置函数如表 5-1 所示。

表 5-1　元组内置函数

函数名称	函数功能
len(tuple)	计算元组中元素的个数
max(tuple)	返回元组中元素的最大值
min(tuple)	返回元组中元素的最小值
tuple(seq)	将列表、字符串转换为元组

示例如下：

【Case5_23.py】

```
1    tuple9=('Python','Java','C')
2    #  计算元组个数
3    len_size=len(tuple9)
```

```
4        print(len_size)
5        # 返回元组中元素的最大值和最小值
6        tuple10=(6,8,2)
7        max_size=max(tuple10)
8        min_size=min(tuple10)
9        print(max_size)
10       print(min_size)
11       # 将列表转换为元组
12       list_demo=['Python','Java','C']
13       tuple11=tuple(list_demo)
14       print(tuple11)
```

运行结果如下：

```
3
8
2
('Python','Java','C')
```

5.3　字　　典

5.3.1　字典简介

字典是 Python 提供的一种常用的数据结构，用于存放具有映射关系的数据。在编程中，通过"键"查找"值"的过程称为映射。例如，有一份成绩表数据：语文，79；数学，80；英语，92。这组数据看上去像两个列表，但这两个列表之间有一定的关联关系。如果仅用两个列表来保存这组数据，就无法记录两组数据之间的关联关系。为了保存具有映射关系的数据，Python 提供了字典。字典相当于保存了两组数据：一组数据是关键数据，称为 key（键）；另一组数据可通过 key 来访问，称为 value（值）。

注意：由于字典中的 key 是非常关键的数据，而且程序需要通过 key 来访问 value，因此字典中的 key 不允许重复。

字典的创建有两种方式：一种是使用大括号语法来创建字典；另一种是使用 dict() 函数来创建字典。在使用大括号语法创建字典时，大括号中应包含多个 key-value 对，key 与 value 之间用英文冒号隔开，多个 key-value 对之间用半角逗号隔开。

例如，使用大括号语法创建存储成绩表数据的字典，代码如下：

```
scores = {'语文':89,'数学':92,'英语':93}
print(scores)
```

运行结果如下：

```
{'语文':89,'数学':92,'英语':93}
```

在使用 dict()函数创建字典时，可以传入多个列表或元组参数作为 key-value 对，每个列表（或元组）将被当成一个 key-value 对，因此这些列表（或元组）都只能包含两个元素。

例如，使用 dict()函数创建存储成绩表数据的字典。示例如下：

【Case5_24.py】

```
1    scores1=dict([('语文',89),('数学',92),('英语',93)])        # 传入多个元组参数
2    print(scores1)
3    scores2=dict([['语文',89],['数学',92],['英语',93]])        # 传入多个列表参数
4    print(scores2)
```

运行结果如下：

```
{'语文':89,'数学':92,'英语':93}
{'语文':89,'数学':92,'英语':93}
```

此外，也可以给 dict()函数传入关键字参数，代码如下：

【Case5_25.py】

```
1    scores3=dict(语文=89,数学=92,英语=93)
2    print(scores3)
```

运行结果如下：

```
{'语文':89,'数学':92,'英语':93}
```

5.3.2　字典的基本操作

字典包含多个 key-value 对，key 是字典的关键数据，因此程序对字典的操作都是基于 key 的。

1. 查找

字典的查找方法和序列很像，区别在于：序列通过索引查找元素；字典通过 key 查找元素。示例如下：

【Case5_26.py】

```
1    scores = {'语文':89,'数学':92,'英语':93}
2    print(scores['语文'])
3    print(scores['英语'])
```

运行结果如下：

```
89
93
```

2. 修改

若要修改字典，则只需要先通过 key 找到要修改的元素，然后给它赋值。注意，如果没有这个元素，那么执行完这条语句后相当于在字典中添加一项。示例如下：

【Case5_27.py】

```
1    scores = {'语文':89,'数学':92,'英语':93}
2    scores['数学']=72
3    scores['计算机']=98              # '计算机'不存在，相当于添加
4    print(scores)
```

运行结果如下：

```
{'语文':89,'数学':72,'英语':93,'计算机':98}
```

3. 删除

若要删除字典，可以使用 del 语句。示例如下：

【Case5_28.py】

```
1    scores = {'语文':89,'数学':92,'英语':93}
2    del scores['数学']
3    print(scores)
```

运行结果如下：

```
{'语文':89,'英语':93}
```

4. 判断 key-value 是否存在

如果要判断字典是否包含指定的 key，可以使用 in (或 not in) 运算符，如果包含(或不包含)则返回 True，如果不包含（或包含）则返回 False。需要注意的是，对字典使用 in 时，只会在字典中的 key 中查找这个元素。示例如下：

【Case5_29.py】

```
1    scores = {'语文':89,'数学':92,'英语':93}
2    print('数学' in scores)
3    print('计算机' in scores)
4    print('计算机' not in scores)
```

运行结果如下：

```
True
False
True
```

5.3.3 字典的常用方法

1. len()方法

len()方法可用于计算字典中 key-value 对的个数。示例如下：

【Case5_30.py】

```
1    scores = {'语文': 89,'数学': 92,'英语': 93}
```

```
2    print("字典的键值对的个数：%d"%len(scores))
```

运行结果如下：

字典的键值对的个数：3

2. keys()方法

keys()方法可用于获取字典中的所有 key（键）。示例如下：

【Case5_31.py】

```
1    scores = {'语文':89,'数学':92,'英语':93}
2    print(scores.keys())
```

运行结果如下：

dict_keys(['语文','数学','英语'])

3. values()方法

values()方法可用于获取字典中所有的 value（值）。示例如下：

【Case5_32.py】

```
1    scores = {'语文':89,'数学':92,'英语':93}
2    print(scores.values())
```

运行结果如下：

dict_values([89,92,93])

4. items()方法

items()方法可用于获取字典中的所有 key-value 对。示例如下：

【Case5_33.py】

```
1    scores = {'语文':89,'数学':92,'英语':93}
2    print(scores.items())
```

运行结果如下：

dict_items([('语文',89),('数学',92),('英语',93)])

5. get()方法

访问字典元素时，可以直接通过键来查找值，但这样会有一个问题：当这个键在字典中不存在时，程序会出错。如果想获取某个键对应的值，但是又不确定字典中是否有这个键，这时可以通过 get()方法进行获取。get()方法用于返回指定键的值，如果访问的键不在字典中，则返回默认值。示例如下：

【Case5_34.py】

```
1    scores = {'语文':89,'数学':92,'英语':93}
2    print(scores.get('计算机'))
3    print(scores.get('计算机',98))
```

在 Case5_34.py 中，调用 get()方法尝试获取"计算机"键对应的值，由于字典中不存在该键，所以会返回 None；之后，再次调用 get()方法，并设置默认值为 98，所以程序会返回 98。运行结果如下：

```
None
98
```

6. pop()方法

字典与列表一样，都有 pop()方法，由于字典中的项是无序的，因此没有默认移除最后一个的说法。在使用 pop()方法时需指定一个键，pop()方法会返回这个键所对应的值，然后移除该项。如果指定的键不存在，就会引发错误。示例如下：

【Case5_35.py】

```
1    scores = {'语文':89,'数学':92,'英语':93}
2    scores.pop('英语')
3    print(scores)
```

运行结果如下：

```
{'语文': 89,'数学': 92}
```

7. clear()方法

使用 clear()方法可以清除字典中所有的项。示例如下：

【Case5_36.py】

```
1    scores = {'语文':89,'数学':92,'英语':93}
2    scores.clear()
3    print(scores)
```

运行结果如下：

```
{}
```

5.3.4　字典的遍历

1. 遍历字典的键

示例如下：
【Case5_37.py】

```
1    scores = {'语文':89,'数学':92,'英语':93}
2    for key in scores.keys():
3        print(key)
```

运行上面的代码，对字典中的键进行遍历，运行结果如下：

语文

数学

英语

2. 遍历字典的值

示例如下：

【Case5_38.py】

```
1    scores = {'语文':89,'数学':92,'英语':93}
2    for value in scores.values():
3        print(value)
```

运行上面的代码，对字典中的值进行遍历，运行结果如下：

```
89
92
93
```

3. 遍历字典中的元素

示例如下：

【Case5_39.py】

```
1    scores = {'语文':89,'数学':92,'英语':93}
2    for item in scores.items():
3        print(item)
```

运行上面的代码，对字典中的元素进行遍历，运行结果如下：

```
('语文',89)
('数学',92)
('英语',93)
```

4. 遍历字典中的键值对

示例如下：

【Case5_40.py】

```
1    scores = {'语文':89,'数学':92,'英语':93}
2    for key,value in scores.items():
3        print("key=%s,value=%s"%(key,value))
```

运行上面的代码，得到字典中的键和值，运行结果如下：

```
key=语文,value=89
key=数学,value=92
key=英语,value=93
```

5.4　模块 3：jieba 库

5.4.1　jieba 库概念

jieba 是优秀的中文分词第三方库。中文分词是指将中文语句（或语段）拆分成若干汉语词汇。例如，语句"我爱我的祖国"经过分词处理之后，被分成"我""爱""我""的""祖国"五个汉语词汇。

在英文文本中，每个单词之间以空格作为自然分界符，而中文只有句子和段落能通过明显的分界符来简单划分，词并没有一个形式上的分界符。虽然英文也同样存在短语的划分问题，但是在词的划分这一层上，中文要比英文复杂得多、困难得多。

jieba 库是第三方库，不是 Python 安装包自带的，因此需要通过 pip 指令安装，pip 安装命令如下：

```
C:\Users\40933>pip install jieba
```

其中，"C:\Users\40933>"是命令提示符，不同计算机的命令提示符可能略有不同。

5.4.2　jieba 库的分词函数

jieba 库主要提供分词功能，可以辅助自定义分词词典。jieba 库中包含的常用分词函数如表 5-2 所示。

表 5-2　jieba 库的常用分词函数

函数名称	函数功能
jieba.cut(s)	精确模式，返回一个可迭代的数据类型
jieba.cut(s,cut_all=True)	全模式，输出文本 s 中所有可能的单词
jieba.cut_for_search(s)	搜索引擎模式，适合搜索建立索引的分词结果
jieba.lcut(s)	精确模式，返回一个列表类型
jieba.lcut(s,cut_all=True)	全模式，返回一个列表类型
jieba.lcut_for_search(s)	搜索引擎模式，返回一个列表类型

下面用一个例子来演示 jieba 库常用分词函数的使用方法，示例如下：

【Case5_41.py】

```
1    import jieba
2    str = "实施科教兴国战略，强化现代化建设人才支撑"
3    # 精确模式，返回列表类型
4    print(jieba.lcut(str))
5    # 全模式，返回列表类型
6    print(jieba.lcut(str, cut_all=True))
```

```
7      # 搜索引擎模式，返回列表类型
8      print(jieba.lcut_for_search(str))
9      # 精确模式，返回可迭代的数据类型
10     seg_list = jieba.cut(str)
11     for s in seg_list:
12         print(s, end=',')
```

运行结果如下：

```
['实施', '科教兴国', '战略', ',', ' ', '强化', '现代化', '建设', '人才', '支撑']
['实施', '科教', '科教兴国', '兴国', '战略', ',', ' ', '强化', '现代', '现代化', '建设', '人才', '支撑']
['实施', '科教', '兴国', '科教兴国', '战略', ',', ' ', '强化', '现代', '现代化', '建设', '人才', '支撑']
实施,科教兴国,战略,, ,强化,现代化,建设,人才,支撑,
```

获取源代码

5.5 案例 16：中文词频统计

《水浒传》是中国四大名著之一，书中出现了一百多个各具特色的人物，全书哪些人物出场最多呢？下面我们统计一下排在前五名的人物及其出场次数。

人物出场统计涉及对词汇的统计，中文文章需要分词才能进行词频统计，这需要使用 jieba 库。《水浒传》文本保存为水浒传.txt。实现代码如下：

【Case5_42.py】

```
1      import jieba
2      txt = open("水浒传.txt",'r',encoding='utf-8').read()      # 获取文本字符串
3      words = jieba.lcut(txt)                                  # 精确模式分词
4      counts = {}                                              # 定义空字典，用于存放词语和词频
5      for word in words:
6          if len(word) == 1:                                  # 排除一个字（非人名）
7              continue
8          else:
9              counts[word]=counts.get(word,0) + 1             # 统计词语出现的次数
10     items = list(counts.items())                             # 将字典转换为列表
11     items.sort(key=lambda x:x[1], reverse=True)              # 以记录第 2 列从高到低排序
12     # 采用固定格式输出前 15 个人物
13     for i in range(15):
14         word,count=items[i]
15         print("{0:<10}{1:>5}".format(word,count))
```

程序的第 2 行代码通过 Python 的读取文件功能把文件中的内容转换成字符串。open()函数可用于打开文件，其中第一个参数是文件所在的路径，第二个参数是文件的打开模式，第三个参数是确定所要打开文件的编码格式。read()函数用于读取文件，并将读取到的内容转换成字符串。

程序的第 3 行代码使用 jieba 库将已经获取到的文本字符串进行分词。在进行分词之后，可以获取很多词语。若要统计每个词语出现的次数，就需要使用一种数据结构来同时保存词语和词频，第 4 行代码使用字典类型 counts={}实现该功能。

假设将单词保存在变量 word 中，当遇到一个新词时，单词没有出现在字典结构中，则需要在字典中新建键值对。统计单词出现的次数可采用如下代码：

```
if word in counts:
    counts[word] = counts[word]+1
else:
    counts[word]=1
```

或者，这个处理逻辑可以更简洁地表示为如下代码：

```
counts[word] = counts.get (word,0)+1
```

统计词语和次数如程序的第 5~9 行代码所示。字典类型的 counts.get(word,0)方法表示：如果 word 在 counts 中，则返回 word 对应的值，如果 word 不在 counts 中，则返回 0。

下一步需要对单词的统计值从高到低进行排序，输出前 15 个高频词语，并格式化打印输出。由于字典类型没有顺序，需要将其转换为有顺序的列表类型，再使用 sort()方法和 lambda 函数配合实现根据单词出现的次数对元素进行排序，如程序的第 10、11 行，代码如下：

```
items = list(counts.items())              # 将字典转换为列表
items.sort(key=lambda x:x[1], reverse=True)  # 以记录第 2 列从高到低排序
```

程序的第 13~15 行，采用固定格式输出前 15 个人物。运行结果如下：

```
宋江      2473
两个      1669
一个      1349
李逵      1100
武松      1027
只见       904
如何       898
那里       846
哥哥       755
说道       698
军马       698
头领       697
林冲       670
众人       653
吴用       648
```

输出结果中出现很多与人物无关的词，如"两个""一个""只见""如何"等，所以需要将这些词语排除，对此，可以将这些无意义的词语存放到集合中，并通过遍历集合中的无意义词语来删除字典中的元素。代码如下：

```
for word in excludes:
    del counts[word]
```

因为故事中对于宋江的称呼有"宋公明""宋押司""及时雨"，对李逵的称呼有"黑旋风""铁牛"，所以需要对多个词语进行统一处理。以统一称呼宋江为例，可使用如下代码：

```
if word == "宋公明" or word == "宋押司" or word == "及时雨":
    rword = "宋江"
```

修改后的代码如下：

【Case5_43.py】

```
1    import jieba
2    excludes = {"两个","一个","只见","如何","那里", "哥哥","说道","军马","头领","众人"}
3    txt = open("水浒传.txt",'r',encoding='utf-8').read()       # 获取文本字符串
4    words = jieba.lcut(txt)                                    # 精确模式分词
5    counts = {}                                                # 定义空字典，用于存放词语和词频
6    for word in words:
7        if len(word) == 1:                                     # 排除一个字（非人名）
8            continue
9        # 同人不同名合并
10       elif word == "宋公明" or word == "宋押司" or word == "及时雨":
11           rword = "宋江"
12       elif word == "黑旋风" or word == "铁牛":
13           rword = "李逵"
14       elif word == "武二郎" or word == "武行者":
15           rword = "武松"
16       elif word == "林教头" or word == "豹子头":
17           rword = "林冲"
18       elif word == "吴学究" or word == "智多星":
19           rword = "吴用"
20       else:
21           rword = word
22       counts[rword] = counts.get(rword, 0) + 1               # 统计词语出现的次数
23   for word in excludes:
24       del (counts[word])
25   items = list(counts.items())                               # 将字典转换为列表
26   items.sort(key=lambda x:x[1], reverse=True)                # 以记录第2列从高到低排序
27   # 采用固定格式输出前5个人物
28   for i in range(5):
29       word,count=items[i]
30       print("{0:<10}{1:>5}".format(word,count))
```

运行结果如下：

宋江	2784
李逵	1259
武松	1029
林冲	736
吴用	664

由此可以得出结论，"宋江""李逵""武松""林冲""吴用"是《水浒传》中出场次数最多的人物，感兴趣的读者请继续完善程序，排除更多无关词汇干扰，总结出场最多的 20 个人物。

5.6　集　　合

与数学中的集合一样，Python 中的集合也具有两个重要特性——无序、唯一。Python集合中的元素与字典中的一样，都是无序的，但集合没有 key（键）的概念。在创建集合对象时，相同的元素会被去除，只留下一个。

5.6.1　集合的创建

集合使用"{}"包含元素，各元素之间使用半角逗号进行分隔。创建集合最简单的方法是使用赋值语句。示例如下：

```
set_demo={1, 2, 3}
```

此外，还可以使用 set()函数创建可变集合，在该函数中可以传入任何组合数据类型。示例如下：

【Case5_44.py】

```
1    set_one = set('Python')
2    print(set_one)
3    set_two = set((100, True, 'Word'))
4    print(set_two)
```

运行结果如下：

```
{'h', 'n', 'y', 't', 'P', 'o'}
{True, 100, 'Word'}
```

注意：空集合只能使用 set()函数进行创建。

5.6.2　集合的基本操作

1.　访问元素

由于集合中的元素是无序的，也没有 key（键）这个概念，因此集合不能通过索引和键访问元素。Python 中只能通过循环语句来遍历集合中的所有元素。示例如下：

【Case5_45.py】

```
1    set_demo = set(["I","like","python", "C"])
2    for item in set_demo:
3        print(item)
```

代码运行结果如下：

```
C
like
python
I
```

从运行结果可以看出，由于集合是无序的，因此输出的顺序与集合定义的顺序不一定相同。

2. 添加元素

在 Python 中，可以使用 add()方法实现向集合中添加元素。示例如下：

【Case5_46.py】

```
1    set_demo = set("py")
2    set_demo.add("thon")        # 使用 add()方法添加元素
3    print(set_demo)
```

运行结果如下：

```
{'p', 'thon', 'y'}
```

3. 删除元素

在 Python 中，使用 remove()方法、discard()方法和 pop()方法删除集合中的元素，下面介绍这三种方法的具体功能。

1）remove()方法

remove()方法可用于删除集合中的指定元素。示例如下：

【Case5_47.py】

```
1    remove_set = {'red', 'green', 'black'}
2    remove_set.remove('red')
3    print(remove_set)
```

运行结果如下：

```
{'black', 'green'}
```

注意：如果指定要删除的元素不在集合中，就会出现 KeyError 错误。

2）discard()方法

discard()方法也可以用于删除指定的元素，若指定的元素不存在，则该方法不执行任何操作。示例如下：

【Case5_48.py】

```
1    discard_set = {'red','green','black'}
2    discard_set.discard('green')
3    discard_set.discard('white')
4    print(discard_set)
```

运行结果如下：

```
{'black', 'red'}
```

3）pop()方法

pop()方法可用于删除集合中的随机元素。示例如下：

【Case5_49.py】

```
1    pop_set = {'red','green','black'}
2    pop_set.pop()
3    print(pop_set)
```

运行结果如下：

```
{'red', 'black'}
```

4.

如果需要清空集合，可以使用 clear()方法实现。示例如下：

【Case5_50.py】

```
1    clear_set = {'red','green','black'}
2    clear_set.clear()
3    print(clear_set)
```

运行结果如下：

```
set()
```

5.7 案例17："贴瓷砖"游戏之三——计算瓷砖单元中心点

"贴瓷砖"游戏的一个重要限制是瓷砖不可重叠，解决该问题的思路是：找到每块瓷砖的单元中心点，只要单元中心点不落在其他瓷砖的范围，则该瓷砖不与其他瓷砖重叠。单元中心点的含义如图5-4所示，即单元中心点是原点和边界点的中点，表示该单元块的中心。

该部分代码，在 3.6.1 节 Case3_7.py 的基础上增加若干行形成。下文中添加注释的行，就是新添加的代码。

获取源代码

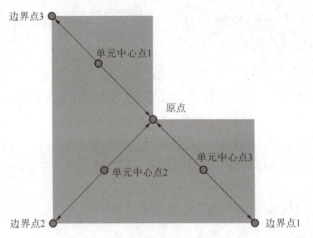

图 5-4 单元中心点定义

【Case5_51.py】

```
1    import turtle
2    origin_point = (0,0)              # 利用元组定义原点坐标
3    edge_point_list = []             # 利用列表定义边界点坐标，其每个元素是一个元组
4    center_point_list = []           # 利用列表定义单元中心点坐标，其每个元素是一个元组
5    turtle.fillcolor("blue")
6    turtle.begin_fill()
7    turtle.forward(100)
8    turtle.right(90)
9    turtle.forward(100)
10   edge_point_list.append(turtle.position())     # 将当前点坐标插入边界列表
11   turtle.right(90)
12   turtle.forward(100*2)
13   edge_point_list.append(turtle.position())     # 将当前点坐标插入边界列表
14   turtle.right(90)
15   turtle.forward(100*2)
16   edge_point_list.append(turtle.position())     # 将当前点坐标插入边界列表
17   turtle.right(90)
18   turtle.forward(100)
19   turtle.right(90)
20   turtle.forward(100)
21   turtle.end_fill()
22   # 计算三个中心点
23   center_point_list.append(((origin_point[0]+edge_point_list[0][0])*0.5,(origin_point[1]+edge_point_list[0][1])*0.5))
24   center_point_list.append(((origin_point[0]+edge_point_list[1][0])*0.5,(origin_point[1]+edge_point_list[1][1])*0.5))
25   center_point_list.append(((origin_point[0]+edge_point_list[2][0])*0.5,(origin_point[1]+edge_point_list[2][1])*0.5))
```

```
26    # 打印边界点坐标
27    print("三个边界点坐标：", end="")
28    print(edge_point_list)
29    # 打印中心点坐标
30    print("三个中心点坐标：", end="")
31    print(center_point_list)
32    turtle.done()
```

运行结果如图 5-5 所示。

图 5-5 计算瓷砖单元中心点

控制台运行结果如下：

三个边界点坐标：[(100.00,-100.00), (-100.00,-100.00), (-100.00,100.00)]

三个中心点坐标：[(50.0, -50.0), (-50.0, -50.000000000000014), (-50.00000000000002, 49.999999999999986)]

5.8 本 章 小 结

本章首先介绍了列表、元组、集合和字典等组合数据的语法知识，然后分析了 jieba 库的使用方法，最后讲解了"贴瓷砖"游戏之计算瓷砖单元中心点案例。希望通过本章的学习，读者能够在程序设计中熟练使用组合数据类型。

5.9 编 程 题

5.1 有一个列表 nums = [1, 3, 2, 8, 6, 10, 14, 7]，请编写一个程序，找到列表中任意相加等于 9 的元素集合，如[(1,8), (3,6), (2,7)]。

5.2 学校招聘了 8 名新教师，已知学校有 3 个空闲办公室且工位充足，现需要随机安排这 8 名教师的工位，编写程序为这 8 名教师随机分配办公室。

5.3 设计三个字典 dict_a、dict_b 和 dict_c，每个字典中存储了一个学生的信息，包括 name 和 id，然后把这三个字典存储到一个列表 student 中，遍历这个列表，将其中每个人的所有信息都打印出来。

5.4 请使用字典编写一个程序，让用户输入一个英文句子，然后统计每个单词出现的次数。

5.5 创建一个名为 universities 的字典，其中将三所大学作为键。对于每所大学，都创建一个字典，设置两个键 city 和 type，分别保存该大学所在的城市和大学类型。最后对 universities 字典进行遍历，打印出每所大学所在城市和类型信息。

5.6 设计一个程序为参加歌手大赛的选手计算最终得分。评委给出的分数是 0~10 分。选手最后得分为：去掉一个最高分，去掉一个最低分，计算其余评委的打分的平均值。

5.7 编写一个用户登录程序，把多个用户的用户名和密码信息事先保存到列表中，当用户登录时，首先判断用户名是否存在，如果不存在，就要求用户重新输入用户名（最多给 3 次机会）；如果用户名存在，就继续判断密码是否正确，如果正确，就提示登录成功，如果密码错误，就提示重新输入密码（最多给 3 次机会）。

5.8 使用 jieba 库编写程序实现《三国演义》中前 5 位出场人物统计。

第6章

函数和代码复用

■ 在程序开发过程中，随着需要处理的问题越来越复杂，程序中的语句会越来越多。通常处理复杂问题的基本方法是"化繁为简，分而治之"，也就是将复杂的问题分解成若干小问题，将各个小问题使用函数来解决。

■ 本章将介绍 Python 函数的相关知识，并利用函数完成"贴瓷砖"游戏的代码封装和重构。

6.1　函数的概念

在计算机语言中，函数是实现某一特定功能的语句集合。函数可以重复使用，从而提高了代码的可重用性；函数通常实现较为单一的功能，从而提高了程序的独立性；同一个函数，通过接收不同的参数，实现不同的功能，从而提高了程序的适应性。

Python 中的函数大体可以划分为两类：一类是系统内置函数，它们由 Python 内置函数库提供，如 print()、input()、int() 等函数；另一类是自定义函数，它们是由用户根据需求定义的具有特定功能的一段代码。自定义函数像一个具有某种特殊功能的容器，将多条语句组成一个有名称的代码段，以实现具体的功能。

6.2　函数的定义和调用

6.2.1　函数的定义

Python 使用 def 关键字定义函数，其基本语法格式如下：

```
def 函数名([参数1,参数2,…]):
    程序块
    [return 返回值1,返回值2,…]
```

（1）参数列表(参数1,参数2,…)：可有可无。参数列表用于接收函数调用时传递进来的数据，如果有多个参数，则各参数之间必须用半角逗号分开。定义函数时，参数列表中的参数是形式参数，简称"形参"，形参用来接收调用该函数时传入函数的参数。注意，形参只会在函数被调用的时候才分配内存空间，一旦调用结束就会即刻释放，因此形参只在函数内部有效。

（2）返回值列表(返回值1,返回值2,…)：可有可无。返回值列表是执行完函数后返回的数据，若有多个返回值，则各返回值之间必须用半角逗号分开，且主程序中需要有多个变量来接收这些返回值。

接下来，定义一个计算矩形面积的函数，代码如下：

```
def get_area(width,height):
    area=width*height
    return area
```

以上定义了一个函数名为 get_area 的函数，用参数传递矩形的宽和高的值，计算矩形面积后返回面积值。

6.2.2　函数的调用

函数在定义后不会立即执行，其被程序调用时才会生效。调用函数的方式非常简单，一般形式如下：

```
函数名(参数列表)
```

其中，参数列表是调用带有参数的函数时传入的参数，传入的参数称为实际参数，简称"实参"。实参是程序执行过程中真正会使用的参数，可以是常量、变量、表达式、函数等。

定义和调用 get_area()函数的示例如下：

【Case6_1.py】

```
1    def get_area(width,height):
2        area=width*height
3        return area
4    ret=get_area(3,5)
5    print(ret)
```

在该代码中，"3"和"5"是实参，它们分别被传递给函数定义中的形参 width 和 height。注意，函数在使用前必须被定义，否则解释器会报错。运行结果如下：

```
15
```

6.3 函数的参数

6.3.1 位置参数

调用函数时，默认按位置顺序将对应的实参传递给形参，即将第 1 个实参分配给第 1 个形参，将第 2 个实参分配给第 2 个形参，照此类推。

定义一个计算两个数之和的函数 sum()，示例如下：

【Case6_2.py】

```
1    def sum(a,b):
2        ret=a+b
3        print(ret)
4    sum(3,6)                    # 位置参数传递
```

上述代码调用 sum() 函数时，传入实参"3"和"6"，根据实参和形参的位置关系，"3"被传递给形参 a，"6"被传递给形参 b。

运行结果如下：

```
9
```

6.3.2 关键字参数

如果函数中的形参过多，开发者往往难以记住每个参数的作用，这时可以通过关键字来传递参数。关键字参数传递按"形参=实参"的格式将实参与形参关联，根据形参的名称进行参数传递。

例如，当前有一个函数 info()，该函数包含 3 个形参，调用 info()函数时，通过关键字为不同的形参传值，示例如下：

【Case6_3.py】

```
1    def info(name,age,sex):
2        print("姓名：",name)
3        print("年龄：",age)
4        print("性别：",sex)
5    info(age=25,name="张三",sex="男")
```

注意：调用函数时，无须关心定义函数时的参数的顺序，在传递参数时指定对应的名称即可。

运行结果如下：

```
姓名：张三
年龄：25
性别：男
```

6.3.3 默认参数

定义函数时，可以指定形参的默认值。调用函数时，若没有给带有默认值的形参传值，则直接使用该参数的默认值；若给带有默认值的形参传值，则实参的值会覆盖默认值。

例如，定义 info()函数时，为参数 age 设置默认值，可通过两种方式调用 info()函数。示例如下：

【Case6_4.py】

```
1    def info(name,sex,age=20):
2        print("姓名： ",name)
3        print("年龄： ",age)
4        print("性别： ",sex)
5    info(name="张三",sex="男")
6    info(name="张三",sex="男",age=25)
```

运行结果如下：

```
姓名：张三
年龄：20
性别：男
姓名：张三
年龄：25
性别：男
```

使用第一种形式调用函数时，未传值给参数 age，所以使用该参数的默认值 20；使用第二种形式调用函数时，给参数 age 传值"25"，所以参数 age 的新值会替换该参数的默认值。

注意：若函数中包含默认参数，则调用该函数时默认参数应在其他实参之后。

6.3.4 不定长参数

若传入函数中的参数的个数不确定，则可以使用不定长参数。不定长参数也称可变参数，其接收参数的数量可以任意改变。包含可变参数的函数的语法格式如下：

```
def  函数名([formal_args,]*args,**kwargs):
    程序块
    [return  返回值 1,返回值 2,…]
```

在上述格式中，参数*args 和参数**kwargs 都是不定长参数。

1. *args

不定长参数*args 用于接收不定数量的参数，调用函数时，传入的所有参数被*args 接收后都以元组形式保存。以定义一个多数值加法器函数为例，代码如下：

【Case6_5.py】

```
1    def calsum(*args):
2        total = 0
3        for param in args:
4            total += param
5        return total
6    print("2 个参数:5+9=%d" % calsum(5,9))
7    print("3 个参数:8+5+17=%d" % calsum(8,5,17))
8    print("4 个参数:6+3+12+21=%d" % calsum(6,3,12,21))
```

运行结果如下：

```
2 个参数:5+9=14
3 个参数:8+5+17=30
4 个参数:6+3+12+21=42
```

2. **kwargs

不定长参数**kwargs 用于接收不定数量的关键字参数。调用函数时，传入的所有参数被 **kwargs 接收后以字典形式保存。以定义一个包含参数**kwargs 的函数为例，代码如下：

【Case6_6.py】

```
1    def score(**kwargs):
2        print(kwargs)
3    score(语文=99,数学=95,英语=97)
```

运行结果如下：

```
{'语文':99,'数学':95,'英语':97}
```

6.4 变量的作用域

一个程序的变量并不是在任何位置都可以访问的，其访问权限取决于变量定义的位置，其所处的有效范围视为变量的作用域。变量的作用域决定了哪一部分程序可以访问哪些特定变量。根据作用域的不同，变量可以划分为局部变量和全局变量。

6.4.1 局部变量

局部变量是在函数内部定义的变量，只在定义它的函数内部生效。示例如下：

【Case6_7.py】

```
1    def demo():
2        num=18                    # 局部变量
3        print(num)                # 函数内部访问局部变量
4    demo()
5    print(num)                    # 函数外部访问局部变量
```

运行结果如下：

```
18
Traceback (most recent call last):
    File "D:\PycharmProjects\Chapter06\Case6_7.py", line 5, in <module>
    print(num)                # 函数外部访问局部变量
        ^^^
NameError: name 'num' is not defined. Did you mean: 'sum'?
```

以上程序在输出变量 num 的值之后又输出了 NameError 的错误信息。由此可知，函数中定义的变量在函数内部可使用，但无法在函数外部使用。

局部变量的作用域仅限于定义它的代码段内，在同一个作用域内不允许出现同名的变量。

6.4.2　全局变量

全局变量是指在函数之外定义的变量，它在程序的整个运行周期内都占用存储单元。默认情况下，函数的内部只能获取全局变量，而不能修改全局变量的值。示例如下：

【Case6_8.py】

```
1   num=25                    # 全局变量
2   def demo():
3       num=36                # 实际上定义了局部变量，局部变量与全局变量重名
4       print(num)
5   demo()
6   print(num)
```

运行结果如下：

```
36
25
```

从以上结果可知，程序在函数 demo()内部访问的变量是 num=36，函数外部访问的变量为 num=25。也就是说，函数的内部并没有修改全局变量的值，而是定义了一个与全局变量同名的局部变量。

如果要在函数内部修改全局变量的值，就需要使用关键字 global 进行声明。示例如下：

【Case6_9.py】

```
1   num=25                    # 全局变量
2   def demo():
3       global num            # 声明 num 为全局变量
4       num +=11              # 函数内修改 num 变量
5       print(num)
6   demo()
7   print(num)
```

运行结果如下：

```
36
36
```

由运行结果可知，在函数内部使用关键字 global 对全局变量进行声明后，函数中对全局变量进行的修改在整个程序中都有效。

6.5 函数的特殊形式

除了前面介绍的函数外，Python 还支持一些特殊形式的函数，如匿名函数、递归函数、高价函数等。

6.5.1 匿名函数

匿名函数是无须函数名标识的函数，它的函数体只能是单个表达式。Python 中使用关键字 lambda 来定义匿名函数。匿名函数的语法格式如下：

```
lambda 参数列表:表达式
```

由于定义的匿名函数不能被直接使用，因此最好用一个变量来保存它，以便后期可以随时使用这个函数。示例如下：

【Case6_10.py】

```
1    area=lambda x,y:x*y
2    print("矩形的面积：",area(5,8))
3    print("矩形的面积：",area(12,18))
```

运行结果如下：

```
矩形的面积：40
矩形的面积：216
```

6.5.2 递归函数

在函数内部，可以调用其他函数。如果一个函数在内部调用该函数本身，则该函数是递归函数。递归作为一种算法在程序设计语言中广泛应用，它通常用于把一个大型复杂的问题转化为一个与原问题相似、规模较小的问题来求解。递归策略只需少量的程序就可描述解题过程所需的多次重复计算，从而大大减少程序的代码量。

通常，递归函数包含基例和递归体。

（1）基例：子问题的最小规模，用于确定递归何时终止，也称为递归出口。

（2）递归体：包括一个或多个对自身函数的调用。

接下来，通过一个计算 $n!$ 的例子来演示递归函数的使用。示例如下：

【Case6_11.py】

```
1    def fact(n):
2        if n==1:                              # 基例
```

```
3                return 1
4            else:
5                return fact(n-1)*n                    # 递归体
6    number=int(input("请输入一个正整数："))
7    print("%d!="%number,fact(number))
```

运行结果如下：

```
请输入一个正整数：5↙
5!= 120
```

用递归法计算 5!的执行过程如图 6-1 所示。

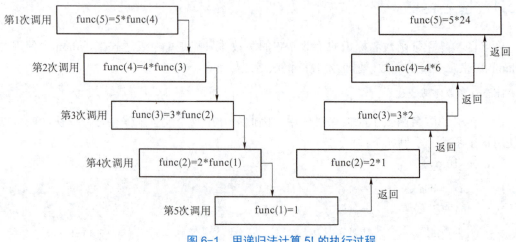

图 6-1　用递归法计算 5! 的执行过程

6.5.3　高阶函数

Python 中的函数可以被当作变量一样进行操作，包括作为参数传递给其他函数，或者作为返回值从函数中返回，这种能够处理函数的函数就称为高阶函数。简而言之，高阶函数就是能够接受函数作为参数或者返回函数的函数。高阶函数是函数式编程的一种，Python 中内置的高阶函数包括 map()、filter()、reduce()、sorted()、zip()和 enumerate()函数。

1.　map()函数

map()函数有 2 个参数，一个参数是函数 f()，另一个参数是列表 list，并通过把函数 f()依次作用在 list 的每个元素上，得到一个新的 list 作为 map()函数的返回结果。Map()函数不改变原有的 list，而是返回一个新的 list。利用 map()函数，可以把一个 list 转换为另一个 list，只需要传入转换函数。由于 list 包含的元素可以是任何类型，因此，map()不仅可以处理只包含数值的 list，它还可以处理包含任意类型的 list，只要传入的函数 f()可以处理这种数据类型即可。

例如，对于 list[1,2,3,4,5,6,7,8]，如果希望把 list 的每个元素都作平方运算，除了其他方法，还可以用 map()函数完成，这时只需要传入函数 f(x)=x*x 或者利用匿名函数，就可以使用 map()函数完成这个计算，示例如下：

【Case6_12.py】

```
1    list1 = [1, 2, 3, 4, 5, 6, 7, 8]
2    list2 = map(lambda x:x**2, list1)          // 利用匿名函数
3    for e in list2:
4    print(e, end=" ")
```

运行结果如下：

```
1 4 9 16 25 36 49 64
```

2. filter()函数

filter()函数接收一个函数 f()和一个 list，它的作用是对每个元素进行判断，返回 True 或 False，filter()函数根据判断结果自动过滤不符合条件的元素，返回由符合条件的元素组成的新的 list。

例如，要从一个列表中找出所有奇数，示例如下：

【Case6_13.py】

```
1    # 用列表推导式，创建一个包含 1-100 的列表
2    list1 = [i for i in range(1,101)]
3    # 表达式成立就会返回数据，只要不是 0 都会返回 True
4    ret = filter(lambda a:a % 2 != 0, list1)
5    print("1-100 的奇数为：",list(ret))
```

运行结果如下：

```
1-100 的奇数为：  [1, 3, 5, 7, 9, 11, 13, 15, 17, 19, 21, 23, 25, 27, 29, 31, 33, 35, 37, 39, 41, 43, 45, 47, 49, 51, 53, 55, 57, 59, 61, 63, 65, 67, 69, 71, 73, 75, 77, 79, 81, 83, 85, 87, 89, 91, 93, 95, 97, 99]
```

3. reduce()函数

reduce()函数接收一个函数 f()和一个 list，但行为和 map()函数不同，reduce()传入的函数 f()必须接收两个参数，函数对列表 list 的每个元素反复调用函数 f()，并返回最终结果值。例如，计算列表中的所有元素的和，示例如下：

【Case6_14.py】

```
1    # 导入 functools 模块下的部件 reduce
2    from functools import reduce
3    list1=[i for i in range(1,101)]
4    # reduce 函数对该列表中的元素进行运算
5    ret=reduce(lambda a,b:a+b, list1)
6    # 最后处理计算的结果
7    print("和为：",ret)
```

运行结果如下：

和为： 5050

4. sorted()函数

sorted()函数也是一个高阶函数，函数详细定义如下：

sorted(list, key=None, reverse=False)

参数 key 可以接收一个函数（仅有一个参数）来实现自定义排序，key 指定的函数将作用于 list 的每一个元素，并根据 key 函数返回的结果进行排序，默认值为 None。参数 reverse 是一个布尔值。如果设置为 True，列表元素将被倒序排列，默认值为 False。示例如下：

【Case6_15.py】

```
1    list1=[25, 11, -15, 8, -22, -5]
2    print(sorted(list1, key=abs))
3    students=[('张三','A', 19), ('李四', 'B', 21), ('王五','B', 17)]
4    print(sorted(students, key=lambda s:s[2]))
5    print(sorted(students, key=lambda s:s[2], reverse=True))
```

运行结果如下：

```
[-5, 8, 11, -15, -22, 25]
[('王五', 'B', 17), ('张三', 'A', 19), ('李四', 'B', 21)]
[('李四', 'B', 21), ('张三', 'A', 19), ('王五', 'B', 17)]
```

5. zip()函数

zip()函数以一系列列表作为参数，将列表中对应的元素打包成一个个元组，然后返回由这些元组组成的列表。示例如下：

【Case6_16.py】

```
1    a = [1,2,3]
2    b = [4,5,6]
3    zipped = zip(a,b)
4    for e in zipped:
5        print(e)
```

运行结果如下：

```
(1,4)
(2,5)
(3,6)
```

6. enumerate()函数

enumerate()函数用来将一个可迭代对象转化为枚举对象，使用它可以同时获得每个元素的索引下标和值，语法格式如下：

```
enumerate(iterable[, start])
```

函数的使用说明如下：

（1）函数可以接收两个参数，其中第一个参数 iterable 可以是一个序列、迭代器或其他支持迭代的对象，第二个参数 start 用于指定索引起始位置，默认起始索引为0。

（2）函数返回值为 enumerate 对象，该对象中的每个元素是一个由索引和值组成的元组(index,value)。

示例如下：

【Case6_17.py】

```
1    list1 = ['沈阳','大连', '北京']
2    en = enumerate(list1)
3    print(en)
4    print(type(en))
5    for i in enumerate(list1):
6        print(i)
```

运行结果如下：

```
<enumerate object at 0x000001C6C8192CA0>
<class 'enumerate'>
(0, '沈阳')
(1, '大连')
(2, '北京')
```

6.6　案例18：利用递归绘制分形树

在计算机科学中，分形树索引是一种树数据结构。本节将利用 turtle 库和递归函数的知识，绘制如图 6-2 所示的分形树。

绘制操作分析：

（1）设置树干初始长度为50像素。

（2）每次绘制完树枝，画笔右转20°。

（3）绘制下一段树枝时，长度减少15像素。

（4）重复（2）、（3）操作，直到终止。

（5）终止条件：树枝长度小于5像素，此时为顶端树枝。

（6）达到终止条件后，画笔左转40°，以当前长度减少15像素来绘制树枝。

（7）右转20°，回到原方向，退回上一个节点，直到操作完成。

获取源代码

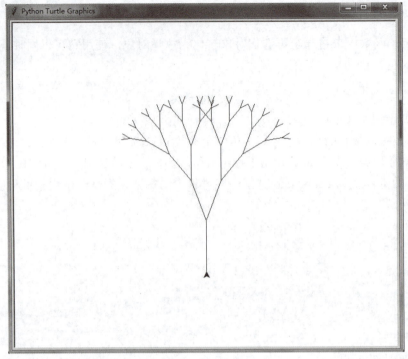

图 6-2　分形树

代码如下：
【Case6_18.py】

```
1    import turtle
2    def draw_branch(branch_length):
3        if branch_length > 5:
4            # 绘制右侧树枝
5            turtle.forward(branch_length)
6            print("前进 ",branch_length)
7            turtle.right(20)
8            print("右转 20")
9            draw_branch(branch_length - 15)
10           # 绘制左侧树枝
11           turtle.left(40)
12           print("左转 40")
13           draw_branch(branch_length - 15)
14           # 返回之前的树枝
15           turtle.right(20)
16           print("右转 20")
17           turtle.backward(branch_length)
18           print("后退 ",branch_length)
19   def main():
```

```
20        turtle.left(90)
21        turtle.penup()
22        turtle.backward(150)
23        turtle.pendown()
24        draw_branch(90)
25        turtle.done()
26    main()
```

代码运行后，绘制出图 6-2 所示的分形树。受篇幅所限，以下给出在控制台输出的部分结果：

```
前进 90
右转 20
前进 75
右转 20
前进 60
右转 20
......
右转 20
后退 60
右转 20
后退 75
右转 20
后退 90
```

6.7　模块 4：time 库

time 库是 Python 中处理时间的标准库。time 库包括时间获取函数、时间格式化函数、程序计时函数。

6.7.1　时间获取函数

1）time()
time()函数可用于获取当前时间戳。示例如下：
【Case6_19.py】

```
1    import time
2    ticks = time.time()
3    print("当前时间戳为:", ticks)
```

运行结果如下：

当前时间戳为: 1705304103.7223988

2）ctime()

ctime()函数能以易读的方式获取当前时间。示例如下：

【Case6_20.py】

```
1    import time
2    time = time.ctime()
3    print("当前时间为:", time)
```

运行结果如下：

当前时间为: Mon Jan 15 15:36:12 2024

3）localtime()

localtime()函数可将一个时间戳转换为本地的时间元组。示例如下：

【Case6_21.py】

```
1    import time
2    time = time.localtime()
3    print(time)
```

运行结果如下：

time.struct_time(tm_year=2024, tm_mon=1, tm_mday=15, tm_hour=15, tm_min=37, tm_sec=27, tm_wday=0, tm_yday=15, tm_isdst=0)

以上结果返回的是一个 struct_time 类型的对象，它包含 9 个字段。其中，tm_year 获取当前年份，tm_mon 表示当前月份，tm_mday 表示当前日期，tm_hour 表示当前小时数，tm_min 表示当前分钟数，tm_sec 表示当前秒数，tm_wday 表示当前星期数，tm_yday 表示一年中的第几天，tm_isdst 标识是否为夏令时。

6.7.2 时间格式化函数

时间格式化函数为 strftime()，它可以返回一个格式化的日期与时间。该函数的语法格式如下：

time.strftime(format[,t])

- format：格式字符串。
- t：可选的参数 t 是一个 struct_time 对象。

示例如下：

【Case6_22.py】

```
1    import time
2    # 格式转化成年月日时分秒
3    print(time.strftime("%Y-%m-%d %H:%M:%S",time.localtime()))
```

运行结果如下：

2024-01-15 15:44:13

Python 中的常用时间日期格式化符号及其含义如表 6-1 所示。

表 6-1　常用的时间日期格式化符号及其含义

格式化符号	含义
%Y	四位数的年份表示（0000~9999）
%y	两位数的年份表示（00~99）
%m	月份（01~12）
%d	日期（01~31）
%H	24 小时制小时数（0~23）
%I	12 小时制小时数（01~12）
%M	分钟数（00~59）
%S	秒数（00~59）
%A	本地完整星期名称

6.7.3　程序计时函数

1）sleep()

sleep()函数可用于推迟调用线程的运行。该函数的语法格式如下：

```
time.sleep(t)
```

其中，t 表示推迟执行的秒数。

示例如下：

【Case6_23.py】

```
1    import time
2    time_left = 60                          # 定义剩余时间
3    while time_left > 0:
4        print('倒计时(s)：',time_left)
5        time.sleep(1)                       # 程序推迟执行 1 秒
6        time_left = time_left − 1
```

运行上面的代码，每次倒计时的输出时间间隔 1 秒，运行结果如下：

```
倒计时(s): 60
倒计时(s): 59
倒计时(s): 58
倒计时(s): 57
倒计时(s): 56
……
倒计时(s): 5
倒计时(s): 4
倒计时(s): 3
```

倒计时(s): 2

倒计时(s): 1

2）perf_counter()

perf_counter()函数可返回一个CPU级别的精确时间计数值，单位为秒。由于这个计数值的起点不确定，因此只有连续调用差值才有意义。

接下来，为2.9节的"文本进度条"案例（Case2_4.py）添加计时功能，演示perf_counter()函数的用法。代码如下：

【Case6_24.py】

```
1    import time
2    scale = 50
3    start = time.perf_counter()                    # 开始计时
4    for i in range(scale+1):
5        a = '*' * i
6        b = '.' * (scale-i)
7        c = (i/scale)*100
8        dur=time.perf_counter()-start              # 计算进度条执行时间
9        print("\r{:^3.0f}%[{}->{}]{:.2f}s".format(c,a,b,dur),end='')
10       time.sleep(0.1)                            # 在输出下一个百分之几的进度前，停止0.1秒
```

运行结果如下：

52 %[*****************->...............................]2.61s

6.8　案例19：数字时钟动态显示

本节将使用turtle库和time库的相关知识绘制图6-3所示的数字时钟，并使数字时钟的时间随本地时间动态变化。

图6-3　数学时钟运行结果

数字时钟的程序可以分为两个任务：绘制静态数字时钟；按照时间的变化来更新该数字时

钟，即动态显示数字时钟。

6.8.1 绘制静态数字时钟

获取源代码

要想绘制静态数字时钟，得先解决如何绘制单个数字的问题，这其实是一个经典的"七段数码管"问题。解决思路：首先，把一位数字拆分成 7 段，给每段一个标号，如图 6-4 所示；然后，将不同段绘制、组合成不同的数字。例如，数字"8"需要绘制全部段，而数字"0"不需要绘制中间的横段，数字"1"只需要绘制右边的上下两个竖段。

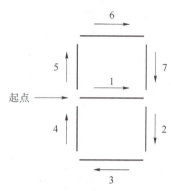

图 6-4 一位数字的 7 段标号

根据段的标号，可以总结如下：

（1）需要绘制标号 1 段的数字有：2、3、4、5、6、8、9。

（2）需要绘制标号 2 段的数字有：0、1、3、4、5、6、7、8、9。

（3）需要绘制标号 3 段的数字有：0、2、3、5、6、8、9。

（4）需要绘制标号 4 段的数字有：0、2、6、8。

（5）需要绘制标号 5 段的数字有：0、4、5、6、8、9。

（6）需要绘制标号 6 段的数字有：0、2、3、5、6、7、8、9。

（7）需要绘制标号 7 段的数字有：0、1、2、3、4、7、8、9。

解决绘制数字时钟问题的步骤：首先，绘制单个数字对应的数码管；然后，获得一串数字，绘制对应的数码管；最后，获得系统时间，绘制对应的数码管。示例如下：

【Case6_25.py】

```
1    import turtle
2    import time
3    # 绘制某一段数码管
4    def draw_line(draw):
5        if draw:              # 如果为 True，则放下画笔
6            turtle.pendown()
7        else:
8            turtle.penup()    # 如果为 False，则抬起画笔
9        turtle.fd(40)         # 绘制时钟的每条线的长度为 40 像素
10       turtle.right(90)      # 每次绘制一段线结束都向右转 90 度
11   # 根据需要显示七段数码管的某一段
12   def draw_digit(digit):
13       draw_line(True) if (digit in [2, 3, 4, 5, 6, 8, 9]) else draw_line(False)
14       draw_line(True) if digit in [0, 1, 3, 4, 5, 6, 7, 8, 9] else draw_line(False)
15       draw_line(True) if digit in [0, 2, 3, 5, 6, 8, 9] else draw_line(False)
16       draw_line(True) if digit in [0, 2, 6, 8] else draw_line(False)
```

```
17        turtle.left(90)
18        draw_line(True) if digit in [0, 4, 5, 6, 8, 9] else draw_line(False)
19        draw_line(True) if digit in [0, 2, 3, 5, 6, 7, 8, 9] else draw_line(False)
20        draw_line(True) if digit in [0, 1, 2, 3, 4, 7, 8, 9] else draw_line(False)
21        turtle.left(180)
22        turtle.penup()
23        turtle.fd(20)
24    # 根据字符串的格式显示时、分、秒汉字及具体时间
25    def draw_time(strtime):
26        for char in strtime:
27            draw_digit(eval(char))
28    def main():
29        turtle.setup(800, 350, 200, 200)                              # 确定窗体大小
30        turtle.penup()                                                # 抬起画笔
31        turtle.fd(-300)                                               # 后退 300 像素
32        turtle.pensize(5)
33        current_time = time.strftime("%H%M%S", time.localtime())      # 获取当前时间
34        draw_time(current_time)
35        turtle.hideturtle()
36        turtle.done()
37    if __name__ == '__main__':
38        main()
```

运行结果如图 6-5 所示。

图 6-5 静态数字时钟运行结果

本案例主要设计了 4 个函数，分别为 draw_line()、draw_digit()、draw_time()和 main()函数，函数功能分别如下：

1）draw_line()函数

draw_line()函数如代码的第 4~10 行所示，可根据需要绘制每条线。如果所传参数为 True，就落笔绘制线；如果为 False，那么抬笔不落笔，经过该线的位置，但是不留痕迹。

2）draw_digit()函数

draw_digit()函数如代码的第 12~23 行所示，可根据所传的数字参数，绘制数字的七段数码管。

3) draw_time()函数

draw_time()函数如代码的第25~27行所示，可根据传入的时间数字来绘制多个数码管。

4) main()函数

main()函数如代码的第28~36行所示，它是主函数，是程序的入口。主函数的功能主要有两个：设置绘图窗体大小和画笔粗细；获取系统时间并传给 draw_time()函数。代码的第37~38行调用 main()函数。

6.8.2　静态数字时钟的美化

以上实现的数字时钟效果并不美观，考虑从以下两方面修改代码来优化。

获取源代码

1) 添加"时""分""秒"汉字标记，并以不同的颜色区分

要完成此优化，程序就要能够区分时、分、秒，因此主函数应能在获取当前系统时间格式化时添加不同的区分标记，然后在 draw_time()函数中根据传入的区分标记来对应添加汉字标记、设置颜色。综上，要修改 draw_time()函数和 main()函数。

2) 在七段数码管之间添加间隙

要完成此优化，则程序在画完一条线之后、画下一条线之前，需要在两条线之间添加间隙。由于此功能需多次使用，因此要将此功能封装成函数。使用 draw_gap()函数实现间隙，实现方法为：先将画笔抬起，再向前移动一小段距离。

优化之后的案例完整代码示例如下：

【Case6_26.py】

```
1    import turtle
2    import time
3    # 绘制数字。为了美观，增加 5 个像素的间隙
4    def draw_gap():
5        turtle.penup()
6        turtle.fd(5)
7    # 绘制某一段数码管
8    def draw_line(draw):
9        draw_gap()
10       if draw:                    # 如果为 True，则放下画笔
11           turtle.pendown()
12       else:
13           turtle.penup()          # 如果为 False，则抬起画笔
14       turtle.fd(30)
15       draw_gap()
16       turtle.right(90)
17   # 根据需要，显示七段数码管的某一段
18   def draw_digit(digit):
19       draw_line(True) if (digit in [2, 3, 4, 5, 6, 8, 9]) else draw_line(False)
```

```
20      draw_line(True) if digit in [0, 1, 3, 4, 5, 6, 7, 8, 9] else draw_line(False)
21      draw_line(True) if digit in [0, 2, 3, 5, 6, 8, 9] else draw_line(False)
22      draw_line(True) if digit in [0, 2, 6, 8] else draw_line(False)
23      turtle.left(90)
24      draw_line(True) if digit in [0, 4, 5, 6, 8, 9] else draw_line(False)
25      draw_line(True) if digit in [0, 2, 3, 5, 6, 7, 8, 9] else draw_line(False)
26      draw_line(True) if digit in [0, 1, 2, 3, 4, 7, 8, 9] else draw_line(False)
27      turtle.left(180)
28      turtle.penup()
29      turtle.fd(20)
30  # 根据字符串的格式显示时、分、秒汉字及具体时间
31  def draw_time(strtime):
32      turtle.pencolor("red")
33      # 以不同颜色显示时、分、秒，时-红色，分-绿色，秒-蓝色
34      for char in strtime:
35          if char == '-':
36              turtle.write('时', font=('Arial', 18, 'normal'))
37              turtle.fd(40)
38              turtle.pencolor('green')
39          elif char == '=':
40              turtle.write('分', font=('Arial', 18, 'normal'))
41              turtle.fd(40)
42              turtle.pencolor('blue')
43          elif char == '+':
44              turtle.write('秒', font=('Arial', 18, 'normal'))
45          else:
46              draw_digit(eval(char))
47  def main():
48      turtle.setup(800, 350, 200, 200)
49      turtle.penup()
50      turtle.fd(-300)
51      turtle.pensize(5)
52      current_time = time.strftime("%H-%M=%S+", time.localtime())   # 获取当前时间
53      draw_time(current_time)
54      turtle.hideturtle()
55      turtle.done()
56  if __name__ == '__main__':
57      main()
```

运行结果如图 6-6 所示。

图 6-6　静态数字时钟美化运行结果

使用 draw_gap()函数在七段数码管之间添加间隙，间隙为 5 个像素，如代码的第 4~6 行所示，同时对 draw_line()函数进行部分修改，如代码的第 8~16 行所示。

在 draw_time()函数中增加区分"时""分""秒"汉字标记，并分别用红、绿、蓝三种颜色区分，如代码的第 31~ 46 行所示。第 52 行代码对之前的代码进行修改，分别用"-""=""+"标识时分秒，然后调用 draw_time()函数对"时""分""秒"用不同颜色绘制。

6.8.3　动态显示数字时钟

虽然在 6.8.2 节已经解决了数字时钟的绘制问题，但还不能动态显示时间。要想动态显示数字时钟，就要在获得当前时间的时、分、秒后，分别与上次绘制时间的时、分、秒进行对比，如果发生变化，则将上次绘制的时间擦除，并绘制当前的时间。该部分需要增加擦除函数 reset_time()、重新绘制时间函数 draw_new_time ()，另外还需要修改 main() 函数。

获取源代码

案例完整代码示例如下：

【Case6_27.py】

```
1    import turtle
2    import time
3    # 绘制数字。为了美观，增加 5 个像素的间隙
4    def draw_gap():
5        turtle.penup()
6        turtle.fd(5)
7    # 绘制某一段数码管
8    def draw_line(draw):
9        draw_gap()
10       turtle.pendown() if draw else turtle.penup()
11       turtle.fd(30)
12       draw_gap()
13       turtle.right(90)
14    # 根据需要，显示七段数码管的某一段
15    def draw_digit(digit):
16        draw_line(True) if (digit in [2, 3, 4, 5, 6, 8, 9]) else draw_line(False)
17        draw_line(True) if digit in [0, 1, 3, 4, 5, 6, 7, 8, 9] else draw_line(False)
```

```
18        draw_line(True) if digit in [0, 2, 3, 5, 6, 8, 9] else draw_line(False)
19        draw_line(True) if digit in [0, 2, 6, 8] else draw_line(False)
20        turtle.left(90)
21        draw_line(True) if digit in [0, 4, 5, 6, 8, 9] else draw_line(False)
22        draw_line(True) if digit in [0, 2, 3, 5, 6, 7, 8, 9] else draw_line(False)
23        draw_line(True) if digit in [0, 1, 2, 3, 4, 7, 8, 9] else draw_line(False)
24        turtle.left(180)
25        turtle.penup()
26        turtle.fd(20)
27    # 根据字符串的格式显示时、分、秒汉字及具体时间
28    def draw_time(strtime):
29        turtle.pencolor("red")
30        # 以不同颜色显示时、分、秒，时-红色，分-绿色，秒-蓝色
31        for char in strtime:
32            if char == '-':
33                turtle.write('时', font=('Arial', 18, 'normal'))
34        turtle.fd(40)
35        turtle.pencolor('green')
36            elif char == '=':
37                turtle.write('分', font=('Arial', 18, 'normal'))
38        turtle.fd(40)
39        turtle.pencolor('blue')
40            elif char == '+':
41                turtle.write('秒', font=('Arial', 18, 'normal'))
42            else:
43                draw_digit(eval(char))
44    # 时间更新时，绘制新的时间
45    def draw_new_time(new_time):
46        for digit in new_time:
47            draw_digit(eval(digit))
48    # 使用白色画笔将之前的时间抹去
49    def reset_time(x, y):
50        turtle.goto(x, y)
51        turtle.pencolor('white')
52        draw_new_time('88')
53        turtle.goto(x, y)
54    def main():
55        turtle.setup(800, 350, 200, 200)
56        turtle.title("动态数字时钟")
57        turtle.speed(0)
```

```
58          turtle.penup()
59          turtle.hideturtle()
60          turtle.pensize(5)
61          turtle.Turtle().screen.delay(0)
62          turtle.fd(-300)
63          pre_time = time.localtime()
64          pre_hours = time.strftime('%H', pre_time)
65          pre_minutes = time.strftime('%M', pre_time)
66          pre_seconds = time.strftime('%S', pre_time)
67          # 获取当前时间交转换为字符串
68          current_time = time.strftime('%H-%M=%S+', pre_time)
69          # 第一次绘制数字时钟
70          draw_time(current_time)
71          # 刷新显示新的系统时间
72          while True:
73              cur_time = time.localtime()
74              cur_hours = time.strftime('%H', cur_time)
75              cur_minutes = time.strftime('%M', cur_time)
76              cur_seconds = time.strftime('%S', cur_time)
77              current_time = time.strftime('%H-%M=%S+', cur_time)
78              # 更新小时
79              if pre_hours != cur_hours:
80                  reset_time(-300, 0)
81                  turtle.pencolor('red')
82                  draw_new_time(cur_hours)
83              # 更新分钟
84              if pre_minutes != cur_minutes:
85                  reset_time(-140, 0)
86                  turtle.pencolor('green')
87                  draw_new_time(cur_minutes)
88              # 更新秒
89              if pre_seconds != cur_seconds:
90                  reset_time(20, 0)
91                  turtle.pencolor('blue')
92                  draw_new_time(cur_seconds)
93              pre_hours = cur_hours
94              pre_minutes = cur_minutes
95              pre_seconds = cur_seconds
96  if __name__ == '__main__':
97      main()
```

运行结果如图 6-7 所示。

图 6-7　动态数字时钟运行结果

在本案例中，使用 draw_new_time() 函数重新绘制当前时间，如代码的第 45~47 行所示。使用 reset_time() 函数擦除上次的时间，擦除的方法为在发生变化的时间起点，将画笔设置为白色，绘制数字"88"，如代码的第 49~53 行所示。

在 main() 函数中实现对时、分、秒变化与否的判断，如代码的第 72~95 行所示。如果发生变化，则调用擦除函数 reset_time() 和重新绘制时间函数 draw_new_time() 动态绘制最新的时间。

6.9　案例 20："贴瓷砖"游戏之四——键盘事件响应函数

获取源代码

在"贴瓷砖"游戏中，通过按方向键来控制"瓷砖"的上、下、左、右移动，通过按【R】键来旋转"瓷砖"。为实现该功能，本节采用键盘事件响应函数的方法；而且，为了便于绘制"瓷砖"，在代码中将 5.7 节实现的绘制瓷砖代码封装为函数。案例完整代码示例如下：

【Case6_28.py】

```
1    import turtle
2    unit_length = 100
3    width = 4
4    height = 4
5    origin_x = 0         # 由于移动瓷砖需要修改原点坐标，因此使用变量，而不使用元组
6    origin_y = 0
7    rotate = 0           # 旋转次数
8    edge_point_list = []
9    center_point_list = []
10   def draw_L():
11       edge_point_list.clear()
12       turtle.reset()                       # turtle 清除窗口
13       turtle.penup()
14       turtle.goto(origin_x, origin_y)      # 光标移动到原点坐标
15       turtle.right(90*(rotate%4))          # 根据旋转次数计算旋转角度
16       turtle.pendown()
```

```
17    turtle.fillcolor("blue")
18    turtle.begin_fill()
19    turtle.forward(100)
20    turtle.right(90)
21    turtle.forward(100)
22    edge_point_list.append(turtle.position())
23    turtle.right(90)
24    turtle.forward(100*2)
25    edge_point_list.append(turtle.position())
26    turtle.right(90)
27    turtle.forward(100*2)
28    edge_point_list.append(turtle.position())
29    turtle.right(90)
30    turtle.forward(100)
31    turtle.right(90)
32    turtle.forward(100)
33    turtle.end_fill()
34    center_point_list.clear()
35 center_point_list.append(((origin_x+edge_point_list[0][0])*0.5,(origin_y+edge_point_list[0][1])*0.5))
36 center_point_list.append(((origin_x+edge_point_list[1][0])*0.5,(origin_y+edge_point_list[1][1])*0.5))
37 center_point_list.append(((origin_x+edge_point_list[2][0])*0.5,(origin_y+edge_point_list[2][1])*0.5))
38    print(edge_point_list)
39    print(center_point_list)
40 def move_up_tiling():
41    global origin_x
42    global origin_y
43    origin_x = origin_x
44    origin_y = origin_y + 1 * unit_length
45    draw_L()
46 def move_down_tiling():
47    global origin_x
48    global origin_y
49    origin_x = origin_x
50    origin_y = origin_y - 1 * unit_length
51    draw_L()
52 def move_left_tiling():
53    global origin_x
54    global origin_y
55    origin_x = origin_x - 1 * unit_length
56    origin_y = origin_y
```

```
57          draw_L()
58    def move_right_tiling():
59          global origin_x
60          global origin_y
61          origin_x = origin_x + 1 * unit_length
62          origin_y = origin_y
63          draw_L()
64    def rotate_tiling():
65          global rotate
66          rotate = rotate + 1
67          draw_L()
68    turtle.setup((width+5)*unit_length,(height+2)*unit_length)
69    win = turtle.Screen()
70    win.tracer(0)                               # 不显示绘制轨迹
71    win.onkey(draw_L,'t')                       # 按 t 绘制瓷砖
72    win.onkey(move_up_tiling,'Up')              # 按向上键向上移动
73    win.onkey(move_down_tiling,'Down')          # 按向下键向下移动
74    win.onkey(move_left_tiling,'Left')          # 按向左键向左移动
75    win.onkey(move_right_tiling,'Right')        # 按向右键向右移动
76    win.onkey(rotate_tiling,'r')                # 按 r 键，每次顺时针旋转 90 度
77    win.listen()                                # 窗口监听
78    win.mainloop()                              # 窗口启动事件循环
```

运行结果如图 6-8 所示，瓷砖的状态可通过按键进行控制。代码第 72~76 行为键盘事件响应函数，按【t】键绘制瓷砖，按【↑】键向上移动瓷砖，按【↓】键向下移动瓷砖，按【←】键向左移动瓷砖，按【→】键向右移动瓷砖。

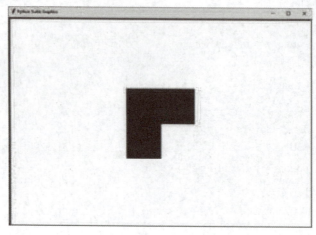

图 6-8　键盘事件响应函数运行结果

其中，draw_L()函数实现绘制瓷砖，如代码第 10~39 行所示；move_up_tiling()函数实现瓷砖向上移动，如代码第 40 ~ 45 行所示；move_down_tiling()函数实现瓷砖向下移动，如代

码第 46 ~ 51 行所示；move_left_tiling() 函数实现瓷砖向左移动，如代码第 52 ~ 57 行所示；move_right_tiling() 函数实现瓷砖向右移动，如代码第 58 ~ 63 行所示；rotate_tiling() 函数实现瓷砖旋转，如代码第 64 ~ 67 行所示。

6.10　本 章 小 结

　　本章首先介绍了函数的定义和调用、函数的参数、变量的作用域和函数的特殊形式，然后分析了 time 库的使用方法，最后讲解了数字时钟动态显示和"贴瓷砖"游戏之键盘事件响应函数案例。希望通过本章的学习，读者能够在程序设计中熟练使用函数。

6.11　编 　 程 　 题

6.1　实现 is_odd() 函数，参数为整数，如果该整数为奇数，就返回 True，否则返回 False。

6.2　实现 is_num() 函数，参数为一个字符串，如果这个字符串属于整数、浮点数或复数的表示，就返回 True，否则返回 False。

6.3　编写函数，计算一组数字的最大值、最小值和参数个数。

6.4　实现 multi() 函数，参数个数不限，返回所有参数的乘积。

6.5　实现 is_prime() 函数，参数为整数，要有异常处理。如果整数是质数，就返回 True，否则返回 False。

6.6　采用递归方式实现斐波拉契数列的函数，允许用户输入数字 n，程序通过调用函数返回前 n 个斐波拉契数列，最后程序对 n 个返回值进行求和。

6.7　编写函数，接收一个时间（小时、分、秒），返回该时间的下一秒。例如：分别输入的是 10、20、59，表示 10 点 20 分 59 秒，下一秒就是 10 点 21 分 0 秒。

6.8　编写函数，用字典存储数据，实现一个通讯录，该通讯录具有增加、删除、修改、查询和显示联系人的功能。

第 7 章

面向对象编程

■ 前面的章节介绍了 Python 的函数式编程思想。随着程序规模越来越大，函数式编程会出现很多问题，面向对象编程应运而生。面向对象编程思想体现了代码的可复用性，使庞大的代码更加利于维护，从而提高程序开发的效率。

■ 本章以一个银行员工类 BankEmployee 实例进行分析，详细介绍面向对象的三大特征——封装性、继承性、多态性，并将前面章节的"贴瓷砖"游戏以面向对象的编程思想来实现。

7.1　面向对象的编程思想

在前几章中，解决问题的方式是先分析解决该问题所需的步骤，再用流程控制语句、函数把这些步骤一步一步地实现，这种编程思想称为面向过程编程。面向过程编程符合人们的思考习惯，早期的程序就是使用面向过程的编程思想开发的。

随着程序规模不断扩大，面向过程编程可扩展性低的问题逐渐凸显，于是产生了面向对象的编程思想。面向对象的编程不再根据解决问题的步骤来设计程序，而是先分析谁参与了问题的解决。这些参与者称为对象。对象之间既相互独立，又相互配合、连接和协调，从而共同完成整个程序要实现的任务和功能。

面向对象的程序设计把计算机程序视为一组对象的集合，而每个对象都可以接收其他对象发过来的消息，并处理这些消息，计算机程序的执行就是一系列消息在各对象之间传递。在 Python 中，所有数据类型都可以视为对象，也可以自定义对象，自定义的对象数据类型就是面向对象中的类（Class）的概念。

在面向对象编程中，最重要的两个核心概念就是类和对象。对象是现实生活中具体存在的事物，它可以被看得见、摸得着，比如你现在手里的这本书就是一个对象。与对象相比，类是抽象的，它是对一群具有相同特征和行为的事物的统称。Q pdc

接下来，举例说明面向过程和面向对象在程序流程上的不同之处。假设要处理学生成绩表，为了表示一名学生的成绩，面向过程的程序可以用一个字典来表示。示例如下：

```
std1 = { 'name':'xiaoWang','score':98 }
std2 = { 'name':'xiaoZhang','score':81 }
```

处理学生成绩则可以通过函数实现，如输出学生的成绩。示例如下：

```
def print_score(std):
    print("%s:%s" % (std1['name'],std1['score']))
    print("%s:%s" % (std2['name'],std2['score']))
```

如果采用面向对象的程序设计思想，则首先思考的不是程序的执行流程，而是将 Student 这种数据类型视为一个对象，这个对象拥有两个属性，即 name 和 score。如果要输出一个学生的成绩，则必须先创建这个学生对应的对象，再给对象发一个 print_score 消息，让对象自己把相应的数据输出，对象对应的关联函数称为对象的方法。将以上面向过程的程序改写为面向对象的程序，示例如下：

【Case7_1.py】

```
1    class Student(object):
2        def __init__(self,name,score):
3            self.name = name
4            self.score = score
5        def print_score(self):
6            print("%s:  %s" % (self.name,self.score))
7    std1 = Student("xiaoWang",98)
8    std2 = Student("xiaoZhang",81)
9    std1.print_score()
10   std2.print_score()
```

运行结果如下：

```
xiaoWang: 98
xiaoZhang: 81
```

类是一种抽象概念，如上面程序中定义的 Student 类，是指学生这个概念；对象则是具体的实例，如 xiaoWang 和 xiaoZhang 是两个具体的学生。所以，面向对象的设计思想是先抽象出类，再根据类创建实例对象。面向对象的抽象程度比函数要高，因为一个类既包含数据，又包含操作数据的方法。

7.2 类 的 封 装

7.2.1 类和对象

面向对象编程的基础是对象，对象是用来描述客观事物的。当采用面向对象的编程思想解决问题时，要对现实中的对象进行分析和归纳，以便找到这些对象与要解决问题之间的相关性。例如，一家银行里有柜员、大客户经理、经理等角色，他们都是对象，但是他们分别具有各自不同的特征，如他们的职位名称不同、工作职责不同、工作地点不同等。

这些不同的角色对象还具备一些共同的特征，如所有银行员工都有姓名、工号、工资等特征；此外，他们还有一些共同的行为，如每天上班都要打卡考勤、每个月都从公司领工资等。在面向对象编程中，将这些共同的特征（类的属性）和共同的行为（类的方法）抽象出来，使用类将它们组织到一起。

在 Python 中，使用关键字 class 来定义类。其语法格式如下：

```
class ClassName():
    定义类的属性和方法
```

关键字 class 后面的 ClassName 是类名，类的命名方法通常使用单词首字母大写的驼峰命名法。类名后面是一个 ()，表示类的继承关系，可以不填写，表示默认继承[①]自 object 类。括号后面接 "：" 号，表示换行，并在新的一行缩进定义类的属性或方法。当然，也可以定义一个没有属性和方法的类，这需要用到关键字 pass。例如，创建一个银行员工类，这个类不包含任何属性或方法。示例如下：

```
class BankEmployee():
    pass
```

创建类之后，就可以使用这个类来创建实例对象。其语法格式如下：

```
变量=类名()
```

在银行员工类的基础上，创建两个银行员工实例对象 employee_a 和 employee_b，然后在控制台输出这两个实例对象的类型。方法如下：

（1）使用 BankEmployee 类创建实例对象。

（2）使用 type()方法查看变量的类型。

示例如下：

【Case7_2.py】

```
1    class BankEmployee():
2        pass
3    employee_a = BankEmployee()
4    employee_b = BankEmployee()
5    print(type(employee_a))
6    print(type(employee_b))
```

运行结果如下：

```
<class '__main__.BankEmployee'>
<class '__main__.BankEmployee'>
```

从运行结果可以看出，employee_a 和 employee_b 这两个变量的类型都是 BankEmployee，说明这两个变量的类型相同，是由 BankEmployee 类创建的两个实例对象。

7.2.2　实例方法

完成了类的定义之后，就可以给类添加变量和方法了。在 Python 中，类的变量的情况比

---

① 关于继承，7.3 节将详细介绍。

较复杂，下面先介绍如何在类中定义方法。

在类中定义方法与定义函数非常类似。方法和函数起到的功能是一样的，不同之处是函数定义在类外，方法定义在类内。下面介绍最常用的一种方法的定义，即实例方法。顾名思义，实例方法是只有在使用类创建了实例对象之后才能调用的方法，即实例方法不能通过类名直接调用。其语法格式如下：

```
def 方法名(self,方法参数列表):
    方法体
```

从语法上看，类的方法定义比函数定义多了一个参数 self，这在定义实例方法的时候是必需的。也就是说，在类中定义实例方法时，第一个参数必须是 self，这里的 self 代表的含义不是类，而是实例，即通过类创建实例对象后对自身的引用。self 非常重要，在对象内只有通过 self 才能调用其他实例变量或方法。

接下来，在 Case7_2.py 的基础上为 BankEmployee 类添加两个实例方法，以实现员工的打卡签到和和领工资两种行为；使用新的 BankEmployee 类创建一个员工对象，并调用打卡签到、领工资的方法。

由于员工是真实存在的，所以是一个实例对象，因此这两个方法可以被定义成实例。实现方法如下：

（1）在 BankEmployee 类中定义打卡签到方法 check_in()，在方法中调用 print()函数，在控制台输出"打卡签到"。

（2）在 BankEmployee 类中定义领工资方法 get_salary()，在方法中调用 print()函数，在控制台输出"领到这个月的工资了"。

（3）使用 BankEmployee 类创建一个银行员工实例对象 employee。

（4）调用 employee 对象的 check_in()方法和 get_salary()方法。

示例如下：

【Case7_3.py】

```
1   class BankEmployee():
2       def check_in(self):
3           print("打卡签到")
4       def get_salary(self):
5           print("领到这个月的工资了")
6   employee = BankEmployee()
7   employee.check_in()
8   employee.get_salary()
```

运行结果如下：

```
打卡签到
领到这个月的工资了
```

从 Case7_3.py 的代码可以看到，实例对象通过"."来调用它的实例方法。调用实例方法时，不需要给参数 self 赋值，Python 会自动将 self 赋值为当前实例对象，因此只需要在定义方法时定义 self 变量，在调用时则无须考虑它。

7.2.3 构造方法和析构方法

类中有两个特殊的方法，分别是__init__()方法和__del__()方法。__init__()方法会在创建实例对象时自动调用，__del__()方法会在实例对象被销毁时自动调用。因此，__init__()方法称为构造方法，__del__()方法称为析构方法。

这两个方法即便在类中没有被显式定义，实际上也是存在的。在开发中，也可以在类中显式地定义构造方法和析构方法。这样就可以在创建实例对象时，在构造方法里添加代码，以完成对象的初始化工作；在对象销毁时，在析构方法里添加一些代码，以释放对象占用的资源。

接下来，在 Case7_3.py 的基础上为 BankEmployee 类添加构造方法和析构方法，在构造方法中向控制台输出"创建实例对象，__init__()被调用"，在析构方法中向控制台输出"实例对象被销毁，__del__()被调用"。

实现方法如下：

（1）在实例对象创建时，由于添加自定义代码，因此需要在类中定义 __init__()方法。

（2）在实例对象销毁时，由于添加自定义代码，因此需要在类中定义 __del__()方法。

（3）销毁实例对象使用 del 关键字。

示例如下：

【Case7_4.py】

```
1    class BankEmployee():
2        def __init__(self):
3            print("创建实例对象，__init__()被调用")
4        def __del__(self):
5            print("销毁实例对象，__del__()被调用")
6        def check_in(self):
7            print("打卡签到")
8        def get_salary(self):
9            print("领到这个月的工资了")
10   employee = BankEmployee()
11   del employee
```

运行结果如下：

```
创建实例对象，__init__()被调用
销毁实例对象，__del__()被调用
```

在 Case7_4.py 中，即便将代码中的"del employee"语句删除，在控制台上也会输出"销毁实例对象，__del__()被调用"。这是因为，程序运行结束时，会自动销毁所有实例对象，释放资源。

7.2.4 实例变量

对象的属性是以变量的形式存在的，在类中可以定义的变量类型分为实例变量、类变量。实例变量是最常用的变量类型，其语法格式如下：

```
self.变量名=值
```

通常情况下，实例变量定义在构造方法中，这样实例对象被创建时，实例变量就会被定义、赋值，因而可以在类的任意方法中使用。

由于 Python 中的变量不支持只声明不赋值，所以在定义类的变量时必须为变量赋初值。常用数据类型的初值如表 7-1 所示。

表 7-1 常用数据类型的初值

变量类型	初值体现
数值	value=0
字符串	value=""
列表	value=[]
元组	value=()
字典	value={}

接下来，在 Case7_4.py 的基础上，为 BankEmployee 类添加 3 个实例变量：员工姓名（name）、员工工号（number）、员工工资（salary）。将 name 赋值"许晓楠"，将 number 赋值"a3278"，将 salary 赋值"6000"，然后将员工信息输出到控制台。

实现方法如下：

（1）为了让实例变量在创建实例对象后可用，应在构造方法 __init__()中定义这 3 个变量。

（2）name 是字符串类型，number 是字符串类型，salary 是数值类型，定义变量时要赋予变量合适的初值。

（3）创建实例对象后，完成对实例变量的赋值。

示例如下：

【Case7_5.py】

```
1    class BankEmployee():
2        def __init__(self):
3            self.name = ""
4            self.number = ""
5            self.salary = ""
6        def check_in(self):
7            print("打卡签到")
8        def get_salary(self):
9            print("领到这个月的工资了")
10   employee = BankEmployee()
```

```
11    employee.name = "许晓楠"
12    employee.number = "a3278"
13    employee.salary = 6000
14    print("员工信息如下：")
15    print("员工姓名：%s" % employee.name)
16    print("员工工号：%s" % employee.number)
17    print("员工工资：%s" % employee.salary)
```

运行结果如下：

```
员工信息如下：
员工姓名：许晓楠
员工工号：a3278
员工工资：6000
```

在 Case7_5.py 中，因为 3 个实例变量是在__init__()方法中创建的，所以在创建实例对象后，就可以对这 3 个变量赋值了。实例变量的引用方法是在实例对象后接".变量名"，这样就可以给需要的变量赋值。

注意：在类中使用实例变量时，别忘了变量名前的"self."。如果在程序中缺少了这部分，那么使用的变量就不是实例变量了，而是方法中的一个局部变量。局部变量的作用域仅限于方法内部，与实例变量的作用域是不同的。

Case7_5.py 的代码是先创建实例对象再进行实例变量赋值，这种写法很烦琐。Python 允许通过给构造方法添加参数的形式将创建实例对象与实例变量赋值相结合。因此，可通过给__init__()方法添加参数来实现与 Case7_5.py 相同的功能。实现方法如下：给__init__()方法添加 3 个新的参数 —— name、number 和 salary，以达到在__init__()方法中给实例变量赋值的目的。

示例如下：

【Case7_6.py】

```
1     class BankEmployee():
2         def __init__(self,name = "",number = "",salary = 0):
3             self.name = name
4             self.number = number
5             self.salary = salary
6         def check_in(self):
7             print("打卡签到")
8         def get_salary(self):
9             print("领到这个月的工资了")
10    employee = BankEmployee("许晓楠","a3278",6000)
11    print("员工信息如下：")
12    print("员工姓名：%s" % employee.name)
13    print("员工工号：%s" % employee.number)
14    print("员工工资：%d" % employee.salary)
```

运行结果如下：

员工信息如下：
员工姓名：许晓楠
员工工号：a3278
员工工资：6000

从 Case7_6.py 的代码可以看出，创建实例对象实际上就是调用该对象的构造方法，通过给构造方法添加参数，就能够在创建对象时完成初始化操作。对象的方法和函数一样，也支持位置参数、默认参数和不定长参数。在使用类创建实例对象时，也可以使用关键字参数来传递参数。

在前面的示例中，实例变量是在类的构造方法中创建的。实际上，可以在类中任意方法内创建实例变量或使用已经创建的实例变量，通过类中每个方法的第一个参数 self 就能调用实例变量。

接下来，在 Case7_6.py 的基础上，完善"打卡签到"和"领工资"两个实例方法。要求如下：

（1）员工许晓楠打卡时，在控制台输出"工号 a3278，许晓楠打卡签到"。

（2）员工许晓楠领工资时，在控制台输出"领到这个月的工资了，6000 元"。

实现方法如下：

（1）创建"员工"实例对象，并使用构造方法初始化实例变量，然后调用"打卡签到"和"领工资"两个实例方法。

（2）在实例方法中调用实例变量。注意：要使用参数 self，因为 self 代表当前的实例对象。

示例如下：

【Case7_7.py】

```
1    class BankEmployee():
2        def __init__(self,name = "",number = "",salary = 0):
3            self.name = name
4            self. number = number
5            self.salary = salary
6        def check_in(self):
7            print("工号%s，%s 打卡签到" % (self. number,self.name))
8        def get_salary(self):
9            print("领到这个月的工资了，%d 元" % (self.salary))
10   employee = BankEmployee("许晓楠","a3278",6000)
11   employee.check_in()
12   employee.get_salary()
```

运行结果如下：

工号 a3278，许晓楠打卡签到
领到这个月的工资了，6000 元

在 Python 中不但可以在类中创建实例变量，还可以在类外给已经创建的实例对象动态地添加新的实例变量，但是动态添加的实例变量仅对当前的实例对象有效，其他由相同类创建的实例对象无法使用这个动态添加的实例变量。

接下来，在 Case7_7.py 的基础上创建一个新的员工实例对象，这名员工的姓名是刘志新，员工工号为 a4582，员工工资为 5000。创建这个员工实例对象后，为其动态添加一个实例变量年龄（age），并对其赋值"28"，最后输出员工许晓楠和刘志新的信息。

代码如下：

【Case7_8.py】

```
1    class BankEmployee():
2        def __init__(self,name = "",number = "",salary = 0):
3            self.name = name
4            self.number = number
5            self.salary = salary
6        def check_in(self):
7            print("工号%s，%s 打卡签到" % (self.number,self.name))
8        def get_salary(self):
9            print("领到这个月的工资了，%d 元" % (self.salary))
10   employee_a = BankEmployee("许晓楠","a3278",6000)
11   employee_a. salary = 6500
12   employee_b = BankEmployee("刘志新","a4582",5000)
13   employee_b.age = 28
14   print("许晓楠员工信息如下：")
15   print("员工姓名：%s" % employee_a.name)
16   print("员工工号：%s" % employee_a.number)
17   print("员工工资：%d" % employee_a.salary)
18   print("刘志新员工信息如下：")
19   print("员工姓名：%s" % employee_b.name)
20   print("员工工号：%s" % employee_b.number)
21   print("员工工资：%d" % employee_b.salary)
22   print("员工年龄：%d" % employee_b.age)
```

运行结果如下：

```
许晓楠员工信息如下：
员工姓名：许晓楠
员工工号：a3278
员工工资：6500
刘志新员工信息如下：
员工姓名：刘志新
员工工号：a4582
员工工资：5000
员工年龄：28
```

在类外给实例对象动态添加实例变量时，不使用 self，而使用"实例对象.实例变量名"的方式。这种添加方式是动态的，只针对当前实例对象有效，对其他实例对象无任何影响。

7.2.5 访问限制

在类的内部可以有属性和方法，外部代码可以通过直接调用实例变量的方法来操作数据，这样就能隐藏内部的复杂逻辑。但是，从前面实例中 BankEmployee 类的定义来看，外部代码也可以自由地修改一个实例的属性（name、number、salary）的值。

如果要让内部属性不能被外部访问，则可在属性的名称前加上 2 个下划线 "＿＿"，在 Python 中，如果实例的变量名以 "＿＿" 开头，就变成了私有变量，只有内部代码可以访问，外部代码则不能访问。将 BankEmployee 类进行修改，示例如下：

【Case7_9.py】

```
1    class BankEmployee():
2        def __init__(self,name = "",number = "",salary = 0):
3            self.__name = name
4            self.__number = number
5            self.__salary = salary
6        def print_info(self):
7            print("%s: %s: %s " % (self.__name,self.__number,self.__salary))
8    employee_a = BankEmployee("许晓楠","a3278",6000)
9    print("许晓楠员工信息如下：")
10   employee_a.print_info()
11   employee_a.__salary = 6500
12   employee_a.print_info()
```

运行结果如下：

```
许晓楠员工信息如下：
许晓楠: a3278: 6000
许晓楠: a3278: 6000
```

程序的第 11 行试图通过对象修改实例变量__salary 的值，但是从运行结果可以看出，__salary 的值并没有发生变化，即第 11 行的__salary 是对象另外定义的变量，它和私有的实例变量__salary 并不是同一个变量。

代码修改完后，虽然外部代码没什么变动，但是外部代码已经无法访问实例变量__name、__number 和__salary 了。这样就确保了外部代码不能随意修改对象内部的状态，从而通过访问限制的保护来使代码更加健壮。

如果外部代码想分别获取 __name、__number 和__salary 的值，则可以通过给类增加 get_name()、get_number()和 get_salary()这样的方法来实现。示例如下：

【Case7_10.py】

```
1    class BankEmployee():
2        def __init__(self,name = "",number = "",salary = 0):
3            self.__name = name
```

```
4              self.__number = number
5              self.__salary = salary
6        def get_name(self):
7              return self.__name
8        def get_number(self):
9              return self.__number
10       def get_salary (self):
11             return self.__salary
12   employee_a = BankEmployee("许晓楠","a3278",6000)
13   print("许晓楠员工信息如下：")
14   print(employee_a.get_name())
15   print(employee_a.get_number())
16   print(employee_a.get_salary())
```

运行结果如下：

```
许晓楠员工信息如下：
许晓楠
a3278
6000
```

如果要允许外部代码修改属性 salary，则可以通过给类增加 set_salary()方法来实现。代码修改如下：

```
def set_salary(self,salary):
    self.__salary = salary
```

读者也许会问，原先那种通过"employee_a.salary = 6500"的语句也可以修改，为什么要定义一个方法？这是因为，在方法中可以对参数进行检查，从而避免传入无效的参数。代码修改如下：

```
def set_salary (self, salary):
    if 0 <= salary<= 10000:
        self.__salary = salary
    else:
        raise ValueError('错误的工资参数 ')
```

按此方法，可以分别给类增加 set_name()、set_number()方法，使代码更加完善。

7.2.6 类变量

实例变量是必须在创建实例对象之后才能使用的变量，但在某些情况下，希望能通过类名来直接调用类中的变量或希望所有类能公有某个变量，这时就可以使用类变量。类变量相当于类的一个全局变量，凡是能够使用这个类的代码，都能够访问（或修改）其类变量的值。与实例变量不同，类变量不需要创建实例对象就可以使用。其语法格式如下：

```
class 类名():
    变量名=初始值
```

以下创建一个可以记录自身被实例化次数的类，实现方法如下：

（1）类记录自身被实例化的次数要使用类变量，而不能使用实例变量。

（2）创建类时，调用类的 __init__()方法，在这个方法里对用于计数的类变量加 1。

（3）销毁类时，调用类的 __del__()方法，在这个方法里对用于计数的类变量减 1。

示例如下：

【Case7_11.py】

```
1    class SelfCountClass():
2        obj_count = 0
3        def __init__(self):
4            SelfCountClass.obj_count += 1
5        def __del__(self):
6            SelfCountClass.obj_count -= 1
7    list = []
8    create_obj_count = 5
9    destory_obj_count = 2
10   # 创建 create_obj_count 个 SelfCountClass 实例对象
11   for index in range(create_obj_count):
12       obj = SelfCountClass()
13       # 把创建的实例对象加入列表尾部
14       list.append(obj)
15   print("一共创建了%d 个实例对象" % (SelfCountClass.obj_count))
16   # 销毁 destory_obj_count 个实例对象
17   for index in range(destory_obj_count):
18       # 从列表尾部获取实例对象
19       obj = list.pop()
20       # 销毁实例对象
21       del obj
22   print("销毁部分实例对象后，剩余的对象有%d 个" % (SelfCountClass.obj_count))
```

运行结果如下：

一共创建了 5 个实例对象

销毁部分实例对象后，剩余的对象有 3 个

在 Case7_11.py 中，直接使用类名来调用类变量，如代码第 4 行和第 6 行，这个类名对应着一个由 Python 自动创建的对象，这个对象称为类对象，它是一个全局唯一的对象，建议读者使用类对象来调用类变量。虽然 Python 在语法上允许使用实例对象来调用类变量，但这样使用有时会造成困扰。示例如下：

【Case7_12.py】

```
1    class SelfCountClass():
2        obj_count = 1
3    obj_1 = SelfCountClass()
4    print("赋值前：")
5    print("使用实例对象调用 obj_count：",obj_1.obj_count)
6    print("使用类对象调用 obj_count：",SelfCountClass.obj_count)
7    obj_1.obj_count = 10
8    print("赋值后：")
9    print("使用实例对象调用 obj_count：",obj_1.obj_count)
10   print("使用类对象调用 obj_count：",SelfCountClass.obj_count)
```

运行结果如下：

```
赋值前：
使用实例对象调用 obj_count：1
使用类对象调用 obj_count：1
赋值后：
使用实例对象调用 obj_count：10
使用类对象调用 obj_count：1
```

在 Case7_12.py 中，给 obj_count 赋值前使用实例对象和类对象调用类变量 obj_count 的值，得到的结果是一样的，这说明实例对象也可以访问类对象。但是，在给 obj_count 赋值"10"后，再分别使用实例对象和类对象调用变量 obj_count 的值，得到的结果是不一样的。使用类对象调用 obj_count 的值仍然是 1，说明类变量的值没有改变；使用实例对象调用 obj_count 的值是 10，也就是赋值后的值，这时输出的是实例对象 obj_1 动态添加的名为 obj_count 的实例变量的值，而不再是期望的类变量的值。因此，建议使用类对象来调用类变量。

对类对象、实例对象、类变量、实例变量这几个概念总结如下：

（1）类对象对应类名，是由 Python 创建的对象，具有唯一性。

（2）实例对象是通过类创建的对象，表示一个独立的个体。

（3）实例变量是实例对象独有的，在构造方法内添加或在创建对象后使用和添加。

（4）类变量是属于类对象的变量，通过类对象可以访问和修改类变量。

（5）类变量名如果以"__"开头，就变成了一个私有变量，对象无法直接访问。

（6）在类中，如果类变量与实例变量不同名，那么也可以使用实例对象访问类变量。

（7）在类中，如果类变量与实例变量同名，那么无法使用实例对象访问类变量。

（8）使用实例对象无法给类变量赋值，这种尝试将创建一个新的与类变量同名的实例变量。

7.3 类 的 继 承

7.3.1 单继承

继承是面向对象编程的三大特性之一，继承可以解决编程中的代码冗余问题，是实现代码重用的重要手段，体现了软件的可重用性。新类可以在不增加代码的条件下，通过从已有的类中继承其属性和方法来实现相应操作，这种现象（或行为）就称为继承。

在现实生活中，继承一般指的是子女继承父辈的财产。而在程序中，继承描述的是事物之间的从属关系。例如，猫和狗都属于动物，程序中便可以描述为猫和狗继承自动物。同理，波斯猫和加菲猫都继承自猫，而边牧和吉娃娃都继承自狗。它们之间的继承关系如图7-1所示。

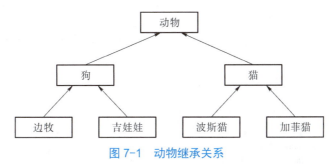

图 7-1　动物继承关系

类的继承是指在一个现有类的基础上构建一个新的类，构建出来的新类称为子类，现有类称为父类，子类会自动拥有父类的属性和方法。

在 Python 中，继承使用的语法格式如下：

```
class 子类名(父类名):
```

假设有一个类为 A，B 类是 A 类的子类，示例如下：

```
class A(object):
class B(A):
```

若在定义类时没有标注出父类，则这个类默认继承自 object。例如，"class Person(object)"和"class Person"是等价的。

下面通过一个实例来介绍子类如何继承父类。示例如下：

【Case7_13.py】

```
1    # 定义一个表示猫的类
2    class Cat(object):
3        def __init__(self,color="白色"):
4            self.color = color
5        def run(self):
6            print("---跑---")
7    # 定义一个猫的子类：波斯猫
8    class PersianCat(Cat):
9        pass
10   cat = PersianCat("黑色")
11   cat.run()
12   print(cat.color)
```

在 Case7_13.py 中，定义了一个 Cat 类，该类中有 color 属性和 run()方法；然后定义了一个继承自 Cat 类的子类 PersianCat，其内部没有添加任何属性和方法。该程序通过构造方法来创建一个 PersianCat 类对象，调用该对象的 run()方法，并输出 color 属性的值。

运行结果如下：

```
---跑---
黑色
```

从运行结果可以看出，子类继承了父类的 color 属性和 run()方法，且在创建 PersianCat 类实例的时候，使用的是继承自父类的构造方法。

注意： 父类的私有属性和私有方法是不会被子类继承的，更不能被子类访问。示例如下：

【Case7_14.py】

```python
1    # 定义一个动物类
2    class Animal(object):
3        def __init__(self, color = "白色"):
4            self.__color = color
5        def __test(self):
6            print(self.__color)
7        def test(self):
8            print(self.__color)
9    # 定义一个动物的子类：狗
10   class Dog(Animal):
11       def dog_test1(self):
12           print(self.__color)          # 访问父类的私有属性
13       def dog_test2(self):
14           self.__test()              # 访问父类的私有方法
15           self.test()                  # 访问父类的公有方法
16   dog = Dog("深棕色")
17   dog.dog_test1()
18   dog.dog_test2()
```

在 Case7_14.py 中，定义了一个 Animal 类，该类中有私有属性__color、私有方法__test()和公有方法 test()，然后定义了一个继承自 Animal 类的子类 Dog，该类中有两个用于测试的方法 dog_test1 和 dog_test2。其中，dog_test1 方法访问了父类中的私有属性__color，dog_test2 方法调用了父类的私有方法__test()和公有方法 test()。最后创建一个 Dog 类对象 dog，分别调用 dog_test1 和 dog_test2 方法。

运行后，出现如下异常信息：

```
Traceback (most recent call last):
  File "D:\PycharmProjects\Case7_14.py", line 17, in <module>
    dog.dog_test1()
  File "D:\PycharmProjects\Chapter07\Case7_14.py", line 12, in dog_test1
    print(self.__color)        # 访问父类的私有属性
          ^^^^^^^^^^^^^
AttributeError: 'Dog' object has no attribute '_Dog__color'
```

从上述信息可以看出，子类没有继承父类的私有属性，而且不能访问父类的私有属性。将第 17 行代码注释，即代码修改如下：

```
# dog.dog_test1()
```

然后运行程序，出现如下错误信息：

```
Traceback (most recent call last):
   File "D:\PycharmProjects\Chapter07\Case7_14.py", line 18, in <module>
     dog.dog_test2()
   File "D:\PycharmProjects\Chapter07\Case7_14.py", line 14, in dog_test2
self.__test()                      # 访问父类的私有方法
     ^^^^^^^^^^^
AttributeError: 'Dog' object has no attribute '_Dog__test'. Did you mean: 'dog_test1'?
```

从上述信息可以看出，子类没有继承父类的私有方法，而且不能访问父类的私有方法。一般情况下，私有的属性和方法都是不对外公布的，只能用来做其内部的事情。实际上，Python 在运行的时候，会对类里面私有属性的名称进行修改，即在私有属性名称的前面加上了前缀"__类名"，如将 Animal 类的"__color"改为"__Animal__color"，使得类对象无法通过原有的名称访问私有属性。

下面在银行员工类的基础上，根据职位创建银行员工类的 2 个子类 —— 柜员类、经理类。示例如下：

【Case7_15.py】

```
1    class BankEmployee():
2        def __init__(self,name = "",number = "",salary = 0):
3            self.__name = name
4            self.__number = number
5            self.__salary = salary
6        def get_name(self):
7            return self.__name
8        def get_number(self):
9            return self.__number
10       def get_salary(self):
11           print("领到这个月的工资了，%d 元" % (self.__salary))
12       def check_in(self):
13           print("工号%s，%s 打卡签到" % (self.__number,self.__name))
14   # 柜员类
15   class BankTeller(BankEmployee):
16       pass
17   # 经理类
18   class BankManager(BankEmployee):
19       pass
20   bank_teller = BankTeller("王刚","a9678",6000)
```

```
21      bank_teller.check_in()
22      bank_teller.get_salary()
23      bank_manager = BankManager("李明","a0008",10000)
24      bank_manager.check_in()
25      bank_manager.get_salary()
```

运行结果如下：

```
工号 a9678，王刚打卡签到
领到这个月的工资了，6000 元
工号 a0008，李明打卡签到
领到这个月的工资了，10000 元
```

在以上代码中，子类都没有创建自己的 __init__()构造方法。当一个类继承了另一个类，如果子类没有定义 __init__()方法，就会自动继承父类的 __init__()方法。如果子类中定义了自己的构造方法，那么父类的构造方法就不会被自动调用。

在 Case7_15.py 的基础上，给 BankTeller 类添加 __init__()构造方法，代码如下：

```
# 柜员类
class BankTeller(BankEmployee):
    def __init__(self,name = "",number = "",salary = 0):
        pass
```

运行结果如下：

```
AttributeError: 'Bank Teller'object has no attribute'number'
```

以上代码给子类 BankTeller 添加了构造方法，运行结果是程序出错。出错的原因是 number 等实例变量是在父类 BankEmployee 的构造方法中创建的，赋值也是在其中完成的，而父类的构造方法没有被调用，所以运行时发生了错误。

解决办法：在子类的 __init()__ 构造方法中使用 super()显式调用父类的构造方法。示例如下：
【Case7_16.py】

```
1       ......# 省略父类代码
14      # 柜员类
15      class BankTeller(BankEmployee):
16          def __init__(self, name="", number="", salary=0):
17              super().__init__(name, number, salary)
18      # 经理类
19      class BankManager(BankEmployee):
20          def __init__(self, name="", number="", salary=0):
21              super().__init__(name, number, salary)
22      bank_teller = BankTeller("王刚", "a9678", 6000)
23      bank_teller.check_in()
24      bank_teller.get_salary()
25      bank_manager = BankManager("李明", "a0008", 10000)
26      bank_manager.check_in()
27      bank_manager.get_salary()
```

在程序的第 17、21 行使用 super() 显式调用父类的构造方法，运行结果同 Case7_15.py。读者在使用中要注意 Python 类继承的这种语法特性，否则代码运行就会出错。

子类能够继承父类的变量和方法，作为父类的扩展，子类中还可以定义属于自己的变量和方法。例如，经理除了有员工共有的特征和行为外，银行给经理配备了指定品牌的公务车，经理可以在需要的时候使用。实现方法如下：

（1）给经理配备的公务车品牌需要用一个实例变量 official_car_brand 来保存。

（2）经理使用公务车是一种行为，需要定义一个方法 use_official_car()。

示例如下：

【Case7_17.py】

```
1    ……                # 省略父类代码
14   # 经理类
15   class BankManager(BankEmployee):
16       def __init__(self,name = "",number = "",salary = 0):
17           super().__init__(name,number,salary)
18           self.official_car_brand = ""
19       def use_official_car(self):
20           print("使用%s 牌的公务车出行" % (self.official_car_brand))
21   bank_manager = BankManager("李明","a0008",10000)
22   bank_manager.official_car_brand = "长城"
23   bank_manager.use_official_car()
```

运行结果如下：

```
使用长城牌的公务车出行
```

7.3.2　多继承

继承能够解决代码重用的问题，但在有些情况下只继承一个父类还无法解决所有的应用场景。例如，一个银行总经理兼任公司董事，此时总经理这个岗位就具备了经理和董事两个岗位的职责，但是这两个岗位是平行的概念，无法通过继承一个父类来表现。在 Python 中，使用多继承来解决这样的问题，如图 7-2 所示。对应于多继承，前面学习的一个类只有一个父类的情况称为单继承。

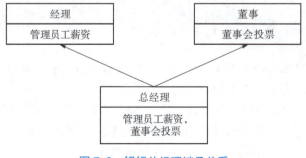

图 7-2　银行总经理继承关系

多继承的语法如下：

```
class 子类类名(父类 1,父类 2):
    # 定义子类的变量和方法
```

在银行中经理可以管理员工的薪资，董事可以在董事会上投票来决定公司的发展策略，总经理是经理的同时还是董事。以下使用多继承来实现这 3 个类，方法如下：

（1）经理作为一个独立的岗位，创建一个父类，这个类有一个方法 manage_salary()，实现管理员工薪资的功能。

（2）董事作为一个独立的岗位，创建一个父类，这个类有一个方法 vote()，实现在董事会投票的功能。

（3）总经理是经理和董事两个岗位的结合体，同时具备这两个岗位的功能，因此总经理类作为子类，同时继承经理类和董事类。

示例如下：

【Case7_18.py】

```
1   class BankManager():
2       def __init__(self):
3           print("银行经理初始化")
4       def manage_salary(self):
5           print("管理员工薪资")
6   class BankDirector():
7       def vote(self):
8           print("董事会投票")
9       def __init__(self):
10          print("银行董事初始化")
11  class GeneralManager(BankManager,BankDirector):
12      pass
13  gm = GeneralManager()
14  gm.manage_salary()
15  gm.vote()
```

运行结果如下：

```
银行经理初始化
管理员工薪资
董事会投票
```

总经理类 GeneralManager 同时继承了经理类 BankManager 和董事类 BankDirector，也就能够同时使用在经理类和董事类中定义的方法。

在学习单继承时，如果子类没有显式地定义构造方法，就会默认调用父类的构造方法。在多继承的情况下，子类有多个父类，是不是默认情况下所有父类的构造方法都会被调用呢？从以上实例可以看出，不是这样的，只有继承列表中的第一个父类的构造方法被调用了。如果子类继承了多个父类且没有自己的构造方法，则子类会按照继承列表中父类的顺序，找到第一个定义了构造方法的父类，并继承它的构造方法。

7.4 类 的 多 态

前面已经介绍了封装和继承，面向对象编程的三大特性的最后一个特性是多态。多态通常的含义是指事物能够呈现出多种不同的形态。在编程术语中，它的意思是一个变量可以引用不同类型的对象，并且能自动调用被引用对象的方法，从而根据不同的对象类型来响应不同的操作，继承和方法重写是实现多态的技术基础。

方法重写是当子类从父类中继承的方法不能满足子类的需求时，在子类中对父类的同名方法进行重写（即方法覆盖），以满足需求。例如，在代码中定义狗类 Dog，它有一个方法 work()代表其工作，狗的工作内容是"正在受训"。因此，创建一个继承狗类的军犬类 ArmyDog，军犬的工作内容是"追击敌人"。示例如下：

【Case7_19.py】

```
1    class Dog(object):
2        def work(self):
3            print("正在受训")
4    class ArmyDog(Dog):
5        def work(self):
6            print("追击敌人")
7    dog = Dog()
8    dog.work()
9    army_dog = ArmyDog()
10   army_dog.work()
```

运行结果如下：

```
正在受训
追击敌人
```

上例中的 Dog 类有 work()方法，在其子类 ArmyDog 中，根据需求对从父类继承的 work()方法进行了重新编写，这种方式就是方法重写。虽然都是调用相同名称的方法，但是因为对象类型不同，从而产生了不同的结果。

为了实现多态。在上例的基础上，添加以下 3 个新类：

（1）未受训的狗类 UntrainedDog，其继承 Dog 类，不重写父类的方法。

（2）缉毒犬类 DrugDog，其继承 Dog 类，重写 work()方法，工作内容是"搜寻毒品"。

（3）人类 Person，其有一个方法 work_with_dog()，根据与其合作的狗的种类不同，完成不同的工作。

示例如下：

【Case7_20.py】

```
1    class Dog(object):
2        def work(self):
3            print("正在受训")
```

```
4    class UntrainedDog(Dog):
5        pass
6    class ArmyDog(Dog):
7        def work(self):
8            print("追击敌人")
9    class DrugDog(Dog):
10       def work(self):
11           print("搜寻毒品")
12   class Person(object):
13       def work_with_dog(self,dog):
14           dog.work()
15   p = Person()
16   p.work_with_dog(UntrainedDog())
17   p.work_with_dog(ArmyDog())
18   p.work_with_dog(DrugDog())
```

运行结果如下：

```
正在受训
追击敌人
搜寻毒品
```

Person 实例对象调用 work_with_dog()方法，根据传入的对象类型不同产生不同的执行效果。对于 ArmyDog 类和 DrugDog 类，因为重写了 work()方法，所以在 work_with_dog()方法中调用 dog.work()时会调用它们各自的 work()方法。但是对于 UntrainedDog 类，由于没有重写 work()方法，因此在 work_with_dog()方法中就会调用其父类 Dog 的 work()方法。

通过上面的实例不难发现，类的多态具有以下优势：

（1）可替换性：多态对已存在的代码具有可替换性。

（2）可扩充性：多态对代码具有可扩充性。增加新的子类并不影响已存在类的多态性和继承性，以及其他特性的运行和操作。实际上，新增子类更容易获得多态功能。

（3）接口性：多态是父类向子类提供的一个共同接口，由子类具体实现。

（4）灵活性：多态在应用中体现了灵活多样的操作，提高了使用效率。

（5）简化性：多态简化了应用软件的代码编写和修改过程，尤其是在处理大量对象的运算和操作时，这个特点尤为突出和重要。

7.5 运算符重载

编写程序时，有时希望列表、元组和用户自定义的对象能够使用+、-、*、/等运算符进行运算，从而增强语言的灵活性。运算符重载指的是将运算符与类的方法关联起来，每个运算符对应一个指定的内置方法。Python 通过重写一些内置方法，实现了运算符的重载功能。

Python 语言支持运算符重载功能，类可以重载加、减、乘、除等运算，也可以重载打印、索引、比较等内置运算，常见的运算符重载方法如表 7-2 所示。Python 在对象运算时会自动调用对应的方法，例如，如果类实现了__add__方法，当类的对象出现在"+"运算符中时会调用这个方法。

表 7-2 常见的运算符重载方法

方法名	重载说明	运算符调用方式
__add__	对象加法运算	x+y、x+=y
__sub__	对象减法运算	x-y、x-=y
__div__	对象除法运算	x/y、x/=y
__mul__	对象乘法运算	x*y、x*=y
__mod__	对象取余运算	x%y、x%=y
__repr__、__str__	打印或转换对象	print(x)、repr(x)、str(x)
__getitem__	对象索引运算	x[key]、x[i:j]
__setitem__	对象索引赋值	x[key]、x[i:j]=sequence
__delitem__	对象索引和分片删除	del x[key]、del x[i:j]
__eq__、__ne__	对象的相等和不等比较	x==y、x!=y
__lt__、__le__	对象的小于和小于等于比较	x<y、x<=y
__gt__、__ge__	对象的大于和大于等于比较	x>y、x>=y

以下实现复数类 Complex 的"加""减""乘""除""比较""打印"运算符重载，示例如下：

【Case7_21.py】

```
1    class Complex:
2        def __init__(self, r, i):
3            self.r = r
4            self.i = i
5        def __add__(self, other):
6            return Complex(self.r + other.r, self.i + other.i)
7        def __sub__(self, other):
8            return Complex(self.r - other.r, self.i - other.i)
9        def __mul__(self, other):
10           return Complex(self.r * other.r - self.i * other.i,
11                          self.r * other.i + self.i * other.r)
12       def __truediv__(self, other):
13           return Complex(
14               (self.r*other.r + self.i*other.i)/(other.r**2 + other.i**2),
15               (self.i*other.r - self.r*other.i)/(other.r**2 + other.i**2))
16       def __eq__(self, other):
17           return self.r == other.r and self.i == other.i
18       def __str__(self):
19           if self.i> 0:
20               return '(%g+%gj)' % (self.r, self.i)
```

```
21              else:
22                  return '(%g-%gj)' % (self.r, abs(self.i))
23    c1 = Complex(5, 7)
24    c2 = Complex(-3, 6)
25    print(c1 + c2)
26    print(c1 - c2)
27    print(c1 * c2)
28    print(c1 / c2)
29    print(c1 == c2)
```

运行结果如下：

```
(2+13j)
(8+1j)
(-57+9j)
(0.375-1.13333j)
False
```

7.6　案例21："贴瓷砖"游戏之五 —— 面向对象的实现

获取源代码

　　在前面章节中，使用各章的知识点逐个剖析了"贴瓷砖"游戏的各个关键点，本节是该游戏的最后一部分介绍，以下将使用面向对象的思想，对前面的代码进行整合，完成面向对象的"贴瓷砖"游戏设计与实现。

1. 类的设计

　　在"贴瓷砖"游戏中，可以抽象出两个对象，即画布和瓷砖。画布包括了网格绘制、响应键盘事件、绘制多个瓷砖等功能，将其定义为 Canvas 类。Canvas 类的类图如图 7-3 所示。

```
┌─────────────────────────┐
│         Canvas          │
├─────────────────────────┤
│ _ width: float          │
│ _ height: float         │
│ _ unit_length:float     │
│ _ turtle                │
│ _ win                   │
│ _ tile                  │
│ _ tile_list             │
├─────────────────────────┤
│ +draw_grid()            │
│ +draw_tile()            │
│ +move_up_tile()         │
│ +move_down_tile()       │
│ +move_left_tile()       │
│ +move_right_tile()      │
│ +rotate_tile()          │
│ +stop_tile()            │
│ +is_cover():bool        │
│ +clear_grid()           │
└─────────────────────────┘
```

图 7-3　画布 Canvas 类图

瓷砖包括了L形瓷砖和点状瓷砖两种，由于这两种瓷砖具有很多相同的属性和方法，如单元宽度、绘制函数、判断重叠函数等，因此先定义父类 Tile，再定义子类 Tile_L 和 Tile_DOT。Tile 类、Tile_L 类和 Tile_DOT 类的类图如图7-4所示。

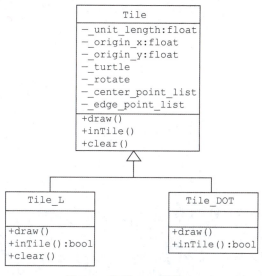

图 7-4 瓷砖 Tile 类图

2. 多个瓷砖的绘制

前文中的程序设定整个画布中只有一个 turtle，但是为了分别控制每块瓷砖的移动、旋转、变色等，就需要给每块瓷砖定义一个 turtle。当前活动的瓷砖为蓝色，非活动瓷砖为绿色。

3. 所有键盘事件响应

为了完善整个游戏，除了前文提到的【T】键、【R】键、方向键外，还需要对【S】键和【C】键进行响应。按【S】键时，活动瓷砖变为非活动瓷砖；按【C】键时，清除画布中的所有 L 形瓷砖，即重新开始贴瓷砖。

4. 重叠判断

为实现瓷砖重叠判断，在计算每块瓷砖的单元中心点后，还需要给每类瓷砖实现判断该点是否在该瓷砖范围内的函数。

本案例有200多行代码，受篇幅所限，下面只给出主要类的部分源代码，完整代码请查看本书提供的源代码资源。

【Case7_22.py】

```
1    import turtle
2    import random
3    # 画布 Canvas 类
4    class Canvas:
5        def __init__(self, width, height, unit_length,win):...
21       def draw_grid(self):...
58       def draw_tile(self):...
68       def move_up_tile(self):...
```

```
74          def move_down_tile(self):…
80          def move_left_tile(self):…
86          def move_right_tile(self):…
92          def rotate_tile(self):…
97          def stop_tile(self):…
107         def is_cover(self,p_tile):…
114         def clear_grid(self):…
122     # 瓷砖 Tile 类
123     class Tile:
124         def __init__(self, unit_length, origin_x, origin_y):…
134         def draw(self,p_color):…
137         def inTile(self,pos_x,pos_y):…
140         def clear(self):…
142     # L 形瓷砖类为瓷砖 Tile 类的子类
143     class Tile_L(Tile):
144         def draw(self,p_color):…
173         def inTile(self,pos_x,pos_y): …
183         def clear(self): …
185     # 点状瓷砖类为瓷砖 Tile 类的子类
186     class Tile_DOT(Tile):
187         def draw(self,p_color): …
211         def inTile(self,pos_x,pos_y): …
217     # 定义 main 函数
218     def main():
229     # 执行 main 函数
230     if __name__ == '__main__':
231         main()
```

运行结果截图如图 7-5 所示。

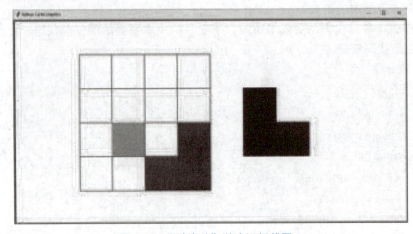

图 7-5　"贴瓷砖"游戏运行截图

7.7 本 章 小 结

本章首先介绍了面向对象的编程思想，然后介绍了类的封装、类的继承、类的多态和运算符重载，最后讲解了"贴瓷砖"游戏之面向对象的实现方法案例。希望通过本章的学习，读者能够深刻理解 Python 面向对象的编程理念，并采用这种理念完成面向对象的程序设计及开发。

7.8 编 程 题

7.1 设计一个圆类 Circle，该类中包括圆心位置、半径、颜色等属性，还包括构造方法和计算周长和面积的方法。设计完成后，请测试类的功能。

7.2 设计一个课程类 Curriculum，该类中包括课程编号、课程名称、任课教师、上课地点等属性，还包括构造方法和显示课程信息的方法。其中，表示上课地点的属性是私有的。设计完成后，请测试类的功能。

7.3 设计一个表示学生的类 Student，该类的属性包括 name（姓名）、age（年龄）、scores（成绩，包含语文、数学和英语三科成绩，每科成绩的类型为整数）。此外，该类还有以下三个方法：

（1）获取学生姓名的方法 get_name()，返回类型为 str。

（2）获取学生年龄的方法 get_age()，返回类型为 int。

（3）返回 3 门科目中最高的分数 get_course()，返回类型为 int。

7.4 设计一个表示动物的类 Animal，其内部有一个 color（颜色）属性和 call（叫）方法。再设计一个 Fish（鱼）类，该类中有 tail（尾巴）和 color 属性，以及一个 call（叫）方法。Fish 类继承自 Animal 类，重写 init 和 call 方法。

7.5 为二次方程式 $ax^2+bx+c=0$ 设计一个名为 Equation 的类，这个类包括：

（1）代表三个系数的成员变量 a、b、c。

（2）一个参数为 a、b、c 的构造方法。

（3）一个名为 get_discriminant() 的方法返回判别式的值。

（4）一个名为 get_root1() 和 get_root2() 的方法返回等式的两个根，如果判别式为负，这些方法返回 0。

7.6 编写一个学生类 Student，该类的属性包括 name（姓名）、age（年龄），重载__str__()方法和__ge__()方法。

第8章

模块化编程

■ Python 语言具有大量第三方库，且在不断增加中，涵盖了信息领域的所有技术方向，形成了全球最大的编程语言开放社区，构建了功能强大的"计算生态"。编写 Python 程序可以使用内置的标准库、第三方库，也可以使用用户自己的函数库，从而更方便地实现代码复用。

■ Python 可以使用库、模块、包、类、函数等多个概念从不同角度来编写程序。为方便描述，本书不严格区分库和模块的概念。本章将介绍模块的概念、包、下载和使用第三方库、构建用户自己的模块等内容。

8.1 模　　块

8.1.1　模块的概念

模块是一个包含变量、语句、函数或类的程序文件，文件的名称就是模块名加上.py 扩展名，所以用户编写程序的过程也就是编写模块的过程。模块往往体现为多个函数或类的组合，被应用程序所调用。使用模块可以带来以下好处：

1）提高代码的可维护性

在应用系统开发过程中，合理划分程序模块，可以很好地完成程序功能定义，有利于代码维护。

2）提高代码的可重用性

模块是按功能划分的程序，编写好的 Python 程序以模块的形式保存，方便其他程序使用。程序中使用的模块可以是用户自定义模块、Python 内置模块或来自第三方的模块。

3）有利于避免命名冲突

相同名字的函数和变量可以分别存在于不同模块中，用户在编写模块时，不需要考虑模块间变量名冲突的问题。

8.1.2 导入模块

Python 模块的导入方式包括使用 import 语句和使用 from 语句两种。

1. import 语句

语法格式如下：

```
import 模块名
```

如导入 time 模块，示例如下：

```
import time
```

import 支持一次导入多个模块，每个模块之间使用逗号分隔。示例如下：

```
import random, numpy
```

模块导入之后便可以通过"."使用模块中的函数或类。语法格式如下：

```
模块名.函数名()/类名
```

以上面导入的 time 模块为例，使用该模块中的 sleep()函数。示例如下：

```
time.sleep(1)
```

如果在开发过程中需要导入一些名称较长的模块，可使用 as 为这些模块起别名。语法格式如下：

```
import 模块名 as 别名
```

之后可直接通过模块的别名使用模块中的内容。

2. from 语句

from 语句用于导入模块中的指定对象，导入的对象可以直接使用，不再需要通过模块名称来指明对象所属的模块。语法格式如下：

```
from 模块名 import 函数/类/变量
```

from 语句也支持一次导入多个函数、类或变量，多个函数、类或变量之间使用逗号分隔。例如，导入 time 模块中的 sleep()函数和 time()函数，示例如下：

```
from time import sleep, time
```

利用通配符"*"可使用 from 语句导入模块中的全部内容。语法格式如下：

```
from 模块名 import*
```

以导入 time 模块中的全部内容为例，示例如下：

```
from time import *
```

8.1.3 模块搜索路径

使用 import 语句导入模块，需要能查找到模块程序所在的位置，即模块的文件路径，这是调用或执行模块的关键。导入模块时，不能在 import 或 from 语句中指定模块文件的路径，只能使用 Python 设置的搜索路径。标准模块 sys 的 path 属性可以用来查看当前搜索路径设置。下面是查看 Python 搜索路径和当前目录的代码。

```
>>>import sys
>>>sys.path
['', 'C:\\Python\\Python312\\python312.zip', 'C:\\Python\\Python312\\DLLs',
'C:\\Python\\Python312\\Lib', 'C:\\Python\\Python312',
'C:\\Python\\Python312\\Lib\\site-packages']
>>> import os
>>>os.getcwd()
'C:\\Users\\40933'
```

在 Python 搜索路径列表中，第一个字符串表示 Python 当前工作目录。Python 按照先后顺序依次在 path 列表中搜索需要导入的模块。如果要导入的模块不在这些目录中，则导入操作失败。

通常，sys.path（搜索路径）由 4 部分设置组成：

（1）程序的当前目录（可用 os 模块中的 getcwd()函数查看）。

（2）操作系统的环境变量 PYTHONPATH 中包含的目录（如果存在）。

（3）Python 标准库目录。

（4）任何.pth 文件包含的目录（如果存在）。

从 sys.path 组成可以看出，系统环境变量 PYTHONPATH 或 .pth 文件可以用来配置搜索路径。在 Windows 操作系统中，配置环境变量 PYTHONPATH 与配置 path 环境变量的方法相同，此处不再赘述。

在搜索路径中找到模块并成功导入后，Python 还会完成下面的功能：

1）必要时编译模块

找到模块文件后，Python 会检查文件的时间戳，如果字节码文件比源代码文件旧（即源代码文件做了修改），Python 就会执行编译操作，生成最新的字节码文件。如果字节码文件是最新的，则会跳过编译环节。如果在搜索路径中只发现了字节码文件而没有源代码文件，则会直接加载字节码文件。如果只有源代码文件，Python 就会直接执行编译操作，生成字节码文件。

2）执行模块

执行模块字节码文件中的所有可执行语句都会被执行，所有的变量在首次被赋值时创建，函数对象会在执行 def 语句时创建，如果有输出也会直接显示。

8.1.4 __name__属性

Python 的每个文件都可以作为一个模块，文件的名称就是模块的名称。例如，某 Python

文件的文件名为 mymodule.py，则模块名为 mymodule。

　　Python 文件有两种使用方法：第一种是直接作为独立代码（模块）执行；第二种是在执行导入操作时，所导入的模块将被执行。想要控制 Python 模块中的某些代码在导入时不执行，而模块独立运行时才执行，则可以使用__name__属性来实现。

　　__name__是 Python 的内置属性，用于表示当前模块的名称，也能反映一个包的结构。如果 .py 文件作为模块被调用，则__name__的属性值即模块文件的主名；如果模块独立运行，则__name__属性值为__main__。

　　语句"if__name__ == '__main__'"的作用是控制这两种不同情况执行代码的过程，当__name__值为 '__main__' 时，文件作为脚本直接执行；而使用 import 或 from 语句导入其他程序中时，模块中的代码是不会被执行的。示例如下：

【Case8_1.py】

```
1    def rect_area(a,b):    # 返回矩形面积
2        return a*b
3    def rect_peri(a,b):    # 返回矩形周长
4        return (2*a + 2*b)
5    if __name__ == '__main__':
6        print("矩形的运算")
7        print(rect_area(5,7))
8        print(rect_peri(5,7))
```

　　模块文件 Case8_1.py 独立运行时，其__name__值为 '__main__'，这时执行第 6～8 行代码。运行结果如下：

```
矩形的运算
35
24
```

　　当使用 from 或 import 语句导入 Case8_1 模块后，可以调用模块中的 rect_area()或 rect_peri()函数，传递不同的参数计算矩形的面积和周长，而 Case8_1.py 中的第 6～8 行的代码不会被执行。示例如下：

【Case8_2.py】

```
1    from Case8_1 import *
2    print(rect_area (3,4))
3    print(rect_peri(3,4))
```

运行结果如下：

```
12
14
```

8.2　包

　　Python 的程序由包（Package）、模块（Module）和函数组成。包是模块文件所在的目

录，模块是实现某一特定功能的函数和类的文件，它们之间的关系如图 8-1 所示。

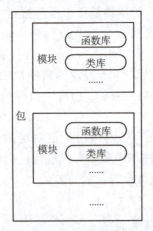

图 8-1　包的组成

包的外层目录必须包含在 Python 的搜索路径中。在包的下级子目录中，每个目录一般包含一个 __init__.py 文件，但包的外层目录不需要 __init__.py 文件。__init__.py 文件可以为空，也可以在其中定义 __all__ 列表指定包中可以导入的模块。一个典型的包结构如图 8-2 所示。

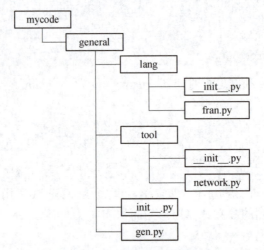

图 8-2　一个典型的包结构

在图 8-2 中，mycode 是一个用户文件夹，如果 mycode 文件夹中的源文件想要引用 tool 文件夹中的 network.py 模块，则可以使用下面任意一行语句完成：

```
from general.tool import network
import general.tool.network
```

之后，就可以调用 network 模块中的类或函数了。

获取源代码

8.3　案例22：扑克牌发牌游戏

本节采用模块化编程思想设计扑克牌发牌游戏。游戏要求如下：根据游戏设计相关类，共 4 名牌手打牌，计算机随机将 52 张牌（不含大小王）发给

4 名牌手，在控制台输出每位牌手的牌。

设计 3 个类，分别为 Card 类、Hand 类和 Poker 类，其中 Card 类为一张牌，Hand 类为一手牌（即 13 张牌），Poker 类为一副牌（即 52 张牌），Poker 类为 Hand 类的子类。程序包括 4 个 .py 文件，分别为 Card.py、Hand.py、Poker.py 和 Case8_3.py，在主程序 Case8_3.py 文件中调用以上三个类。

Card 类代表一张牌，其中 face_num 字段指的是牌面数字 1~13，suits 字段指的是花色，值为黑桃、红桃、草花、方块。示例如下：

【Card.py】

```
1    class Card():
2        # 一张牌
3        ranks = ["A", "2", "3", "4", "5", "6", "7",
4                 "8", "9", "10", "J", "Q", "K"]              # 牌面数字 1~13
5        suits = ["♠", "♡", "♣", "◇"]                         # 牌为黑桃、红桃、草花、方块
6        def __init__(self, rank, suit, face_up = True):
7            self.rank = rank                                # 指的是牌面数字 1~13
8            self.suit = suit                                # suit 指的是花色
9            self.is_face_up = face_up                       # 是否显示牌正面，True 为正面，False 为牌背面
10       def __str__(self):
11           if self.is_face_up:
12               rep = self.suit + self.rank                 # +" "+ str(self.pic_order())
13           else:
14               rep = "XX"
15           return rep
16       def pic_order(self):                                # 牌的顺序号
17           if self.rank == "A":
18               face_num = 1
19           elif self.rank == "J":
20               face_num = 11
21           elif self.rank == "Q":
22               face_num = 12
23           elif self.rank == "K":
24               face_num = 13
25           else:
26               face_num = int(self.rank)
27           if self.suit == "黑桃":
28               suit = 1
29           elif self.suit == "红桃":
30               suit = 2
31           elif self.suit == "草花":
32               suit = 3
```

```
33                else:
34                    suit = 4
35            return (suit - 1) * 13 + face_num
```

Card 类的成员方法设计如下：

（1）Card 构造函数根据参数初始化封装的成员变量，实现牌面大小和花色的初始化，以及是否显示牌面，默认 True 为显示牌正面，如代码的第 6～9 行。

（2）__str__()方法用来输出牌面大小和花色，如代码的第 10～15 行。

（3）pic_order()方法获取牌的顺序号，如代码的第 16～35 行。其中，牌面按黑桃为 1～13、红桃为 14～26、草花为 27～39、方块为 40～52 的顺序编号（未洗牌之前）。也就是说，黑桃 3 的顺序号为 3，红桃 A 的顺序号为 14，方块 K 的顺序号为 52。

Hand 类代表一手牌，即一名牌手拿的所有牌，其中 cards 列表存储牌手手里的牌。可以增加牌、清空手里的牌、把一张牌给其他牌手。示例如下：

【Hand.py】

```
1    class Hand( ):
2        # 一手牌
3        def __init__(self):
4            self.cards = []
5        def __str__(self):          # 重写方法
6            if self.cards:
7                rep = ""
8                for card in self.cards:
9                    rep += str(card) + "\t"
10           else:
11               rep = "无牌"
12           return rep
13       def clear(self):
14           self.cards = []
15       def add(self, card):
16           self.cards.append(card)
17       def give(self, card, other_hand):
18           self.cards.remove(card)
19           other_hand.add(card)
```

Poker 类代表一副牌，一副牌可以看作有 52 张牌的牌手，它是 Hand 类的子类，所以首先需要导入 Card 类和 Hand 类。其中 cards 列表存储 52 张牌，而且要进行发牌、洗牌操作。示例如下：

【Poker.py】

```
1    from Card import *
2    from Hand import *
3    import random
```

```
4        class Poker(Hand):
5            # 一副牌
6            def populate(self):
7                for suit in Card.suits:
8                    for rank in Card.ranks:
9                        self.add(Card(rank, suit))
10           # 洗牌
11           def shuffle(self):
12               random.shuffle(self.cards)
13           # 发牌，发给玩家，每人默认 13 张牌
14           def deal(self, hands, per_hand = 13):
15               for rounds in range(per_hand):
16                   for hand in hands:
17                       if self.cards:
18                           top_card = self.cards[0]
19                           self.cards.remove(top_card)
20                           hand.add(top_card)
21                       else:
22                           print("Can't continue deal. Out of cards!")
```

Poker 类的成员方法设计如下：

（1）populate(self)生成存储了 52 张牌的一手牌。这些牌是按黑桃（1~13）、红桃（14~26）、草花（27~39）、方块（40~52）的顺序（未洗牌之前）存储在 cards 列表中，如代码的第 6~9 行。

（2）shuffle(self)洗牌。使用 random.shuffle()打乱牌的存储顺序即可，如代码的第 11~12 行。

（3）deal(self,hands,per_hand=13)完成发牌动作，发给 4 名牌手，每人默认 13 张牌，如代码的第 14~22 行。

主程序需要导入上面的 Card 类、Hand 类和 Poker 类。由于有 4 名牌手，所以生成 players 列表存储初始化的 4 名牌手。生成 1 副牌对象实例 poker1，调用 populate()方法生成有 52 张牌的一副牌，调用 shuffle()方法洗牌打乱顺序，调用 deal(players,13)方法发给每名牌手 13 张牌，最后显示 4 位牌手所有的牌。示例如下：

【Case8_3.py】

```
1        from Card import *
2        from Hand import *
3        from Poker import *
4        if __name__ == "__main__":
5            # 4 名牌手
6            players = [Hand(), Hand(), Hand(), Hand()]
7            poker1 = Poker()
8            poker1.populate()                    # 生成一副牌
```

```
9          poker1.shuffle()                    # 洗牌
10         poker1.deal(players, 13)            # 发给每名牌手 13 张牌
11         # 显示 4 名牌手的牌
12         n = 1
13         for hand in players:
14             print("牌手", n, end="：")
15             print(hand)
16             n = n + 1
```

主程序运行结果如下：

牌手 1:	♣3	♠Q	♣4	♣9	♣2	♠J	♣7	♠8	♠10	♡8	♢10	♡A	♡2
牌手 2:	♣K	♠3	♣5	♠6	♢J	♡K	♢5	♣J	♣A	♡9	♠5	♢3	♡10
牌手 3:	♢4	♠7	♡4	♣9	♢6	♢2	♠A	♡Q	♣10	♡7	♠2	♡5	♣8
牌手 4:	♢9	♣Q	♠K	♢Q	♢A	♡3	♢8	♢K	♠4	♡J	♣6	♢7	♡6

从运行结果可见，程序为每名牌手随机发放了 13 张牌。

8.4　标准库和第三方库

8.4.1　标准库

Python 自带了很多实用的模块，称为标准库或标准模块，可以直接使用 import 语句把这些模块导入。表 8-1 给出了 Python 常用的内置标准库。

表 8-1　Python 常用的内置标准库

库名称	库功能
calendar	提供与日历相关的各种函数
datetime	提供与日期、时间相关的各种函数
decimal	提供定点和浮点运算函数
json	提供使用 JSON 序列化和反序列化对象
logging	提供配置日志信息的功能
math	提供数学运算函数
os	提供对文件和目录进行操作的功能
random	提供随机数功能
re	提供了基于正则表达式的字符串匹配功能
sys	提供有关 Python 运行环境的变量和函数
shutil	提供高级的文件、文件夹、压缩包处理功能
time	提供与时间相关的各种函数
urllib	提供请求 URL 连接的功能

8.4.2 第三方库

1. 第三方库的概念

随着 Python 的发展，涉及更多领域、功能更强的应用以函数库形式被开发出来，并通过开源形式发布，这些函数库被称为第三方库。

Python 的第三方库包括模块（Module）、类（Class）和程序包（Package）等元素，一般将这些可重用的元素统称为"库"。Python 的官网中提供了第三方库索引功能（Python Package Index，PyPI），网址为 https://pypi.python.org/pypi，其中列出了 Python 语言的大量第三方库的基本信息，这些库覆盖了信息技术领域的所有技术方向。

用户开发程序时，将各类资源通过少量代码，用类似搭积木的方法组建起来，这就是模块化编程。模块化编程强调充分利用第三方库，编写程序的起点不再是探究每个程序算法或功能的设计，而是尽可能探究运用库函数编程的方法。这种新的程序设计思想，在开发中得到了广泛应用。

2. 使用 pip 管理第三方库

用户编写程序时，可以随时使用 Python 提供的标准库，而第三方库需要安装后才能使用。用户使用 pip 工具安装第三方库，pip 工具由 Python 官方提供并维护，是常用且高效的第三方库在线安装工具。pip3 是 Python 的内置命令，用于在 Python 3 版本下安装和管理第三方库，需要在命令行下执行。下面介绍常用的 pip 命令。

1）pip3 -help

该命令用于列出 pip 系列子命令，这些命令用于实现下载、安装、卸载第三方库等功能，如图 8-3 所示。

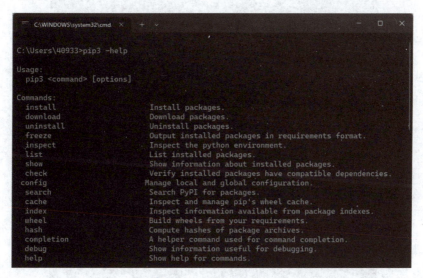

图 8-3　pip3 -help 命令

2）pip3 install

pip3 install 命令用于安装第三方库，该工具从网络上下载库文件并自动安装到系统中。

图 8-4 显示了第三方库 pillow-10.2.0 的安装过程，pillow 是 Python 的图像处理库。

图 8-4   pip3 install 命令

3）pip3 install

有时需要安装特定版本的第三方库，可以使用 pip3 install 命令并指定版本号来安装，格式为"pip3 install 库名==版本号"。其中"库名"是要安装的库的名称，"版本号"是要安装的库的版本号。注意：二者使用两个等号"=="进行连接。例如，如果要安装 pillow 库的 9.4.0 版本，则需要在命令行输入以下命令：

pip3 install pillow==9.4.0

4）pip3 show

该命令用于列出已安装库的详细信息，这些信息包括库的名字、版本号、功能说明等，如图 8-5 所示列出了 pillow 库的详细信息。

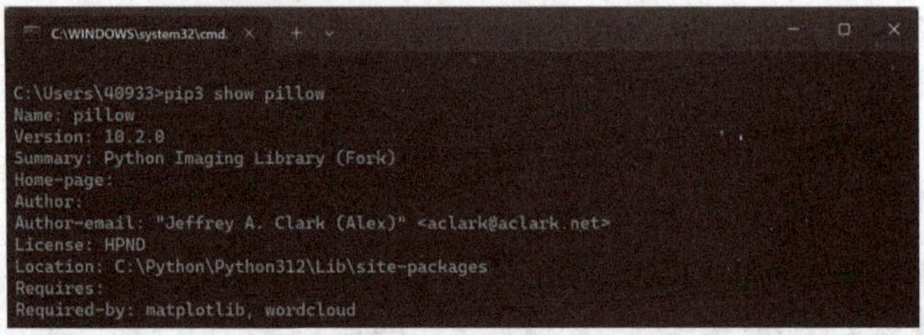

图 8-5   pip3 show 命令

5）pip3 list

pip3 list 命令用于列出当前系统中已安装的所有第三方库，如图 8-6 所示。

图 8-6   pip3 list 命令

6）pip3 uninstall

该命令用于卸载已安装的第三方库，卸载过程中需要用户确认，如图 8-7 所示为卸载第三方库 pillow 的过程。

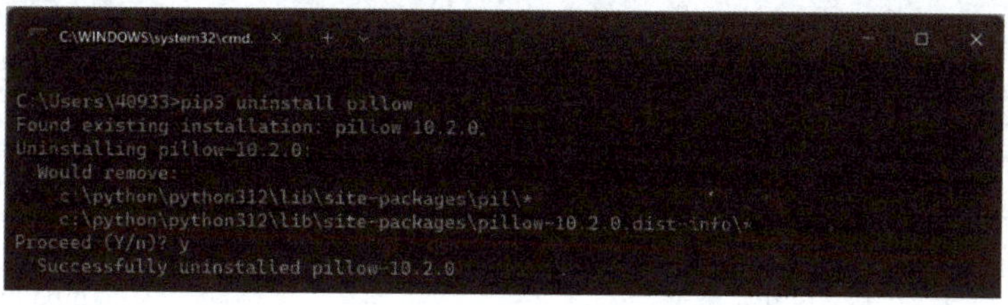

图 8-7　pip3 uninstall 命令

7）使用 pip 工具安装第三方库文件

在 Windows 操作系统中，由于 pip 版本不支持或依赖文件缺失等原因，安装第三方库时可能有错误发生。因此，可能需要读者先在 Python 社区中下载安装包，再使用 pip 工具进行安装，这种方法对所有第三方库的安装都适用。

美国加利福尼亚大学尔湾分校提供了一个第三方库的页面（https://www.lfd.uci.edu/~gohlke/pythonlibs/），其中列出了一批在 pip 安装中可能出现问题的第三方库，用户可以从中获得 Windows 直接安装的文件。

下面以安装 wordcloud 库为例，说明使用 pip 工具安装第三方库文件的过程。首先，根据 Windows 操作系统和 Python 版本号，选择所需安装下载的文件版本，这里下载的文件是 wordcloud-1.8.1-cp38-cp38-win_amd64.whl。命令行安装命令如下：

```
pip3 install wordcloud-1.8.1-cp38-cp38-win_amd64.whl
```

对于一些第三方库，用户还可以从第三方库网站下载后直接自定义安装，具体步骤需要查阅相关的文档。

3.　常用的第三方库

Python 安装包自带工具 pip（或 pip3）是安装第三方库最重要的方法，本节将介绍一些 Python 常用的第三方库，表 8-2 列出了这些库的用途和安装命令。

表 8-2　常用第三方库的用途和安装命令

库名	用途	安装命令
jieba	中文分词	pip3 install jieba
numpy	矩阵运算、矢量处理、线性代数、傅里叶变换等	pip3 install numpy
matplotlib	2D&3D 绘图库、数学运算、绘制图表	pip3 install matplotlib
PIL	通用的图像处理库	pip3 install pillow
requests	网页内容抓取	pip3 install requests
pyinstaller	Python 源文件打包	pip3 install pyinstaller
Wheel	Python 文件打包	pip3 install wheel
BeautifulSoup	HTML 和 XML 解析	pip3 install bs4
Scrapy	网页爬虫框架	pip3 install scrapy
sklearn	机器学习和数据挖掘	pip3 install sklearn
Flask	轻量级 Web 开发框架	pip3 install flask

库名	用途	安装命令
Django	开源 Web 框架	pip3 install django
WeRoBot	微信机器人开发框架	pip3 install werobot
scipy	依赖于 numpy 库的科学计算库	pip3 install scipy
pandas	数据分析库	pip3 install pandas
PyQt5	专业级 GUI 开发框架	pip3 install pyqt5
PyOpenGL	多平台 OpenGL 开发接口	pip3 install pyopengl
PyPDF2	PDF 文件内容提取及处理	pip3 install pypdf2
Pygame	多媒体开发和游戏软件开发	pip3 install pygame

使用 pip 安装第三方库，需要注意以下几个问题：

（1）在 Python 3.×下，通常使用 pip3 命令安装，也可以使用 pip 命令安装。

（2）库名是第三方库常用的名字，pip 安装用的文件名和库名不一定完全相同，通常采用小写字符。

（3）安装过程应在命令行下进行，而不是在 IDLE 环境中。有些库会依赖其他函数库，pip 会自动安装；有些库在下载后需要一个安装过程，pip 也会自动执行。

8.5 模块 5：pyinstaller 库

pyinstaller 是一个第三方库，它能够通过对源文件打包，使得 Python 程序可以在没有安装 Python 的环境中运行，也可以作为一个独立文件方便传递和管理。

1. pyinstaller 的安装

用户需要在命令提示符下用 pip3 工具安装 pyinstaller 库。示例如下：

```
pip3 install pyinstaller
```

pip3 命令会自动将 pyinstaller 命令安装到 Python 解释器目录中，与 pip 或 pip3 命令路径相同，因此可以直接使用。在 Windows 操作系统中运行 pyinstaller 还需要 PyWin32 或者 pypiwin32，其中 pypiwin32 会在安装 PyInstaller 时会自动安装。

2. pyinstaller 打包文件

使用 pyinstaller 命令打包文件十分简单。假设源文件 Case1_1.py 存在于 "d:\Chapter01\" 目录中，首先使用 cd 命令进入 Chapter01 目录，然后执行以下命令：

```
d:\Chapter01>pyinstallerCase1_1.py
```

该命令执行后，在 "d:\Chapter01" 目录下生成 dist 和 build 两个文件夹。其中，build 文件夹用于存放 pyinstaller 的临时文件，可以安全删除。最终的打包程序在 dist 内的 Case1_1 目录下，其他文件是动态链接库，可在命令行下输入 Case1_1 运行.exe 文件。

如果在 pyinstaller 命令中使用参数-F，则可将源文件编译成一个独立的可执行文件，代码如下：

```
d:\Chapter01>pyinstaller Case1_1.py -F
```

上面的命令将在"d:\Chapter01"目录的 dist 文件夹中生成 Case1_1.exe 文件。

使用 pyinstaller 命令打包文件时，需要注意以下几个问题：

（1）文件路径中不能出现空格或英文句号（.）。如果存在，则需要修改源文件的名字。

（2）源文件必须是 UTF-8 编码。采用 IDLE 编写的源文件均保存为 UTF-8 格式，可以直接使用。

（3）上面的示例中，命令提示符前的路径提示符是"d:\Chapter01"，生成打包文件的位置与">"提示符前的路径是一致的。

3. pyinstaller 的参数

合理使用 pyinstaller 的参数可以实现更强大的打包功能，pyinstaller 的常用参数如表 8-3 所示。

表 8-3　pyinstaller 的常用参数

参数	功能
-h、--help	查看帮助信息
-V、--version	查看 pyinstaller 的版本号
--clean	清理打包过程中的临时文件
-D、--onedir	默认值，生成 dist 目录
-F、--onefile	在 dist 文件夹中只生成独立的打包文件
-p DIR、--paths DIR	添加 Python 文件使用的第三方库路径，DIR 是第三方库路径
-i<图标文件名.ico>	指定打包文件使用的图标文件

用 pyinstaler 命令打包文件时，不需要在源文件中添加任何代码，只使用打包命令即可。-F 参数经常使用，用于生成独立的打包文件。如果 Python 源文件引用了第三方库，则可以使用-p 命令添加第三方库所在的路径；如果第三方库由 pip 工具安装，且在 Python 的安装目录下，则可以省略-p 参数。

8.6　案例 23：扑克牌发牌游戏打包

本案例使用 pyinstaller 库对 8.3 节中的案例 22 进行打包，该案例共有 4 个.py 文件，分别为 Card.py、Hand.py、Poker.py 和 Case8_3.py，在主程序 Case8_3.py 调用前三个.py 文件中的类，所有.py 文件位于"d:\ Chapter08"目录下，运行命令行进入 Chapter08 文件夹中，然后执行以下命令：

```
d:\Chapter08>pyinstaller Case8_3.py -F
```

命令执行完毕后，生成的目录及文件如图 8-8 所示。其中，build 目录是 pyinstaller 生成的临时目录，用于存放编译过程中生成的中间文件和临时文件；dist 目录是 pyinstaller 生成的最终目录，用于存放编译后生成的可执行文件或打包后的应用程序；Case8_3.spec 是 pyinstaller 的配置文件，用于指定编译的参数和选项，可以通过修改该文件来自定义编译过程中的一些设置。

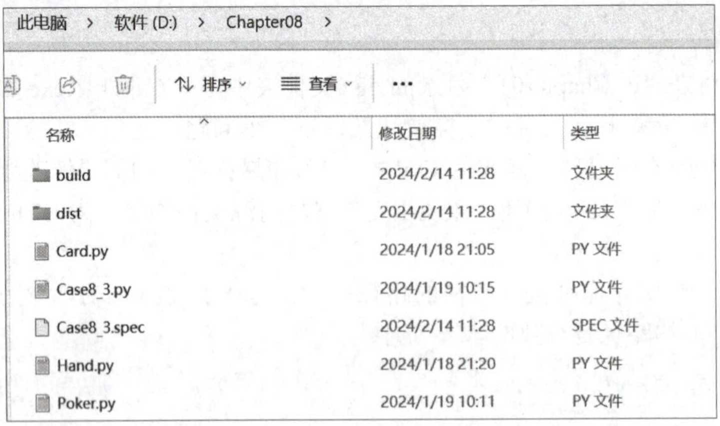

图 8-8　pyinstaller 打包结果

　　启动命令行，使用 cd 命令进入 dist 目录，使用 dir 命令看到该目录只有一个 Case8_3.exe 文件，执行该文件，运行结果如图 8-9 所示。可见，只执行一个.exe 文件就可运行扑克牌发牌游戏。

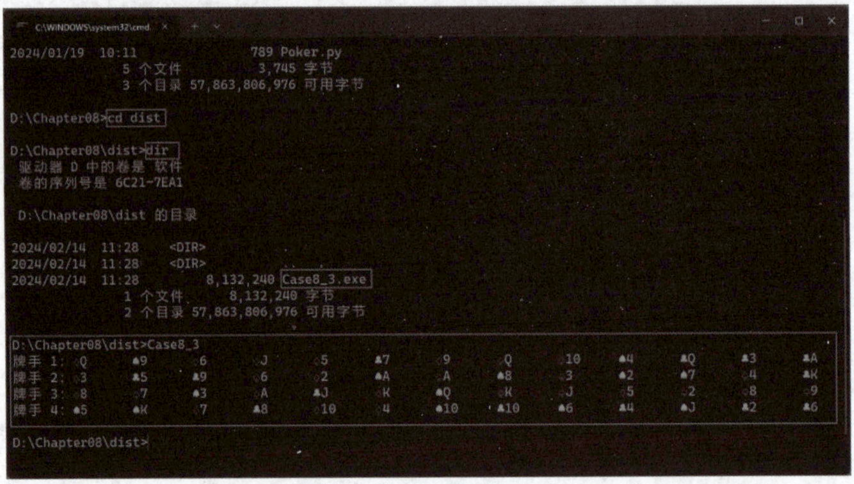

图 8-9　命令行运行结果

8.7　模块 6：wordcloud 库

　　wordcloud 是优秀的词云展示第三方库，它可以根据文本中词语出现的频率等参数绘制词云，而且可以设定词云的绘制形状、尺寸和颜色。绘制词云包含配置对象参数、加载词云文本和输出文本三个主要步骤。

　　Python 安装后，默认没有安装 wordcloud 库，而是需要单独安装。在 Windows 操作系统中打开一个 cmd 命令界面，执行如下命令安装 wordcloud 库：

```
pip install wordcloud
```

　　在使用 wordcloud 制作词云时，首先要声明一个 WordCloud 对象，语法如下：

```
w=wordcloud.WordCloud(<参数>)
```

一个 WordCloud 对象 w 可以使用的基本函数如下：

（1）w.generate()：向 WordCloud 对象中加载文本。

（2）w.to_file(filename)：将词云输出为图像文件（PNG 或 JPG 格式）。

对于一个 WordCloud 对象 w，可以配置表 8-4 所示的各种参数。

表 8-4　WordCloud 对象 w 的配置参数

参数	描述	示例
width	指定词云对象生成图像的宽度，默认为 400 像素	w=wordcloud.WordCloud(width=500)
height	指定词云对象生成图像的高度，默认为 200 像素	w=wordcloud.WordCloud(height=300)
min_font_size	指定词云中字体的最小字号，默认为 4 号	w=wordcloud.WordCloud(min_font_size=8）
max_font_size	指定词云中字体的最大字号，根据高度自动调节	w=wordcloud.WordCloud(max_font_size=25)
font_step	指定词云中字体字号的步进间隔，默认为 1	w=wordcloud.WordCloud(font_step=2)
font_path	指定字体文件的路径，默认为 None	w=wordcloud.WordCloud(font_path="simhei.ttf")
max_words	指定词云显示的最大单词数量，默认为 200	w=wordcloud.WordCloud(max_words=30)
stop_words	指定词云的排除词列表，即不显示的单词列表	w=wordcloud.WordCloud(stop_words="Python")

mask	指定词云形状，默认为长方形	import imageio #需要事先安装 imageio 库
		mk=imageio.imread("pic.png")
		w=wordcloud.WordCloud(mask=mk)

background_color	指定词云图片的背景颜色，默认为黑色	w=wordcloud.WordCloud(background_color="white")

以下为制作词云的简单实例。

【Case8_4.py】

```
1    import jieba
2    import wordcloud
3    txt = "中国，以华夏文明为源泉，以中华文化为基础，是世界上历史最悠久的国家之一。"
4    w = wordcloud.WordCloud(font_path="C:\\Windows\\Fonts\\simhei.ttf",background_color='white')
5    w.generate(" ".join(jieba.lcut(txt)))
6    w.to_file('a.png')
```

运行结果保存在图像 a.png 中，如图 8-10 所示。

图8-10　词云图运行结果

获取源代码

8.8　案例24：政府工作报告词云图

本案例使用 wordcloud 库生成 2023 年政府工作报告词云图，报告全文保存在当前目录中的 2023report.txt 中。生成政府工作报告词云图的流程如下：

第 1 步，读取文本文件，并利用 jieba 库分词。

第 2 步，生成词云对象，可以通过参数，利用图片遮罩控制词云图的形状和改变词云图的颜色。

第 3 步，使用第三方库 matplotlib 显示图像或保存图像。

示例如下：

【Case8_5.py】

```
1    import jieba
2    from wordcloud import WordCloud
3    import matplotlib.pyplot as plt
4    txt = ''
5    with open(r'2023report.txt','r',encoding="utf-8") as f:
6        txt = f.read()
7        f.close()
8    words = jieba.lcut(txt)
9    # 删除单字词
10   for word in words:
11       if len(word) == 1:
12           del words[words.index(word)]
13   cuted=' '.join(words)
14   fontpath = "C:\\Windows\\Fonts\\simhei.ttf"
15   wcloud = WordCloud(font_path=fontpath,          # 设置字体
16               background_color = "white",          # 背景颜色
17               max_words = 600,                     # 词云显示的最大词数
18               max_font_size = 400,                 # 字体最大值
19               min_font_size = 10,                  # 字体最小值
20               random_state = 42,                   # 随机数
21               collocations = False,                # 避免重复词语
22               width=800, height=500, margin=1)     # 设置图像的宽、高和边距
23   wcloud.generate(cuted)
```

```
24    wcloud.to_file("result.png")
25    # 以下代码显示图像
26    plt.figure(dpi = 150)                              # 设置图像可以放大或缩小
27    plt.imshow(wcloud)
28    plt.axis("off")                                    # 隐藏坐标
29    plt.show()
```

本案例首先读取文本文件 2023report.txt，如第 5～7 行代码所示，读者可以根据需要选择想要生成词云图的文件；然后使用 jieba.lcut() 方法分词，并删除单字词，如第 8～12 行代码所示；之后，利用 wordcloud 生成词云图片，如第 13～24 行代码所示，词云图保存在 result.png 中；最后，利用 matplotlib 库生成在屏幕上显示的图像，如第 25～29 行代码所示。最终的词云图如图 8-11 所示。

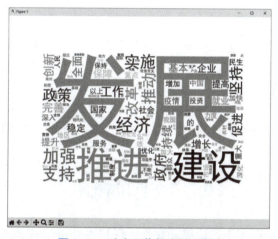

图 8-11 政府工作报告词云图

8.9　本章小结

本章首先介绍了模块和包的语法知识，然后分析了标准库、第三方库和 pyinstaller 库的使用方法，最后讲解了利用 wordcloud 库生成政府工作报告词云图案例。希望通过本章的学习，读者能够使用模块化编程思想完成比较复杂的程序设计。

8.10　编程题

8.1　将验证用户名和密码的代码封装成一个模块文件 login.py，然后在 Ex8_1.py 文件中完成调用。

8.2　将计算圆的周长和面积的代码封装成一个模块 circle.py，然后在 Ex8_2.py 文件中完成调用。

8.3　读取"三国演义"文件中的内容，并使用 wordcloud 库生成一幅词云图像。

8.4　使用 pyinstaller 库完成某个 .py 文件的打包。

第9章

文件和数据格式化

■ 程序设计时，经常对计算机中的文件进行相关操作。文件是以硬盘等介质为载体的数据的集合，包括文本文件、图像、程序和音频等。为了便于管理和规范使用数据，将数据存储到文件时，需要对其格式化。

■ 本章将介绍文件的相关操作方法、数据的格式化和处理，并以相关案例对数据存储模块 csv 库、数据交换模块 json 库和图像处理模块 PIL 库的相关操作进行详细介绍。

9.1　文件的概念

文件是数据的集合，以文本、图像、音频、视频等形式存储在计算机的外部介质中。存储文件可以使用本地存储、移动存储或网络存储等形式，最典型的存储介质是磁盘。根据文件的存储格式不同，可以分为文本文件和二进制文件两种形式。

1. 文本文件和二进制文件

文本文件由字符组成，这些字符按 ASCII 码、UTF-8 或 Unicode 等格式进行编码。Windows 记事本创建的.txt 格式的文件就是典型的文本文件，以.py 为扩展名的 Python 源文件、以.html 为扩展名的网页文件等都是文本文件。文本文件可以被多种编辑软件创建、修改和阅读，常见的编辑软件有记事本、Notepad++等。

二进制文件存储的是由 0 和 1 组成的二进制编码。二进制文件内部数据的组织格式与文件用途有关。典型的二进制文件包括.jpg 格式的图像文件、.mp3 格式的视频文件、各种计算机语言编译后生成的文件等。

二进制文件和文本文件最主要的区别在于编码格式，二进制文件只能按字节处理，文件读写的是字节字符串。无论是文本文件还是二进制文件，都可以用文本文件方式和二进制文件方式打开，但打开后的操作是不同的。

2. 文本文件的编码

编码就是用数字来表示符号和文字，它是符号、文字存储和显示的基础。我们经常接触到的用密码对文件加密，之后进行传输和破译的过程，就是一种编码和解码的过程。

计算机有很多种编码方式。最早的编码方式是 ASCII 码，即美国标准信息交换码，仅对 10 个数字、26 个大写英文字符、26 个小写英文字符及一些常用符号进行编码。ASCII 码采用 8 位（1 字节）编码，因此最多只能表示 256 个字符。

随着信息技术的发展，汉语、日语、阿拉伯语等不同语系的文字都需要进行编码，于是又有了 UTF-8、GB2312、GBK 等格式的编码。采用不同的编码意味着把同一字符存入文件时，写入的内容可能不同。Python 程序读取文件时，一般需要指定读取文件的编码方式，否则程序运行时可能出现异常。

Unicode（统一码）是涵盖世界多种语言字符的机内码，与国际标准通用的多八位编码字符集（UCS）一致，它用 8 位（1 字节）表示英语（兼容 ASCII 码），以 24 位（3 字节）表示中文及其他语言。若文件使用了 UTF-8 编码格式，在任何平台下（如中文操作系统、英文操作系统、日文操作系统等）都可以显示不同国家的文字。Python 语言源代码默认的编码方式是 UTF-8。

GB2312 编码是中国制定的中文编码，用 1 字节表示英文字符，用 2 字节表示汉字字符。GBK 是对 GB2312 的扩充。

需要注意的是，采用不同的编码方式，写入文件的内容可能是不同的。就汉字编码而言，GBK 编码的 1 个汉字占 2 个字节空间，UTF-8 编码的 1 个汉字占 3 个字节空间。

3. 文件指针的概念

文件指针是文件操作的重要概念，Python 用指针表示当前读写位置。在文件的读写过程中，文件指针的位置是自动移动的，用户可以使用 tell()方法测试文件指针的位置，使用 seek()方法移动指针的位置。以只读方式打开文件时，文件指针会指向文件开头；向文件中写入数据或追加数据时，文件指针会指向文件末尾。通过设置文件指针的位置，可以实现文件的定位读写。

9.2 文件的操作

文件的使用包括文件的打开、关闭、读写和目录的创建、删除与重命名等，可通过 Python 的内置方法和 os 模块中定义的方法来操作文件。文件的常用方法和属性如表 9-1、表 9-2 所示。

表 9-1　文件的常用方法

名称	功能
file.open()	打开文件
file.close()	关闭文件，关闭后文件不能再进行读写操作
file.flush()	刷新文件内部缓冲，直接把内部缓冲区的数据立刻写入文件，而不是被动地等待输出缓冲区写入
file.fileno()	返回一个整型的文件描述符，可用在如 os 模块的 read 方法等一些底层操作上
file.isatty()	如果文件连接到一个终端设备，就返回 True，否则返回 False

名称	功能
file.next()	返回文件下一行
file.read([size])	从文件读取指定的字节数，如果未给定（或为负），则读取所有字节
file.readline([size])	读取整行，包括"\n"字符
file.readlines([sizeint])	读取所有行并返回列表，若给定 sizeint>0，则设置一次能读多少字节，这是为了减轻读取压力
file.seek(offset[, whence])	设置文件当前位置
file.tell()	返回文件当前位置
file.truncate([size])	截取文件，截取的字节通过 size 指定，默认为当前文件位置
file.write(str)	将字符串写入文件，返回的是写入的字符长度
file.writelines(sequence)	向文件写入一个序列字符串列表，如果需要换行则要自己加入每行的换行符

表 9-2　文件的常用属性

名称	功能
mode	获取文件对象的打开模式
name	获取文件对象的文件名
encoding	获取文件使用的编码格式
closed	若文件已关闭，则返回 True，否则返回 False

9.2.1　文件的打开和关闭

Python 可通过内置的 open()方法打开文件，该函数的声明如下：

```
open(file, mode='r', buffering=-1)
```

下面对 open()函数的参数进行说明：

（1）参数 file 表示文件的路径。

（2）参数 mode 用于设置文件的打开模式，该参数的取值有 r、w、a、b、+。这些字符各自代表的含义分别如下：

r：以只读方式打开文件(mode 参数的默认值)。

w：以只写方式打开文件。

a：以追加方式打开文件。

b：以二进制形式打开文件。

+：以更新的方式打开文件（可读可写）。

需要说明的是，这些设置文件打开模式的字符可以搭配使用，常用的文件打开模式如表 9-3 所示。

（3）参数 buffering 可用来设置访问文件的缓冲方式。若 buffering 设置为 0，则表示采用非缓冲方式；若设置为 1，则表示每次缓冲一行数据；若设置为大于 1 的值，则表示使用给定值作为缓冲区的大小；若参数 buffering 缺省（或被设置为负值），则表示使用默认缓冲机制（由设备类型决定）。

表 9-3 文件的常用打开模式

打开模式	含义	说明
r/rb	只读模式	以只读的形式打开文本文件/二进制文件。如果文件不存在或无法找到，则 open()调用失败
w/wb	只写模式	以只写的形式打开文本文件/二进制文件。如果文件已存在，则清空文件；若文件不存在，则创建文件
a/ab	追加模式	以只写的形式打开文本文件/二进制文件，只允许在该文件末尾追加数据。如果文件不存在，则创建新文件
r+/rb+	读取(更新)模式	以读/写的形式打开文本文件/二进制文件。如果文件不存在，则 open()调用失败
w+/wb+	写入(更新)模式	以读/写的形式创建文本文件/二进制文件。如果文件已存在，则清空文件
a+/ab+	追加(更新)模式	以读/写的形式打开文本/二进制文件，但只允许在该文件末尾添加数据。若文件不存在，则创建新文件

如果使用 open()方法成功打开文件，就会返回一个文件流；如果待打开的文件不存在，则 open()方法抛出 IOError，设置错误码 Errno 并输出错误信息。

下面使用 open()方法打开文件，并将文件流赋给文件对象。示例如下：

```
file1 = open('a.txt')          # 以只读方式打开文本文件 a.txt
file2= open('b.txt', 'w')      # 以只写方式打开文本文件 b.txt
file3= open('c.txt',w+)        # 以读/写方式打开文本文件 c.txt
file4 = open('d.txt', 'wb+')   # 以读/写方式打开二进制文件 d.txt
```

假设打开文件 a.txt 时，该文件尚未被创建，则产生以下错误信息：

```
Traceback (most recent call last):
File"<stdin>", line 1, in module>
FileNotFoundError: [Errno 2] No such file or directory: 'a.txt'
```

文件操作完成后，需要使用 close()方法关闭文件。例如，使用 close()方法关闭打开的文件 file1，操作如下：

```
file1.close()
```

程序执行完毕后，系统会自动关闭由该程序打开的文件。计算机中可打开的文件数量是有限的，每打开一个文件，可打开文件数量就减一；打开的文件占用系统资源，若打开的文件过多，就会降低系统性能；当文件以缓冲方式打开时，磁盘文件与内存间的读写并非实时进行，若程序因异常关闭，就可能因缓冲区中的数据未写入文件而导致数据丢失。因此，程序应主动关闭不再使用的文件。

每次使用文件都得调用 open()方法和 close()方法，如果打开与关闭之间的操作较多，就很容易遗失 close()操作。为此，Python 引入了 with 语句来实现 close()方法的自动调用。以打开与关闭文件 a.txt 为例，代码如下：

```
with open('a.txt') as file:
    代码段
```

在该示例中，as 后的变量用于接收 with 语句打开文件的文件流，通过 with 语句打开的文件将在跳出 with 语句时自动关闭。

9.2.2　读文件

Python 中读取文件内容的方法有很多，常用的有 read()、readline()和 readlines()。假设存在文件 a.txt，该文件中的内容如图 9-1 所示。

图 9-1　文件 a.txt

下面以文件 a.txt 为例，对 Python 的文件读取方法进行介绍。

1.　read()方法

read()方法可从指定文件中读取指定字节的数据。该方法的定义如下：

```
read(size)
```

read()方法中的参数 size 用于指定从文件中读取数据的数量，若参数缺省，则一次读取指定文件中的所有数据。例如，使用 read()方法读取文本文件 a.txt 中的数据，示例如下：

【Case9_1.py】

```
1    file = open('a.txt')
2    print(file.read(5))        # 读取 5 个字符
3    print(file.read(3))        # 继续读取 3 个字符
4    print(file.read())         # 读取剩余全部字符
5    print(file.read())         # 再次读取为空
6    file.close()
```

运行结果如下：

```
Hello
 Wo
rld!
Life is short.
You need Python.
Happy new year!
```

由该示例可知，文件打开后，每次调用 read()方法时，程序会从上次读取位置继续向下读取数据。

2. readline()方法

readline()方法每次可从指定文件中读取一行数据。例如，使用 readline()方法读取文件 a.txt 中的数据，示例如下：

【Case9_2.py】

```
1    file = open('a.txt')
2    print(file.readline())    # 第 1 次读取，读取第 1 行
3    print(file.readline())    # 第 2 次读取，读取第 2 行
4    print(file.readline())    # 第 3 次读取，读取第 3 行
5    print(file.readline())    # 第 4 次读取，读取第 4 行
6    file.close()
```

运行结果如下：

```
Hello World!

Life is short.

You need Python.

Happy new year!
```

注意：读取时前三行时每一行末尾都有一个 '\n'，输出为一个空行。

3. readlines()方法

readlines()方法可将指定文件中的数据一次读出，并将每一行视为一个元素，存储到列表中。例如，使用 readlines()方法读取 a.txt 中的数据，示例如下：

【Case9_3.py】

```
1    file = open('a.txt')
2    print(file.readlines())           # 一次全部读取
3    print(type(file.readlines()))     # 获取读取结果的类型
4    file.close()
```

运行结果如下：

```
['Hello World!\n', 'Life is short.\n', 'You need Python.\n', 'Happy new year!']
<class 'list'>
```

以上介绍的 3 种方法通常用于遍历文件，其中 read()（参数缺省时）和 readlines()方法都可一次读出文件中的全部数据，但这两种操作都不够安全。这是因为，计算机的内存是有限的，若文件较大，read()和 readlines()的一次读取便会耗尽系统内存，这显然是不可取的。为了保证读取安全，通常采用 read(size)方式，多次调用 read()方法，每次读取 size 字节的数据。

9.2.3　写文件

Python 可通过 write()方法向文件中写入数据，write()方法的定义如下：

```
write(str)
```

write()方法中的参数 str 表示要写入文件的字符串，在打开和关闭操作之间每调用一次 write()方法，程序就会向文件中追加一行数据，并返回本次写入文件中的字节数。示例如下：

【Case9_4.py】

```
1    with open("hello.txt","w") as hello_file:
2        hello_file.write("First line.\nSecond line.\n")
3    with open("hello.txt","a") as hello_file:
4        hello_file.write("Third line.")
5    with open("hello.txt") as hello_file:
6        print(hello_file.read())
```

运行结果如下：

```
First line.
Second line.
Third line.
```

获取源代码

9.2.4　案例 25：文件的复制

实际开发中，文件的读写可以完成很多功能，如文件的复制就是文件读写的过程。本案例要求在控制台输入复制的文件名 a.txt ，读取当前目录下的文本文件，将文件的内容复制到名称为 a-副本.txt 的文件中。示例如下：

【Case9_5.py】

```
1    old_filename = input("请输入要复制的文件名字:")
2    old_file = open(old_filename, 'rt', encoding='utf-8')
3    # 如果打开文件
4    if old_file:
5        # 提取文件的扩展名
6        file_flagnum = old_filename.rfind('.')
7        if file_flagnum> 0:
8            file_flag = old_filename[file_flagnum:]
9            # 组织新的文件名字
10           new_filename = old_filename[:file_flagnum] + '-副本' + file_flag
11       # 创建新文件
12       new_file = open(new_filename, 'wt', encoding='utf-8')
13       # 把旧文件中的数据，一行一行复制到新文件中
14       for line_content in old_file.readlines():
```

```
15          new_file.write(line_content)
16      print("文件复制成功")
17  # 关闭文件
18  old_file.close()
19  new_file.close()
```

如果输入该目录下已经存在待复制的文件 a.txt，则运行结果如下：

```
请输入要复制的文件名字:a.txt↙
文件复制成功
```

查看当前目录，发现新生成了一个文本文件 a-副本.txt，打开该文件，文件内容与 a.txt 内容完全相同，说明文件复制成功。

如果输入不存在的文件 b.txt，则运行结果如下：

```
Traceback (most recent call last):
    File "D:\PycharmProjects\Chapter09\Case9_5.py", line 2, in <module>
        old_file = open(old_filename, 'rt', encoding='utf-8')
                   ^^^^^^^^^^^^^^^^^^^^^^^^^^^^^^^^^^^^^^^^^^^^
FileNotFoundError: [Errno 2] No such file or directory: 'b.txt'
```

9.2.5 文件定位读取

文件的一次打开与关闭之间进行的读写操作都是连续的，程序总是从上次读写的位置继续向下进行读写操作。实际上，每个文件对象都有一个称为"文件读写位置"的属性，该属性用于记录文件当前读写的位置。

Python 提供了一些获取文件读写位置以及修改文件读写位置的方法，以实现文件的随机读写，下面对这些方法进行介绍。

1. tell()方法

用户可通过 tell()方法获取文件当前的读写位置。以操作 a.txt 文件为例介绍 tell()的用法，示例如下：

【Case9_6.py】

```
1  file = open('a.txt')
2  print(file.tell())
3  print(file.read(5))
4  print(file.tell())
5  file.close()
```

运行结果如下：

```
0
Hello
5
```

由以上示例可知，打开一个文件后，文件默认的读写位置为0；文件进行读操作后，文件的读写位置也随之移动。

2. seek()方法

一般情况下，文件的读写是顺序的，但并非每次读写都需从当前位置开始。Python 提供了 seek()方法，使用该方法可控制文件的读写位置，从而实现文件的随机读写。seek()方法的语法如下：

```
seek(offset, from)
```

seek()方法调用成功后会返回当前读写位置，参数 offset 表示偏移量，即读写位置需要移动的字节数；参数 from 用于指定文件的读写位置，该参数的取值为 0、1、2，它们代表的含义分别如下：

0：表示文件开头。

1：表示使用当前读写位置。

2：表示文件末尾。

以操作 a.txt 文件为例，演示 seek()的用法，示例如下：

【Case9_7.py】

```
1    file = open('a.txt')
2    print(file.tell())
3    print(file.seek(7,0))
4    print(file.seek(4,1))
```

运行结果如下：

```
0
7
Traceback (most recent call last):
    File "D:\PycharmProjects\Chapter09\Case9_7.py", line 4, in <module>
        print(file.seek(4,1))
            ^^^^^^^^^^^^^^^^
io.UnsupportedOperation: can't do nonzero cur-relative seeks
```

需要注意的是，若打开的是文本文件，那么 seek()方法只允许相对于文件开头移动文件位置，若在参数 from 值为 1、2 的情况下对文本文件进行位移操作，将产生错误，如运行结果所示。

如果要相对当前读写位置（或文件末尾）进行位移操作，则应以二进制形式打开文件。示例如下：

【Case9_8.py】

```
1    file = open('a.txt')
2    print(file.tell())
3    print(file.seek(7,0))
4    print(file.seek(4,1))
```

运行结果如下:

```
6
11
69
59
```

在文件操作中，可通过修改文件的读写位置来从文件任意位置读取数据，或向指定位置写入数据，以实现文件的随机读写。

9.3　模块7：os 库

Python 标准库中的 os 库提供了非常丰富的函数来处理文件和目录，如判断指定目录下的指定文件是否存在、获取指定目录下的所有文件或者子文件夹中的所有文件、删除指定目录下的文件、创建新目录、创建多级目录等。os 库的常用函数如表 9-4 所示。

表 9-4　os 库的常用函数

函数名	功能
getcwd()	得到当前工作目录，即当前 Python 脚本工作的路径
listdir(path)	返回指定目录下的所有文件和目录名，返回的是列表类型
remove(path)	删除指定目录下的指定文件。注意：删除的是文件，该函数不能删除目录
chdir(dirname)	改变工作目录到 dirname
path.abspath(name)	获得文件所在绝对路径
path.dirname(path)	以字符串形式返回文件所在路径。注意：如果 path 只包含文件名而不包含路径，则得到的是一个空字符串
mkdir(path)	创建目录。注意：创建目录时，要求其父目录必须存在
makedirs(path)	创建多级目录。注意：上级目录可以存在，也可以不存在
rmdir(path)	删除目录。注意：删除路径上的最后一级目录
path.exists(path)	判断一个目录是否存在，返回值为 True 或 False

当我们对计算机中的文件进行操作时，就必须知道文件所在的存放位置。如果对当前目录下的文件进行操作，则只需要给出文件名，即以相对路径的方式来表示；如果要操作的文件不在当前目录下，则必须给出包含完整路径的文件名，即以绝对路径的方式来表示。

绝对路径有 3 种表示方式。假设在 D 盘的 data 目录下有一个文本文件 a.txt，则有以下 3 种表达该路径的方法。

1）转义字符表示法

由于文件路径表示形式中的反斜杠"\"需要转义，因此在表示文件路径的字符串中用两个反斜杠"\\"来表示字符"\"，最终表示形式为：'D:\\data\\a.txt'。

2）字符 r 表示法

使用字符 r 将路径声明为原始字符串，即在路径原有表达形式前加上字符 r 来表示文件所在位置。注意，字符 r 不加引号。因此，最终表示形式为：r'D:\data\a.txt'。推荐读者使用这种表达方式。

3）斜杠"/"表示法

使用斜杠"/"来代替路径表达形式中的反斜杠"\"，此时不需要对斜杠字符"/"进行转义。因此，最终表示形式为：'D:/data/a.txt'。

以上3种方式指定的都是绝对路径，即文件所在的绝对地址。但在编程中，我们经常希望只写文件名而把文件所在路径省略掉，即在文件名"data.txt"前面不指定完整的路径，这样就是要求以相对路径的方式来表达路径。采用相对路径表示文件，系统会在当前工作目录下寻找是否有同名的文件。此时，我们可以通过加载内置模块 os 库来切换当前工作目录。

获取源代码

9.4 案例26：生成上机考试文件夹

学校在安排上机实践考试时，经常根据学生基本信息生成考生文件夹，并且在学生完成考试后，需要将非空与空考生文件夹信息分别存放到不同的文件中保存。假设文件夹"D:\exam"中有文本文件 exam_list.txt，文件中的内容如图 9-2 所示。文本文件中的内容为 3 列学生考试信息，第 1 列为学号，第 2 列为姓名，第 3 列为班级，并且各列之间使用"\t"（【Tab】键）分隔，从右下角可以看到文件编码格式为"UTF-8"。案例要求通过读取每行学生信息，在文件夹"D:\exam"中创建考生文件夹，其名称格式为"学号-姓名-班级"。

图 9-2　exam_list.txt 内容

示例如下：

【Case9_9.py】

```python
1   import os
2   path = r"D:\exam"
3   os.chdir(path)
4   file = open(path+r"\exam_list.txt", "r", encoding="UTF-8")
5   line_list = file.readlines()
6   for i, line in enumerate(line_list):
7       if i == 0:
8           continue              # 跳过第 1 行（标题行）
9       line = line.strip()       # 去掉字符串前后的空格或回车符
10      if line == "":
11          continue              # 跳过空行
12      parts = line.split("\t")
```

13	# 生成文件夹名称，格式为学号-姓名-班级名称
14	dir_name = str.format("{0}-{1}-{2}", parts[0], parts[1], parts[2])
15	os.mkdir(dir_name)
16	file.close()

运行结果如图 9-3 所示。可以看到，在"D:\exam"文件夹下创建了不同考生的文件夹。

图 9-3　案例 26 运行结果

首先将文件夹"D:\exam"设置为当前文件夹，然后读取文本文件 exam_list.txt 中的所有内容。既可以使用 read()函数读取文件的全部内容，也可以使用 readlines()函数一次读取所有数据行，读取结果为字符串列表。但需要注意的是，每行数据的最后有一个多余的"\n"字符。接下来对每行数据进行处理，使用字符串的 split()函数，以"\t"作为分隔符将学号、姓名和班级分开存入列表变量，再使用字符串的 format()方法将学号、姓名和班级按要求格式化并保存到一个变量中，以此变量为参数调用 os.mkdir()创建文件夹。

9.5　模块 8：csv 库

CSV（comma-separated values，逗号分隔值）格式是一种通用的、相对简单的文本文件格式，通常用于在程序之间转移表格数据，被广泛应用于商业和科学领域。

CSV 文件是一种文本文件，由任意数目的行组成，一行被称为一条记录。记录间以换行符分隔；每条记录由若干数据项组成，这些数据项被称为字段。字段间的分隔符通常是逗号，也可以是制表符或其他符号。通常，所有记录都有完全相同的字段序列。

CSV 格式存储的文件一般采用.csv 为扩展名，可以通过 Excel 或记事本打开，也可以在其他操作系统平台上用文本编辑工具打开。一般的表格处理工具（如 Excel）都可以将数据另存为或导出为 CSV 格式，以便在不同应用程序间交换数据。

CSV 文件的特点如下：

（1）读取出的数据一般为字符类型，如果要获得数值类型，需要用户进行转换。

（2）以行为单位读取数据。

（3）列之间以半角逗号或制表符进行分隔，通常是半角逗号。

（4）每行开头不留空格，第一行是属性，数据列之间用分隔符隔开，无空格，行之间无空行。

Python 提供了一个读写 CSV 文件的标准库——csv 库，可以通过 import csv 语句导入。csv 库包含了操作 CSV 格式文件最基本的功能，典型的方法是 csv.reader()和 csv.writer()，分别用于读写 CSV 文件。

9.6 案例27：学生成绩处理

本案例要求使用 csv 库对学生成绩表进行相关操作，学生成绩保存在 student_score.csv 文件中。首先读取学生成绩信息，然后统计每个学生的总成绩，写入 student_countscore.csv 文件中，并将成绩信息在控制台输出。

用 Excel 打开 student_score.csv 文件，可查看学生成绩信息，如图 9-4 所示。这是一个 6 行 5 列的二维数据，其中第一行为表头信息。

	A	B	C	D	E
1	姓名	英语	高数	离散数学	机器学习
2	张浩	77	86	85	84
3	李明	79	84	79	89
4	王飞	83	92	84	78
5	赵龙	75	78	88	90
6	刘刚	88	77	75	83

图 9-4 学生成绩信息

示例如下：

【Case9_10.py】

```
1    # 打开读取的 CSV 文件
2    csv_file = open('student_score.csv')
3    # 打开要写入的 CSV 文件
4    file_new = open('student_countscore.csv','w+')
5    lines = []
6    for line in csv_file:
7        line = line.replace('\n','')
8        lines.append(line.split(','))
9    # 添加表头字段
10   lines[0].append('总分')
11   # 添加总分
12   for i in range(len(lines)-1):
13       idx = i+1
14       sumScore = 0
15       for j in range(len(lines[idx])) :
16           if lines[idx][j].isnumeric():
17               # 计算总成绩
18               sumScore += int(lines[idx][j])
19       # 在列表中添加总成绩
20       lines[idx].append(str(sumScore))
21   for line in lines:
22       print(line)
```

```
23          # 将列表中数据循环写入
24          file_new.write(','.join(line)+'\n')
25    csv_file.close()
26    file_new.close()
```

程序的第 4 行代码打开 CSV 文件，第 5~8 行代码使用列表对数据进行处理。需要注意的是，以 split(",")方法从 CSV 文件中获得内容时，每行的最后一个元素后面包含了一个换行符("\n")。对于数据的表达和使用来说，这个换行符是多余的，可以使用字符串的 replace()方法将其去掉。

程序的第 12~20 行代码对成绩进行处理，第 21~24 行代码将数据写到另一个 CSV 文件中，对于列表保存的一维数据结果，可以先使用字符串的join()方法来组成逗号分隔形式，再通过文件的 write()方法存储到 CSV 文件中。程序的第 24 行代码的"','.join(line)"生成一个新的字符串，它由字符串','分隔列表 line 中的元素形成。

程序运行后，打开 student_countscore.csv 文件，可以看到对学生总成绩进行了处理，控制台运行结果如下：

```
['姓名', '英语', '高数', '离散数学', '机器学习', '总分']
['张浩', '77', '86', '85', '84', '332']
['李明', '79', '84', '79', '89', '331']
['王飞', '83', '92', '84', '78', '337']
['赵龙', '75', '78', '88', '90', '331']
['刘刚', '88', '77', '75', '83', '323']
```

9.7 模块 9：json 库

万维网采用 XML 或 JSON 格式表达键值对，形成数据间复杂的关系，JSON 格式可以对高维数据进行表达和存储。JSON（JavaScript Object Notation）是一种轻量级的数据交换格式，易于阅读和理解。

除 JSON 外，网络平台还会使用 XML、HTML 通过标签来组织数据。对比 JSON 格式与 XML、HTML 格式可知，JSON 格式更为直观，且数据属性的 key 只需存储一次，在网络中进行数据交换时耗费的流量更小。采用对象、数组方式组织起来的键值对可以表示任何结构的数据，这为计算机组织复杂数据提供了极大的便利。目前，万维网上使用的高维数据格式主要是 JSON 和 XML。

json 库是处理 JSON 格式的 Python 标准库，使用 import json 语句导入。json 库主要包括操作类函数和解析类函数，操作类函数主要完成外部 JSON 格式和程序内部数据类型之间的转换功能，解析类函数主要解析键值对内容。JSON 格式包括对象和数组，用大括号{}和方括号[]表示，分别对应键值对的组合关系和对等关系。使用 json 库时，需要注意 JSON 格式的"对象""数组"概念与 Python 中"字典""列表"的区别和联系，一般来说，JSON 格式的对象将被 json 库解析为字典，JSON 格式的数组将被解析为列表。

json 库包含编码和解码，编码是将 Python 数据类型转换成 JSON 格式的过程，解码是将

JSON 格式中的数据解析对应到 Python 数据类型的过程。本质上，编码和解码是数据类型序列化和反序列化的过程。

序列化是指将对象数据类型转换为可以存储或网络传输格式的过程，传输格式一般为 JSON 或 XML。反序列化是指从存储区域中将 JSON 或 XML 格式读出并重建对象的过程，JSON 序列化与反序列化的过程分别是编码和解码。

表 9-5 列出了 json 库操作函数，其中 dumps()和 loads()分别对应编码和解码功能。

表 9-5　json 库操作函数

函数	功能
json.dumps(obj,sort_keys=False,indent=None)	将 Python 的数据类型转换为 JSON 格式，为编码过程
json.loads(string)	将 JSON 格式字符串转换为 Python 的数据类型，为解码过程
json.dumps(obj,fp,sort_keys=False,indent=None)	与 dumps()功能一致，输出到文件 fp
json.loads(fp)	与 loads()功能一致，从文件 fp 读入

json.dumps()中的 obj 可以是 Python 的列表或字典类型，当输入字典类型数据时，dumps()函数将其变为 JSON 格式字符串，默认生成的字符串是顺序存放的，sort_keys 可以对字典元素按照 key 进行排序，控制输出结果。indent 参数用于增加数据缩进，使得生成的 JSON 格式字符串更具有可读性。

示例如下：

【Case9_11.py】

```
1    import json
2    data = {'d':9,'a':5,'c':7,'b':6}
3    json_str1 = json.dumps(data)
4    json_str2 = json.dumps(data,sort_keys=True,indent=4)
5    print(json_str1)
6    print(json_str2)
7    data2 = json.loads(json_str2)
8    print(data2, type(data2))
```

运行结果如下：

```
{"d": 9, "a": 5, "c": 7, "b": 6}
{
    "a": 5,
    "b": 6,
    "c": 7,
    "d": 9
}
{'a': 5, 'b': 6, 'c': 7, 'd': 9} <class 'dict'>
```

获取源代码

9.8　案例28：身份证号码归属地查询

身份证号码由17位数字本体码和一位数字校验码组成，其中前6位数字是地址码。地址码标识编码对象常住户口所在地的行政区划代码。本案例要求编写程序，实现根据地址码对照表和身份证号码查询身份证号码归属地。

为查询身份证号码归属地，应在当前目录建立一个文本文件IDcardtable.txt，在该文件中存储身份证号码前6位对应的归属地信息。用记事本打开该文件，内容如图9-5所示。

图9-5　身份证号码前6位对应的归属地信息

示例如下：

【Case9_12.py】

```
1    # 导入模块
2    import json
3    # 打开身份证号码前6位的归属地信息文件
4    f = open("IDcardtable.txt", 'r',encoding='utf-8')
5    content = f.read()
6    # 转换为字典类型
7    content dict = json.loads(content)
8    # 输入身份证号码前6位
9    address = input('请输入身份证号码前6位:')
10   # 获得所在省的编号
11   province_code = address[0:2] + "0000"
12   # 获得所在市的编号
13   city_code = address[0:4] + "00"
14   # 初始化省市区均为空
15   province=city=region=""
16   # 遍历找出所在省、市、区信息
17   for key, val in content_dict.items():
18       if key == province_code:
19           province = val
20       if key == city_code:
```

```
21              city = val
22          if key == address:
23              region = val
24      # 输出所在的省市区信息
25      print("您身份证号码所在的归属地为：{}".format(province+city+region))
```

程序运行结果如下：

请输入身份证号码前 6 位:210105↙

您身份证号码所在的归属地为：辽宁省沈阳市皇姑区

9.9　模块 10：PIL 库

9.9.1　PIL 库的概念

PIL（Python Image Library）库是 Python 语言的第三方模块，它是一个具有强大图像处理能力的第三方模块，使用前，需要通过 pip 工具安装。安装 PIL 库的方法如下：

pip3 install pillow

注意：安装库的名称是 pillow。

PIL 支持图像存储、显示和处理，它能够处理几乎所有图像格式，可以完成图像的缩放、剪裁、叠加，以及向图像添加线条、图像和文字等操作。PIL 库包含 21 个与图像相关的类，本节重点介绍 PIL 库中最常用的 3 个子库，分别是 Image、ImageDraw 和 ImageFilter。

9.9.2　Image 类

Image 是 PIL 最重要的类，它代表一幅图像，PIL 大部分功能都是从 Image 类实例开始的，引入这个类的方法如下：

from PIL import Image

在 PIL 中，任何一个图像文件都可以用 Image 对象表示。表 9-6 列出了 Image 类的图像读取和创建方法。

图 9-6　Image 类的图像读取和创建方法

方法	描述
Image.open(filename)	根据参数加载图像文件
Image.new(mode,size,color)	根据给定参数创建一幅新的图像
Image.open(StringIO.StringIO(buffer))	从字符串中获取图像
Image.frombytes(mode,size,data)	根据像素点 data 创建图像
Image.verify()	对图像文件完整性进行检查，返回异常

Image 类有 4 个处理图片的常用属性，如表 9-7 所示。

图 9-7　Image 类的常用属性

属性	描述
Image.format	标识图像格式或来源，如果图像不是从文件读取，值为 None
Image.mode	图像的色彩模式，"L" 为灰度图像、"RGB" 为真彩色图像、"CMYK" 为出版图像
Image.size	标识图像的宽度和高度，单位是像素，返回值是二元元组
Image.palette	调色板属性，返回一个 ImagePalette 类型

Image 类的图像转换和保存方法如表 9-8 所示。

图 9-8　Image 类的图像转换和保存方法

方法	描述
Image.save(filename,format)	将图像保存为 filename 文件名，format 是图像格式
Image.convert(mode)	使用不同的参数，转换图像为新的模式
Image.filter(filter)	返回一个使用给定滤波器处理过的图像拷贝
Image.thumbnail(size)	创建图像的缩略图，size 是缩略图尺寸的二元元组

9.9.3　ImageDraw 类

ImageDraw 模块提供了 Draw 类，能用于在 Image 实例上进行简单的 2D 绘画，Draw 类的常用方法如表 9-9 所示。

表 9-9　Draw 类的常用方法

方法	描述
Draw.arc(xy, start, end, options)	在给定的区域内，在开始和结束角度之间绘制一条弧
Draw.line(xy,options)	在变量 xy 列表所表示的坐标之间画线
Draw.bitmap(xy, bitmap, options)	使用不同的参数，转换图像为新的模式
Draw.ellipse(xy,options)	在给定的区域绘制一个椭圆形
Draw.polygon(xy,options)	绘制一个多边形
Draw.rectangle(box,options)	绘制一个长边形
Draw.text(position,string, options)	在给定的位置绘制一个字符串，变量 position 给出了文本的左上角的位置
Draw.point(xy,fill=None)	在给定坐标处绘制点，fill 为点的颜色

9.9.4　ImageFilter 类

ImageFilter 类提供 10 种预定义图像过滤方法，如表 9-10 所示。

表 9-10　ImageFilter 类预定义过滤方法

方法	描述
ImageFilter.BLUR	图像的模糊效果
ImageFilter.CONTOUR	图像的轮廓效果
ImageFilter.DETAIL	图像的细节效果
ImageFilter.EDGE _ENHANCE	图像的边界加强效果
ImageFilter.EDGE_ENHANCE_MORE	图像的阈值边界加强效果
ImageFilter.EMBOSS	图像的浮雕效果
ImageFilter.FIND_EDGES	图像的边界效果
ImageFilter.SMOOTH	图像的平滑效果
ImageFilter.SMOOTH_MORE	图像的阈值平滑效果
ImageFilter.SHARPEN	图像的锐化效果

利用 Image 类的 filter()方法可以使用 ImageFilter 类，使用方式如下：

Image.filter(ImageFilter.fuction)

获取源代码

9.10　案例 29：生成字母验证码图像

　　我们在登录网站的时候，经常遇到图形验证码图像。图形验证码可以防止恶意破解密码、刷票、论坛灌水等，能有效防止某黑客对某一个特定注册用户用特定程序暴力破解方式不断进行登录尝试。验证码通常由一些线条和一些不规则的字符组成，主要作用是防止黑客盗取密码数据。虽然登录时麻烦一点，但是对密码安全来说，这个功能还是很有必要的。

　　本案例模拟生成字母验证码图像，首先要实现的是生成随机字母，然后对字母进行模糊处理。案例使用 Python 的第三方库 pillow，使用了其中的 Image、ImageDraw、ImageFont、ImageFilter 模块，实现了一幅字母验证码图像的生成。示例如下：

【Case9_13.py】

```
1    from PIL import Image, ImageDraw, ImageFont, ImageFilter
2    import random
3    # 随机字母
4    def rndChar():
5        return chr(random.randint(65, 90))
6    # 随机颜色 1
7    def rndColor():
8        return(random.randint(64,255), random.randint(64,255), random.randint(64, 255))
9    # 随机颜色 2
10   def rndColor2():
11       return(random.randint(32,127), random.randint(32,127), random.randint(32, 127))
12   width = 60 * 4
13   height = 60
```

```
14      image = Image.new('RGB', (width, height), (255, 255, 255))
15      # 创建 Font 对象，确保该目录下有这个字体文件
16      font = ImageFont.truetype('Arial.ttf', 36)
17      # 创建 Draw 对象
18      draw = ImageDraw.Draw(image)
19      # 填充每个像素
20      for x in range(width):
21          for y in range(height):
22              draw.point((x, y), fill=rndColor())
23      # 输出文字
24      for t in range(4):
25          draw.text((60 * t + 10, 10), rndChar(), font=font, fill=rndColor2())
26      # 模糊
27      image = image.filter(ImageFilter.BLUR)
28      image.save('ver_code.jpg', 'jpeg')
```

代码运行时，先用随机颜色填充背景，再随机写上大写字母，最后对图像进行模糊处理，并存储为 ver_code.jpg 文件，打开文件观看验证码图像，如图 9-6 所示。可见，本案例较好地生成了字母验证码图像。

图 9-6　字母验证码图像

9.11　本章小结

本章首先介绍了文件的概念和操作方法，然后分析了 os 库、csv 库、json 库和 PIL 库的使用方法，最后讲解了身份证号码归属地查询和生成字母验证码图像等案例。希望通过本章的学习，读者能够掌握 Python 文件相关操作，并熟练使用相关库解决实际问题。

9.12　编　程　题

9.1　读取一个文本文件，打印除了以#号开头的行以外的所有行。

9.2　编写程序，把包含学生成绩的字典保存为二进制文件，然后读取内容并显示。

9.3　假设有一个英文文本文件，编写一个程序读取其内容并将里面的大写字母变成小写字母，将小写字母变成大写字母。

9.4　使用 PIL 库对图像进行等比例压缩，无论压缩前文件大小如何，压缩后文件都应小于 30 KB。

9.5　使用 ImageDraw 类在图像上画直线和写字。

9.6　使用 ImageFilter 类处理图像得到轮廓滤镜效果。

第 10 章

异常处理

■ 程序在运行过程中发生错误是不可避免的，这种错误就是异常。Python 的异常处理机制使得程序运行时出现的问题可以用统一的方式进行处理，从而增加了程序的稳定性和可读性。

■ 本章将介绍 Python 的常见异常类及异常处理机制，并分析如何在程序设计中使用异常处理机制编写代码。

10.1　异常的概念

异常就是程序在运行过程中发生的，由于硬件故障、软件设计错误、运行环境不满足等原因导致的程序错误事件，如除 0 溢出、引用序列中不存在的索引、找不到指定文件等，这些事件的发生将阻止程序的正常运行。为了加强程序的可靠性，用户在进行程序设计时，应考虑到可能发生的异常事件并做出相应的处理。

Python 通过面向对象的方法来处理异常，由此引入了异常处理的概念。如果一段代码运行时发生了异常，就会生成代表该异常的一个对象，并把它交给 Python 解释器，解释器寻找相应的代码来处理这一异常。

Python 异常处理方法有以下优点：

（1）引入异常处理机制后，使得异常处理代码和正常执行的程序代码分隔开，从而增加了程序的清晰性、可读性。

（2）异常处理机制对产生的各种异常事件进行分类处理，也可以对多个异常进行统一处理，具有较高的灵活性。

（3）引入异常后，可以从 try...except 之间的代码段中快速定位异常出现的位置，提高异常处理的效率。

10.2　异　常　类

Python 的所有异常类都是 BaseException 的子类，BaseException 类定义在 exceptions 模块中，该模块在 Python 的内建命名空间，在程序中不必导入就可以直接使用。当执行程序遇到错误时，程序就会引发异常。如果不对异常对象进行处理和捕捉，程序就会用所谓的回溯（traceback，一种错误信息）来终止执行，这些信息包括错误的名称（如 NameError）、原因和错误发生的行号。

异常的名称实际就是异常的类型，异常的类型众多，以下介绍 Python 中常见的异常类。

1. ModuleNotFoundError

当程序导入一个不存在的模块时，会引发 ModuleNotFoundError。例如：

```
import ramdon
```

对于以上代码，由于一时疏忽，将 random 写成了 ramdon，就会出现以下错误信息：

```
Traceback (most recent call last):
  File "D:/PycharmProjects/Chapter10/Demo1.py", line 1, in <module>
    import ramdon
ModuleNotFoundError: No module named 'ramdon'
```

系统提示 ModuleNotFoundError，没有 ramdon 这个模块。这类错误是比较容易排除的错误，因为当 PyCharm 环境中输入错误模块代码时，会自动进行语法检查，对于错误语法，会在下面标记一条红色的波浪线，提示程序员进行更正。

2. NameError

当访问一个未声明的变量时，会引发 NameError。例如：

```
a = 20
b = 30
print(a, b, c)
```

运行以上代码，将出现以下错误信息：

```
Traceback (most recent call last):
  File "D:/PycharmProjects/Chapter10/Demo2.py", line 3, in <module>
    print(a, b, c)
NameError: name 'c' is not defined
```

系统提示 NameError，c 变量没有定义。

3. SyntaxError

语法错误，也就是解析代码时出现错误。当代码不符合 Python 的语法规则时，Python 解释器在解析时就会报出 SyntaxError 语法错误，并明确指出最早探测到错误的语句。例如：

```
names_list = ["xiaoZhao", "xiaoWang", "xiaoLi"]
for name in names_list
    print(name)
```

运行以上代码，将出现以下错误信息：

```
File "D:/PycharmProjects/Chapter10/Demo3.py", line 2
    for name in names_list
                          ^
SyntaxError: invalid syntax
```

在上述例子中，由于 for 循环的后面缺少冒号，所以出现了以上语法错误。这类错误多是程序员疏忽导致的，是解释器无法容忍的，只有将程序中的所有语法错误全部纠正，程序才能执行。

4. ZeroDivisionError

当除数为 0 的时候，会引发 ZeroDivisionError。例如：

```
a = 20
b = 0
print(a/b)
```

运行以上代码，将出现以下错误信息：

```
Traceback (most recent call last):
    File "D:/PycharmProjects/Chapter10/Demo4.py", line 3, in <module>
        print(a/b)
ZeroDivisionError: division by zero
```

5. IndexError

当使用序列中不存在的索引时，会引发 IndexError。例如：

```
names_list = ["xiaozhao", "xiaowang", "xiaoli"]
print(names_list[3])
```

运行以上代码，将出现以下错误信息：

```
Traceback (most recent call last):
    File "D:/PycharmProjects/Chapter10/Demo5.py", line 2, in <module>
        print(names_list[3])
IndexError: list index out of range
```

上述代码中，names_list 列表有三个元素，索引值为 0、1、2，因此当试图访问索引值为 3 的元素时，就出现了索引错误。

6. KeyError

当使用字典中不存在的键访问值时，会引发 KeyError。例如：

```
student_dict= {'name':'王晓明', 'age':20, 'phone':'13688889999'}
print(student_dict['address'])
```

运行以上代码，student_dict 字典中只有 name、age 和 phone 三个键，因此当程序试图得到 address 键对应的值时，就会出现以下错误信息：

```
Traceback (most recent call last):
    File "D:/PycharmProjects/Chapter10/Demo6.py", line 2, in <module>
        print(student_dict['address'])
KeyError: 'address'
```

7.　AttributeError

当使用对象中不存在的属性时，会引发 AttributeError。例如：

```
tuple_one = (1, 2, 3, 4, 5)
tuple_one.remove(1)
```

运行以上代码，出现以下错误信息：

```
Traceback (most recent call last):
    File "D:/PycharmProjects/Chapter10/Demo7.py", line 2, in <module>
        tuple_one.remove(1)
AttributeError: 'tuple' object has no attribute 'remove'
```

由于元组对象没有属性"remove"，因此当试图删除元组索引值为 1 的元素时，出现以上异常。在 Pycharm 中编辑代码时，当输入对象之后，会在下拉提示框中出现存在的属性和方法，建议读者从提示框中选择，避免出错，尽量不要手动输入。例如，手动输入"remove"，则该代码会用一个灰色的背景提示有异常存在。

8.　FileNotFoundError

当试图打开不存在的文件时，会引发 FileNotFoundError。例如：

```
file = open("test.txt")
```

运行以上代码，程序试图打开 test.txt 文本文件，而当前目录下并没有这个文件，因此出现以下错误信息：

```
Traceback (most recent call last):
    File "D:/PycharmProjects/Chapter10/Demo8.py", line 1, in <module>
        file = open("test.txt")
FileNotFoundError: [Errno 2] No such file or directory: 'test.txt'
```

为了避免出现打开文件之类的异常，在 Python 中通常使用 with 语句来打开文件，代码如下：

```
with open ("test.txt") as file:
    data = file.read()
```

这样，无论是否正常打开文件，with 语句都会关闭文件。

10.3　异常处理方法

10.3.1　异常处理机制

从 Python 2.5 开始，finally 可以与 except 子句和 else 子句自由组合，与 try 语句联合使用。Python 中的异常处理机制语法的完整格式如下：

```
try:
    # 语句块
except A:
    # 异常 A 处理代码
except:
    # 其他异常处理代码
else:
    # 没有异常处理代码
finally:
    # 最后必须处理代码
```

正常执行的程序在 try 语句块中执行，如果在执行过程中发生了异常，则需要中断当前在 try 语句块中的执行，然后跳转到对应的异常处理块（except 块）中执行相应语句。

Python 会从第一个 except 块开始查找，如果找到了对应的异常类型，就进入其提供的 except 块中进行处理；如果没有找到，就进入不带异常类型的 except 块中进行处理。不带异常类型的 except 块是可选项，如果没有提供，这个异常就会被提交给 Python 进行默认处理，处理方式则是终止应用程序并输出提示信息。

如果在 try 语句块执行过程中没有发生任何异常，则程序在执行完 try 语句块后会进入 else 执行块中执行。

无论是否发生了异常，只要提供了 finally 语句，程序执行的最后一步总是执行 finally 对应的代码块。

10.3.2　单个异常处理

try-except 语句定义了监控异常的一段代码，并且提供了处理异常的机制。try-except 语句的基本格式如下：

```
try:
# 语句块
except:
# 异常处理代码
```

当 try 语句块中的某条语句出现错误时，程序就不再继续执行 try 语句块中的语句，转而执行 except 块中处理异常的语句。接下来，通过一个案例来演示如何使用简单的 try-except 语句，试图捕获两个数相除可能会产生的异常。示例如下：

【Case10_1.py】

```
1    try:
2        num1 = input("请输入第 1 个数：")
3        num2 = input("请输入第 2 个数：")
4        print(int(num1)/int(num2))
5    except ZeroDivisionError:
6        print("第 2 个数不能为 0")
```

　　上述代码中，在 try 语句块中的 input()函数接收用户输入的两个数值，将第一个数值作为被除数，将第二个数值作为除数，如果发生除数为 0 的情况，except 子句就会捕获到这个异常，并将异常信息输出。

　　运行两次代码，分别输入两个数为 10、2 和 10、0，运行结果如下：

```
请输入第 1 个数：10↙
请输入第 2 个数：2↙
5.0
请输入第 1 个数：10↙
请输入第 2 个数：0↙
第 2 个数不能为 0
```

　　从两次运行的结果可以看出，程序产生异常时，不会再出现程序终止的情况，而是按照已设定的消息提醒用户。需要注意的是，只要监控到错误，程序就会执行 except 块的语句，并且不再执行 try 语句块未执行的语句。

10.3.3　多个异常处理

　　在运行 Case10_1.py 时，如果输入非数字类型的值，就会产生另一个数值错误的异常，具体错误信息如下：

```
Traceback (most recent call last):
  File "D:/PycharmProjects/Chapter10/Case10_1.py", line 4, in <module>
    print(int(num1)/int(num2))
ValueError: invalid literal for int() with base 10: 'a'
```

　　上述错误信息表明，输入了字符'a'，导致程序出现 ValueError 异常。这是因为，Case10_1.py 中的 except 语句只能捕获 ZeroDivisionError 异常，于是程序没有处理新的异常而终止运行。为了让程序能检测到 ValueError 异常，可以增加一个处理该异常的 except 语句。此时，需要用到处理多个异常的 try-except 语句，其语法格式如下：

```
try:
    # 语句块
except 异常名称 1:
    # 异常处理代码
except 异常名称 2:
    # 异常处理代码
……
```

　　在 Case10_1.py 的基础上，添加处理 ValueError 异常部分的代码。示例如下：
【Case10_2.py】

```
1    try:
2        num1 = input("请输入第 1 个数：")
3        num2 = input("请输入第 2 个数：")
```

```
4        print(int(num1)/int(num2))
5    except ZeroDivisionError:
6        print("第 2 个数不能为 0")
7    except ValueError:
8        print("只能输入数字")
```

运行代码，输入第 1 个数为 10，第 2 个数为 a，运行结果如下：

```
请输入第 1 个数：10↙
请输入第 2 个数：a↙
只能输入数字
```

如果想让一个 except 语句能捕获多个异常，并且使用同一种处理方式，则在 Python3.×中可通过元组来实现。代码如下：

```
except(NameError, KeyError):
```

10.4　抛　出　异　常

10.4.1　raise 语句

使用 raise 语句能显式地触发异常，其基本格式如下：

```
raise  异常类          # 使用类名引发异常
raise  异常类对象      # 使用异常类的实例引发异常
raise                  # 传递异常
```

在上述格式中，第 1 种方式和第 2 种方式是对等的，都会引发指定异常类对象。其中，第 1 种方式隐式地创建异常类的实例；第 2 种方式是最常见的，直接会提供一个异常类的实例；第 3 种方式用于重新引发刚刚发生的异常。

1. 使用类名引发异常

当 raise 语句指定异常的类名时，会隐式地创建该类的实例，然后引发异常。示例如下：

```
raise KeyError
```

运行果如下：

```
Traceback (most recent call last):
    File "D:/PycharmProjects/Chapter10/Demo9.py", line 1, in <module>
      raise KeyError
KeyError
```

2. 使用异常类的实例引发异常

显式地创建异常类的实例，可直接用于引发异常。示例如下：

```
key_error = KeyError()
raise key_error
```

运行结果如下：

```
Traceback (most recent call last):
  File "D:/PycharmProjects/Chapter10/Demo10.py", line 2, in <module>
    raise key_error
KeyError
```

3.　传递异常

不带任何参数的 raise 语句，可以再次引发刚刚发生过的异常，其作用就是向外传递异常。示例如下：

```
try:
    raise KeyError
except:
    print("Error")
    raise
```

在该代码中，try 语句块使用 raise 抛出了 KeyError 异常，程序会跳转到 except 子句中执行"print("Error")"语句，然后使用 raise 再次引发刚刚发生的异常，导致程序出现错误而终止运行。运行结果如下：

```
Traceback (most recent call last):
  File "D:/PycharmProjects/Chapter10/Demo1.py", line 2, in <module>
    raise KeyError
KeyError
Error
```

接下来，通过一个时间转换的例子来介绍 raise 语句的使用。示例如下：

【Case10_3.py】

```
1    import sys
2    # 定义 Hours 函数和参数变量 minutes
3    def Hours(minutes):
4        if minutes < 0:
5            raise ValueError("当前输入值有误")                # 使用 raise 语句抛出异常
6        # 否则打印转换后的时间，以 H, M 的形式打印
7        else:
8            print("{}H, {}M".format(int(minutes // 60),(minutes % 60)))
9    # 执行异常处理代码
10   try:
11       value_time = input("请输入要转换的时间数值：")
12       # 调用 Hours()方法计算
```

```
13          Hours(int(value_time))
14      except:
15          # 若 try 语句中发生异常，则执行 except 语句代码
16          print("参数错误！")
```

运行程序，如果在控制台输入"95"，则运行结果如下：

请输入要转换的时间数值：95↙
1H, 35M

如果在控制台输入"-5"，则运行结果如下：

请输入要转换的时间数值：-5↙
参数错误！

10.4.2　assert 语句

assert 语句又称为断言，是指期望用户满足指定的条件。当用户定义的约束条件不满足的时候，它会触发 AssertionError 异常，所以 assert 语句可以当作条件式的 raise 语句。assert 语句的格式如下：

```
assert 逻辑表达式,data                    # data 是可选的
```

在该格式中，assert 后面紧跟一个逻辑表达式，相当于条件；data 通常是一个字符串，当表达式的结果为 False 时，作为异常类型的描述信息使用。assert 语句在逻辑上等同于：

```
if not 逻辑表达式:
    raise AssertionError(data)
```

断言的示例如下：

```
a = 0
assert a!=0                          # a 的值不能为 0
```

在该示例中，定义了变量 a 的值为 0，然后使用 assert 断言 a 的值不等于 0，所以程序出现以下错误信息：

```
Traceback (most recent call last):
    File "D:/PycharmProjects/Chapter10/Demo1.py", line 2, in <module>
    assert a!=0                          # a 的值不能为 0
AssertionError
```

assert 语句用来收集用户定义的约束条件，而不是捕捉内在的程序设计错误，Python 会自行收集程序的设计错误，会在遇见错误时自动引发异常。

下面通过一个计算最大公约数的例子介绍 assert 语句的使用。示例如下：

【Case10_4.py】

```
1    try:
2        x = int(input("请输入第一个数："))
```

```
3            y = int(input("请输入第二个数："))
4            assert x>1 and y>1, "a 和 b 的值必须大于 1"      # 断言
5            a = x
6            b = y
7            if a<b:
8                a,b = b,a                                # a 与 b 的值互换
9            # 使用辗转相除法求最大公约数
10           while b!=0:
11               temp = a % b
12               a = b
13               b = temp
14           else:
15               print("%s 和%s 的最大公约数为：%s" % (x,y,a))
16       except Exception as result:
17           print("捕捉到异常：\n", result)
```

上述代码使用了 try-except 异常处理语句。在 try 语句中首先从键盘获取 2 个 int 型的数值 x 和 y，之后断言 x 和 y 的值必须都大于 1；然后分别把 x 和 y 的值赋值给 a 和 b，使用条件语句进行判断，如果 a 比 b 的值小，就互换 a 和 b 的值。

在 while-else 循环中，如果 b 不等于 0，就使用辗转相除法求最大公约数。在 except 中使用 Exception 捕捉所有异常，并获取异常对应的描述信息。

运行代码，在控制台输入第 1 个数 "6"，第 2 个数 "1"，运行结果如下：

```
请输入第一个数：6↙
请输入第二个数：1↙
捕捉到异常：
a 和 b 的值必须大于 1
```

再次运行代码，输入第 1 个数 "65"，第 2 个数 "25"，运行结果如下：

```
请输入第一个数：65↙
请输入第二个数：25↙
65 和 25 的最大公约数为：5
```

10.4.3　with 语句

任何一门编程语言中，文件的输入输出、数据库的连接断开等，都是很常见的资源管理操作。但资源都是有限的，在程序运行时，必须保证这些资源在使用后得到释放，否则容易造成资源泄露，轻则导致系统处理缓慢，严重时会使系统崩溃。

例如，前面章节在介绍文件操作时，一直强调打开的文件最后一定要关闭，否则程序的运行会有意想不到的隐患。但是，即使使用 close()方法做好了关闭文件的操作，如果在打开文件或文件操作过程中抛出了异常，还是无法及时关闭文件。

在实际编码过程中，有些任务需要事先做一些设置，事后做一些清理，这时就需要使用

with 语句。with 语句能方便地对这样的操作进行处理，最常用的例子就是对访问文件的处理。

根据前面学习的知识，可以将 Python 对文件的操作采用以下三种方式实现。

1）文件初级操作

访问文件资源时，一般使用以下代码处理：

```python
f = open('D:/PycharmProjects/Chapter10/test.txt', 'r')
data = f.read()
f.close()
```

以上代码可能存在两个问题：一是在读写时出现异常而忘了异常处理；二是忘了关闭文件。

2）文件中级操作

文件中级操作访问文件的代码如下：

```python
f = open('D:/PycharmProjects/Chapter10/test.txt', 'r')
try:
    data = f.read()
finally:
    f.close()
```

以上代码的写法可以避免因读取文件时发生异常而没有关闭文件，但是代码略长了一些。

3）文件高级操作

文件高级操作方法是使用 with 语句。示例如下：

```python
with open('D:/PycharmProjects/Chapter10/test.txt', 'r') as f:
    data = f.read()
```

运行后，with 后面接的对象返回的结果赋值给 f。在以上代码中，open()方法返回的文件对象赋值给 f，with 会自动获取上下文对象的异常信息。

以上使用的 with 语句的语法如下：

```python
with context_expr() as var:
    dosomething()
```

当 with 语句执行时，便通过上下文表达式（context_expr）（一般为某个方法）获得一个上下文对象。一旦获得了上下文对象，就会调用它的__enter__()方法，完成 with 语句块执行前的所有准备工作，如果 with 语句后面跟了 as 语句，则用__enter__()方法的返回值来赋值。

当 with 语句块结束时，无论是正常结束，还是由于异常而结束，都会调用上下文对象的__exit__()方法。__exit__()方法有 3 个参数，如果 with 语句正常结束，则 3 个参数都是 None；如果发生异常，则 3 个参数的值分别等于调用 sys.exc_info()函数返回的 3 个值：类型（异常类）、值（异常实例）和跟踪记录（traceback）。

上下文对象主要作用于共享资源，__enter__()方法和__exit__()方法基本上完成的是分配和释放资源的低层次工作，如数据库连接、锁分配、信号量加/减、状态管理、文件打开/关闭、异常处理等。

10.5 自定义异常类

前面介绍的异常主要用于处理系统中可以预见的、较常见的运行错误，对于某个应用所特有的运行错误，则需要编程人员根据程序的逻辑在用户程序中创建用户自定义的异常类和异常对象。

用户自定义异常类主要用于处理程序中可能产生的逻辑错误，使得这种错误能够被系统及时识别并处理，而不致扩散产生更大的影响，从而使用户程序具有更好的容错性能，并使整个系统更加安全稳定。

创建用户自定义异常类时，一般需要完成如下工作：

（1）声明一个新的异常类，使之以 Exception 类或其他某个已经存在的系统异常类或用户异常类为父类。

（2）为新的异常类定义属性和方法，或重载父类的属性和方法，使这些属性和方法能够体现该类所对应的错误信息。

只有通过异常类，系统才能识别特定的运行错误，并及时地控制和处理运行错误。下面示例的功能是模拟支出金额大于 1000 时（即 number>1000），抛出用户自定义异常。示例如下：

【Case10_5.py】

```
1    class UserDefinedException(Exception):
2        def __init__(self, eid, message):                # 异常描述
3            self.eid = eid
4            self.message = message
5    class ExceptionDemo:  # 业务逻辑
6        def draw(self, number):
7            print("called compute(" + str(number) + ")");
8            if (number > 1000 or number <= 0):
9                raise UserDefinedException(101, "number out of bounds")
10           else:
11               print("normal exit")
12   myobject = ExceptionDemo()
13   try:
14       myobject.draw(300)
15       myobject.draw(1300)
16   except UserDefinedException as e:
17       print("Exception caught,id:{},message:{}".format(e.eid, e.message))
```

程序第 1~4 行代码是关于异常类的定义，该类继承了 Exception 类；第 5~11 行代码是自定义异常的业务逻辑，当支取金额大于 1000 时，报告异常；第 12~17 行代码是功能测试代码。运行结果如下：

Python程序设计案例教程（第2版）

called compute(300)

normal exit

called compute(1300)

Exception caught,id:101,message:number out of bounds

获取源代码

10.6　案例30：学生分苹果

请定义一个模拟分苹果的函数 division()，在该函数中，要求输入苹果的数量和学生的数量，然后应用除法算式计算分配的结果（不能有小数），要求每名学生至少分到一个苹果，输出每人分配的苹果数和剩余的苹果数，并采用异常处理机制对可能出现的异常进行处理。分析问题，可能出现的异常为除数为0、苹果或学生输入数值异常，如果每名学生没有平均分到一个苹果，则采用 raise 抛出异常。

示例如下：

【Case10_6.py】

```
1   def division():
2       apple = int(input("请输入苹果的数量："))
3       children = int(input("请输入学生人数："))
4       if apple < children:
5           raise ValueError("苹果太少，不够分！！！")
6       result = apple // children
7       remain = apple - result * children
8       if remain > 0:
9           print(apple, "个苹果，平均分给", children, "个学生，每人分", result, "个，剩下", remain, "个")
10      else:
11          print(apple, "个苹果，平均分给", children, "个学生，每人分", result, "个")
12  if __name__ == "__main__":
13      try:
14          division()
15      except ZeroDivisionError:
16          print("出错了，苹果不能被 0 个学生分！")
17      except ValueError as e:
18          print('输入错误', e)
19      else:
20          print('分苹果顺利完成！！')
```

使用 try...except 语句捕获异常，程序的第 14 行代码执行 division()函数，如果苹果数量小于学生人数，则采用 raise 语句抛出 ValueError 异常，如除数为 0 则出现 ZeroDivisionError，将被程序的第 15 行代码捕获，苹果或学生的值异常则被程序的第 17 行代码捕获，没有异常则执行第 20 行代码。

程序运行多次，输入不同的值，运行结果如下：

216

请输入苹果的数量：20↙

请输入学生人数：0↙

出错了，苹果不能被 0 个学生分！

请输入苹果的数量：20↙

请输入学生人数：26.5↙

输入错误 invalid literal for int() with base 10: '26.5'

请输入苹果的数量：20↙

请输入学生人数：25↙

输入错误苹果太少，不够分！！！

请输入苹果的数量：30↙

请输入学生人数：25↙

30 个苹果，平均分给 25 名学生，每人分 1 个，剩下 5 个

分苹果顺利完成！！

10.7 本章小结

本章首先介绍了异常类和异常处理机制，然后分析了抛出异常和自定义异常的语法知识，最后讲解了学生分苹果案例。希望通过本章的学习，读者能够运用 Python 的异常处理机制编写运行稳定的程序。

10.8 编程题

10.1 采用面向对象的方法定义一个 Circle 类，其中有求面积的方法，当半径小于 0 时，抛出一个用户自定义异常。

10.2 采用异常处理方法编写代码，实现如下功能：

（1）不断循环任意输入两个数据，求这两个数的商。

（2）如果输入的两个数据中有一个为"q"或"Q"，则退出循环。

（3）代码足够健壮，程序不会因为任意输入而意外退出。

10.3 采用异常处理方法模拟决赛现场最终成绩的评分过程，要求输入的评委人数在 3 人以上，评委分数在 0~10 之间，并计算最终该选手的平均得分（去掉一个最高分、一个最低分）。

10.4 采用异常处理方法录入一个学生的成绩，把该学生的成绩转换为 A 优秀、B 良好、C 合格、D 不及格的形式，最后将学生的成绩打印出来。要求使用 assert 断言处理分数不合理的情况。

10.5 假设成年人的体重和身高存在此种关系：身高（厘米）-100=标准体重（千克），如果一个人的体重与其标准体重的差值在正负 5%之间，显示"体重正常"，其他则显示"体重超标"或者"体重不达标"。编写程序，能处理用户输入的异常，并且使用自定义异常类来处理身高小于 30 cm、大于 250 cm 的异常情况。

第 11 章

<<<<<<

图形用户界面编程

■ 图形用户界面是一种通过菜单、按钮等图形化元素与计算机进行输入输出交互的软件操作界面。与命令行界面相比，图形用户界面具有功能直观、简单易用等特点，已经成为计算机应用程序的主要用户交互界面。

■ 本章将介绍如何利用 Python 进行图形用户界面编程，首先介绍图形界面编程的基础知识，然后重点介绍 Python 所提供的图形界面标准库 tkinter 的基本使用方法。

11.1 模块 11：tkinter 库

图形用户界面（graphical user interface，GUI）可以接收用户的输入并展示程序运行的结果，更友好地实现用户与程序的交互，开发图形用户界面应用程序是 Python 的重要应用之一。Python 实现图形用户界面可以使用标准库 tkinter，还可以使用功能强大的 wxPython、PySimpleGUI、PyQt 等扩展库。

tkinter 库包含在 Python 的基本安装包中，使用 tkinter 库编写的图形用户界面程序是跨平台的，可在 Windows、Linux、macOS 等多种操作系统中运行，具有与操作系统的布局和风格一致的外观。导入 tkinter 模块，可以使用下面两种形式之一：

```
import tkinter
from tkinter import *
```

11.1.1 构建简单的 GUI

实现图形用户界面编程，首先要理解组件和容器的概念。组件是指标签、按钮、列表框等对象，需要将其放在容器中显示。容器是可以放置其他组件或容器的对象，如窗口或 Frame（框架）。Python 的图形用户界面程序默认有一个主窗口，在这个主窗口上可以放置其他组件。

使用 tkinter 库创建图形用户界面程序流程如下：

（1）创建主窗口对象。如果没有创建主窗口对象，tkinter 将以默认的顶层窗口作为主容器，该容器是当前组件的容器。

（2）创建标签、按钮、文本框、列表框等组件对象。

（3）打包组件，将组件显示在其父容器中。

（4）启动事件循环，GUI 窗口启动，等待响应用户操作。

以下使用 tkinter 库建立一个带有标签和按钮的 GUI 程序，示例如下：

【Case11_1.py】

```
1    import tkinter                                    # 导入 tkinter 模块
2    win = tkinter.Tk()                                # 创建窗口对象
3    label1 = tkinter.Label(win,text="第一个 tkinter 程序")   # 创建标签对象
4    btn1 = tkinter.Button(win,text="确定")              # 创建按钮对象
5    label1.pack()                                     # 打包对象，使其显示在其父容器中
6    btn1.pack()
7    win.mainloop()                                    # 启动事件循环
```

程序第 2 行代码建立一个窗口对象，第 3 行代码建立 1 个标签组件，第 4 行代码建立 1 个按钮组件，第 5~6 行代码采用 pack 布局方式放置组件，运行结果如图 11-1 所示。

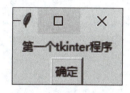

图 11-1　简单的 GUI

11.1.2　设置窗口和组件的属性

在 GUI 程序中，可以设置窗口标题和窗口大小，也可以设置组件的属性，经常使用的方法有 geometry()方法、title()方法和 config()方法。

1.　geometry()方法和 title()方法

创建主窗口对象后，可以使用 geometry()方法设置窗口的大小，使用 title()方法设置窗口的标题。注意：geometry()方法中的参数用于指定窗口大小，格式为"宽度 x 高度"，其中的"x"不是乘号，而是字母 x。示例如下：

【Case11_2.py】

```
1    from tkinter import *
2    win = Tk()
3    label1 = Label(win, text="第一个 label 组件")
4    btn1 = Button(win, text="确定")
5    label1.pack()
6    btn1.pack()
7    win.geometry("300x100")        # geometry()方法
8    win.title("第一个 tkinter 程序")   # title()方法
9    win.mainloop()
```

运行结果如图 11-2 所示。

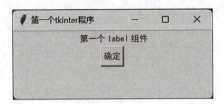

图 11-2　设置 GUI 的大小和标题

2. config()方法

config()方法设置组件文本、对齐方式、前景色、背景色、字体等属性。示例如下：

【Case11_3.py】

```
1    from tkinter import *
2    win = Tk()
3    label = Label()
4    label.config(text="第一个 tkinter 程序")        # 设置文本属性
5    label.config(fg="white", bg="blue")              # 设置前景色和背景色属性
6    label.pack()
7    btn1= Button()
8    btn1['text'] = "确定"                            # 设置文本属性的另一种方法
9    btn1.pack()
10   win.geometry("300x200")
11   win.title("设置组件的属性")
12   win.mainloop()
```

程序设置了组件的text（文本）、fg（前景色）、bg（背景色）等属性，运行结果如图11-3 所示。

图 11-3　设置组件的属性

11.2　tkinter 库的布局管理

　　开发 GUI 程序时，需要将组件放入容器。主窗口就是一种容器。向容器中放入组件是很烦琐的，不仅需要调整组件自身的大小，还需要设计和其他组件的相对位置。实现组件

布局的方法被称为布局管理器，tkinter 可使用 pack()、grid()、place()三种方法来实现布局管理功能。

此外，Frame（框架）也是一种容器，需要显示在主窗口中。Frame 作为中间层的容器组件，可以分组管理组件，从而实现复杂的布局。

11.2.1 pack 布局

pack()方法以块的方式布局组件，前面的示例中已经使用了 pack()方法，该方法将组件显示在默认位置，是最简单的布局用法。pack()方法的常用参数如表 11-1 所示。

表 11-1　pack()方法的常用参数

参数	说明
side	表示组件在容器中的位置，取值为 TOP、BOTTOM、LEFT 和 RIGHT
expand	表示组件可拉伸，取值为 YES 或 NO。当值为 YES 时，side 选项无效，参数 fill 用于指明组件的拉伸方向
fill	取值为 X、Y 或 BOTH，用于填充 X 或 Y 方向的空间。当参数 side＝TOP 或 BOTTOM 时，填充 X 方向；当参数 side＝LEFT 或 RIGHT 时，填充 Y 方向
anchor	表示组件在容器中的定位点，取值为 N、S、W、E、SW、NE、SE、NW 和 CENTER 等
padx,pady	组件外部的左右和上下的预留空白宽度，默认值为 1（像素）
ipadx,ipady	组件内部的左右和上下的预留空白宽度，默认值为 1（像素）

使用 pack()方法的 side 参数设置组件的布局，示例如下：
【Case11_4.py】

```
1   from tkinter import *
2   win = Tk()
3   label1 = Label(win,text="Top 标签",fg="white",bg="blue")
4   label2 = Label(win,text="Left 标签",fg="white",bg="blue")
5   label3 = Label(win,text="Bottom 标签",fg="white",bg="blue")
6   label4 = Label(win,text="Right 标签",fg="white",bg="blue")
7   label1.pack(side=TOP)
8   label2.pack(side=LEFT)
9   label3.pack(side=BOTTOM)
10  label4.pack(side=RIGHT)
11  win.geometry("300x200")
12  win.title("pack()方法")
13  win.mainloop()
```

运行结果如图 11-4 所示。

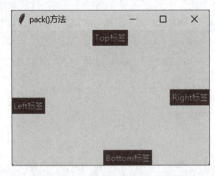

图 11-4 side 参数设置组件的布局

使用 pack()方法的 anchor 参数设置组件的布局，示例如下：

【Case11_5.py】

```
1    from tkinter import *
2    win = Tk()
3    label1 = Label(win,text="标签标题",fg="white",bg="blue")
4    label1.pack(anchor=NW,padx=5)
5    label2 = Label(win)
6    label2.config(text="标签内容", fg="white", bg="grey")    # 设置文本属性
7    label2.pack(expand=YES,fill=BOTH,padx=5)
8    btn= Button()
9    btn['text'] = "确定"                                    # 设置文本属性的另一种方法
10   btn.pack()
11   win.geometry("300x200")                                #  geometry()方法
12   win.title("pack()方法")                                #  title()方法
13   win.mainloop()
```

运行结果如图 11-5 所示。

图 11-5 anchor 参数设置组件的布局

11.2.2 grid 布局

使用 grid()方法的布局称为网格布局，它按照二维表格的形式，将容器划分为若干行和若干列，组件的位置由行和列所在的位置确定。grid()方法和 pack()方法在使用上类似，

grid()方法的常用参数如表 11-2 所示。

图 11-2 grid()方法的常用参数

参数	说明
row, column	组件所在行和列的位置
rowspan, columnspan	组件从所在位置起跨的行数和跨的列数
sticky	组件所在位置的对齐方式
padx, pady	组件外部的左右和上下的预留空白宽度，默认值为 1（像素）
ipadx, ipady	组件内部的左右和上下的预留空白宽度，默认值为 1（像素）

需要注意的是，在同一容器中，只能使用 pack()方法或 grid()方法中的一种布局方式。grid()方法通过参数设置组件所在的行和列。row 和 column 的默认开始值为 0，依次递增，row 和 column 的序号的大小表示相对位置，数字越小表示位置越靠前。

使用 grid()方法设置组件布局，示例如下：

【Case11_6.py】

```
1    from tkinter import *
2    win = Tk()
3    label1 = Label(win,text="请单击相应按钮",fg="black")
4    label1.grid(row=0,column=0,columnspan=4)
5    btn1= Button(text="增加")
6    btn2= Button(text="删除")
7    btn3= Button(text="修改")
8    btn4= Button(text="查询")
9    btn1.grid(row=2,column=0,padx=2)
10   btn2.grid(row=2,column=1,padx=2)
11   btn3.grid(row=2,column=2,padx=2)
12   btn4.grid(row=2,column=3,padx=2)
13   win.geometry ("200x150")
14   win.title("grid()布局")
15   win.mainloop()
```

程序运行结果如图 11-6 所示。可以看出，使用 gird()方法的布局比使用 pack()方法的布局能更有效地控制组件在容器中的位置。

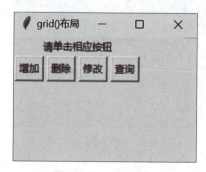

图 11-6 grid 布局

11.2.3 place 布局

使用 place()方法的布局可以更精确地控制组件在容器中的位置，但如果容器大小发生了变化，就可能出现布局不适应的情况，所以一般较少使用。place()方法的常用参数如表 11-3 所示。

表 11-3　place()方法的常用参数

参数	说明
x,y	用绝对坐标指定组件的位置，默认单位为像素
height, width	指定组件的高度和宽度，默认单位为像素
relx,rely	按容器高度和宽度的比例来指定组件的位置，取值范围为 0.0~1.0
relheight,relwidth	按容器高度和宽度的比例来指定组件的高度和宽度，取值范围为 0.0~1.0
anchor	表示组件在容器中的定位点，默认为左上角（NW）
bordermode	组件被指定在计算某位置时，是否包含容器边界宽度。默认为 INSIDE，表示计算容器边界，OUTSIDE 表示不计算容器边界

使用 place()方法设置组件布局，示例如下：

【Case11_7.py】

```
1    from tkinter import *
2    win = Tk()
3    label1 = Label(win,text="place()方法测试",fg="black")
4    label1.place(x=140,y=50,anchor=N)          # place()方法布局
5    btn1= Button(text="place()按钮")
6    btn2= Button(text="grid()")
7    btn1.place(x=140,y=80,anchor=N)            # place()方法布局
8    btn2.grid(row=2,column=1)                  # grid()方法布局
9    win.geometry ("300x200")
10   win.title("place 方法")
11   win.mainloop()
```

程序运行结果如图 11-7 所示。其中，左上角的按钮为使用 grid()方法设置的布局，中间的标签和按钮为使用 place()方法设置的布局。

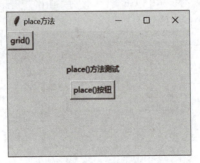

图 11-7　使用 place 布局

11.2.4 使用 Frame 布局

框架（Frame）是一个容器组件，通常用于对组件进行分组，从而实现复杂的布局。Frame 的常用属性如表 11-4 所示。

表 11-4 Frame 的常用属性

属性	说明
bd	指定边框宽度
relief	指定边框样式，取值有 FLAT（扁平，默认值）、RAISED（凸起）、SUNKEN（凹陷）、RIDGE（脊状）、GROOVE（凹槽）和 SOLID（实线）
width, height	设置宽度或高度，如果忽略，容器通常会根据内容组件的大小调整 Frame 大小

使用 Frame 实现的复杂布局，示例如下：
【Case11_8.py】

```
1    from tkinter import *
2    win = Tk()
3    frm_a = Frame()          # 框架 a
4    frm_b = Frame()          # 框架 b
5    frm_a.pack()
6    frm_b.pack()
7    lbl_name = Label(frm_a,text="用户名",width=10,fg="black")
8    ety_name = Entry(frm_a,width=20)
9    lbl_name.grid(row=1,column=1)
10   ety_name.grid(row=1,column=2)
11   lbl_pwd = Label (frm_a,text="密码",width=10,fg="black")
12   ety_pwd = Entry(frm_a,width=20)
13   lbl_pwd.grid(row=2,column=1)
14   ety_pwd.grid(row=2,column=2)
15   # 向容器中用 grid()方法添加两个按钮
16   btn_reset= Button (frm_b,text="登录",width=10)
17   btn_submit= Button (frm_b,text="重置",width=10)
18   btn_reset.grid(row=1,column=1)
19   btn_submit.grid(row=1,column=2)
20   win.geometry ("270x120")
21   win.title("Frame 的例子")
22   win.mainloop()
```

程序运行结果如图 11-8 所。其中，用户名和密码的两对标签和输入框置于 frm_a 框架中，添加的两个按钮置于 frm_b 框架中。

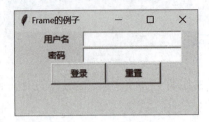

图 11-8　使用 Frame 布局

11.3　tkinter 库的常用组件

tkinter 的常用组件有标签（Label）、按钮（Button）、复选框（Checkbutton）、文本框（Entry）、单选按钮（Radiobutton）、列表框（Listbox）、多行文本框（Text）、滚动条（Scale）、滑块（Slider）、菜单（Menu）、菜单按钮（MenuButton）、对话框（Messagebox）、画布（Canvas）和框架（Frame）等。本节对其中的常用组件进行介绍。

11.3.1　Label 组件

Label 是用于创建标签的组件，主要用于显示不可修改的文本、图像或者图文混排的内容。Label 组件的常用属性如表 11-5 所示。

表 11-5　Label 组件的常用属性

属性	说明
text	设置标签显示的文本
bg, fg	指定组件的背景色和前景色
bitmap	使用默认图标当作标签内容
image	设置标签组件要显示的图像
width, height	指定组件的宽度和高度
padx, pady	设置组件内文本的左右和上下的预留空白宽度，默认值为 1（像素）
anchor	设置文本在组件内部的位置，取值为 N、S、W、E、NW、SW、NE、SE
justify	设置文本的对齐方式，取值为 LEFT（左对齐）、RIGHT（右对齐）或 CENTER（居中对齐）
font	设置字体

需要说明的是，tkinter 库中的组件大部分属性都相同，Label 组件的常用属性可用于大多数组件，表 11-5 中的属性在后面章节中也经常使用。

font 属性是一个复合属性，用于设置字体名称、字体大小和字体特征等。font 属性通常表示为一个三元组，它的基本格式为（family, size, special）。family 是表示字体名称的字符串，size 是表示字体大小的整数，special 是表示字体特征的字符串。size 为正整数时，字体大小单位为点；size 为负整数时，字体大小单位为像素。在 special 字符串中，可使用关键字表示字体特征，如 normal（正常）、bold（粗体）、italic（斜体）、underline（下划线）、overstrike（删除线）。

以下使用 Label 组件显示当前目录中的图像 sun.jpg，并在图像中书写一首诗，示例如下：

【Case11_9.py】

```
1    from tkinter import *
2    from PIL import Image, ImageTk
3    root = Tk()
4    root.title('Label 组件应用')
5    root.geometry('400x300')
6    peom = '白日依山尽\n 黄河入海流\n 欲穷千里目\n 更上一层楼'
7    img = Image.open('sun.jpg')
8    photo = ImageTk.PhotoImage(img)
9    l_txt_img=Label(root,text=peom,fg='red',image=photo,font=('微软雅黑',15,'bold'), compound=' center', anchor='center')
10   l_txt_img.pack(expand=YES, fill=BOTH)
11   root.mainloop()
```

运行结果如图 11-9 所示。

图 11-9 Label 组件应用

11.3.2 Button 组件

Button 组件用于创建按钮，通常用于响应用户的单击操作，即单击按钮时将执行指定的函数。Button 组件的 command 属性用于指定响应函数，其他的属性大部分与 Label 组件的属性相同，Button 组件的属性如表 11-6 所示。

表 11-6 Button 组件的属性

属性	说明
command	表示单击时相应的事件处理程序。其取值为某个函数或方法对象，也可以是一个匿名函数。这个函数或方法不能包括位置参数
state	按钮状态，表示是否接受用户单击。默认值 NORMAL 表示可以单击，DISABLED 表示不响应单击，此时按钮表面显示为灰色

使用 Button 组件模拟程序的计算过程，示例如下：

【Case11_10.py】

```
1    from tkinter import *
2    import time
3    root = Tk()
4    root.title('Button 组件应用')
5    texts={'begin':'单击按钮开始计算','computing':'计算中...','end':'计算完成,单击按钮开始重复计算'}
6    def compute():
7        info['text'] = texts['computing']          # 设置提示文本信息
8        btn['state'] = DISABLED                     # 修改按钮状态为不可单击
9        root.update()                               # 即时刷新界面，否则要等到函数返回才刷新
10       time.sleep(3)                               # 延时 3 秒以模拟计算过程
11       info['text'] = texts['end']                 # 设置提示文本信息
12       btn['state'] = NORMAL                       # 恢复按钮为可单击状态
13   info = Label(text=texts['begin'], width = 50)
14   info.pack(side=TOP, pady=5)
15   btn = Button(text="开始", command=compute)
16   btn.pack(side=TOP, pady=5)
17   root.mainloop()
```

运行结果如图 11-10（a）所示，单击"开始"按钮后，显示"计算中"，同时"开始"按钮状态变为不可单击，如图 11-10（b）所示；3 秒后计算完毕，显示"计算完成，单击按钮开始重复计算"，如图 11-10（c）所示。

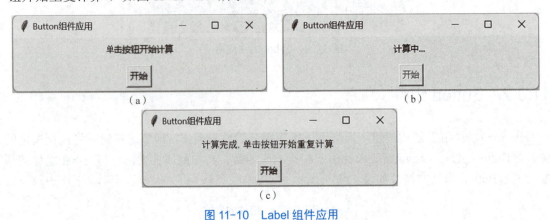

图 11-10　Label 组件应用

11.3.3　Entry 组件

Entry 组件即输入组件，用于显示和输入简单的单行文本，Entry 组件的部分属性与 Label 组件相同，其他常用属性和方法如表 11-7 所示。

除了表 11-7 中的方法，Entry 组件还提供 select 系列方法用于选择输入组件中的字符，如 select_clear()、select_from(index)、select_range(start,end)等；另外，还提供 insert 系列方法用于插入字符操作，这里不再赘述，请读者查看相关文档。

表 11-7　Entry 组件的常用属性和方法

属性/方法	说明
state	设置组件状态。取值为 normal、disabled 和 readonly。取值为 readonly 时，组件为只读状态，不接收数据输入
validate	设置执行 validatecommand 校验函数的时间
validatecommand	设置校验函数
textvariable	获取组件内容的变量
get()	返回组件中的全部字符
delete(first,last=None)	删除从 first 开始到 last 之间的字符。如果省略 last，则删除 first 到末尾的全部字符。组件中第一个字符位置为 0。若要删除全部字符，则可使用 delete(0,END)方法

使用 Entry 组件实现输入数据并计算累加和，示例如下：

【Case11_11.py】

```
1    from tkinter import *
2    def compute():
3        sum = 0
4        n= int(number.get())
5        for i in range(n+1):
6            sum+=i
7        result="累加结果是："+ str(sum)
8        label3.config(text=result)
9    win = Tk()
10   win.title("Entry 组件应用")
11   win.geometry("300x200")
12   label1 = Label(win,text='请输入计算数据：  ')
13   label1.config(width=16,height=3)
14   label1.config(font=('宋体',12))
15   label1.grid(row=0,column=0)
16   number = StringVar()
17   entry1 = Entry(win,textvariable = number,width=16)
18   entry1.grid(row=0,column=1)
19   label2 = Label(win,text='请单击确认：')
20   label2.config(width=14,height=3)
21   label2.config(font=('宋体',12))
22   label2.grid(row=1,column=0)
23   button1 = Button(win,text="计算")
```

```
24    button1.config(justify=CENTER)              # 设置按钮文本居中
25    button1.config(width=14,height=2)           # 设置按钮的宽和高
26    button1.config(bd=3,relief=RAISED)          # 设置边框宽度和样式
27    button1.config(anchor=CENTER)               # 设置内容在按钮内部居中
28    button1.config(font=('隶书',12))
29    button1.config(command = compute)
30    button1.grid(row=1,column=1)
31    label3=Label(win,text='显示结果 ')
32    label3.config(width=16,height=3)
33    label3.config(font=('宋体',12))
34    label3.place(x=50,y=130)
35    win.mainloop()
```

上述代码使用 Entry 组件输入数据，然后调用 compute 函数计算累加和。其中第 16 行代码"number=StringVar()"的作用是声明 number 是字符串变量，所以在 compute()函数中，即第 4 行代码执行语句"n＝int(number.get())"将字符串转换为整型数据。在 Entry 组件中输入"50"，并单击"计算"按钮，运行结果如图 11-11 所示。

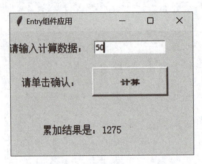

图 11-11　Entry 组件应用

类似 StringVar()形式的变量称为控制变量，控制变量是一种特殊对象，它和组件相关联。例如，控制变量与 Entry 组件相关联时，控制变量的值和 Entry 组件中的文本会关联变化。又如，将控制变量与 Radiobutton 组件（单选按钮组）关联时，改变单选按钮，控制变量的值会随之改变；反之，改变控制变量的值，对应值的单选按钮会被选中。

tkinter 模块提供了布尔型、字符串、整型和双精度型 4 种控制变量，创建方法如下：

```
myvar = BooleanVar()
myvar = StringVar()
myvar= IntVar()
myvar = DoubleVar()
```

如果将上例中的代码 number=StringVar()替换为 number=IntVar()，则代码 n=int (number.get())可以用 n=number.get()方法替换。

11.3.4　Radiobutton 组件

Radiobutton 组件用于创建单选按钮组。按钮组由多个单选按钮组成，选中按钮组中的一

项时,其他选项会被取消选中。Radiobutton 组件的部分属性和 Label 组件相同,其他常用属性和方法如表 11-8 所示。

表 11-8 Radiobutton 组件常用的属性和方法

属性/方法	说明
command	设置改变单选按钮状态时执行的函数
indicator	设置单选按钮样式。默认值为1,单选按钮为默认样式;值为0时,单选按钮外观为按钮样式
value	当 value 值与关联控制变量的值相等时,选项被选中。关联控制变量为 IntVar 类型时,单选按钮的 value 值应为整数;关联控制变量为 StringVar 类型时,单选按钮的 value 值应为字符串
variable	单选按钮组的关联控制变量,值可以是 IntVar 或 StringVar 类型。如果多个单选按钮关联到一个控制变量时,这些单选按钮属于一个功能组,一次只能选中一项
deselect()	取消选项的方法
select()	选中选项的方法

以下使用 Radiobutton 组件实现不同编程语言的选择,示例如下:

【Case11_12.py】

```
1    from tkinter import *
2    app = Tk()
3    app.title('Radiobutton 组件应用')
4    app.geometry('400x100')
5    favorite = IntVar()
6    favorite.set(-1)              # -1 不同于任何选项的 value,表示默认没有选项被选中
7    languages = ['Python','Java','C++','Scala']
8    def greet():                  # 单选按钮的回调函数,通过共享控制变量的值获取已选择的选项
9        info['text']="你是一个{}控".format(languages[favorite.get()])
10   Label(app,width=35,text="你最喜欢的编程语言是:").pack()
11   frm = Frame(app)             # 创建一个框架用于容纳单选按钮
12   frm.pack()
13   # 创建多个单选按钮,共享同一个 variable,但 value 的值不同
14   for i, language in enumerate(languages):
15       Radiobutton(frm, text=language,  variable=favorite, value=i,
     command=greet).pack(side=LEFT)
16   info = Label(app,text="")
17   info.pack()
18   app.mainloop()
```

运行结果如图 11-12 所示。单击鼠标左键时,上述代码使用 Radiobutton 组件从 4 个选项中选择一项,在最下方的 Label 组件中输出用户的选择。

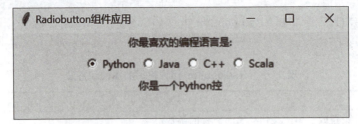

图 11-12　Radiobutton 组件应用

11.3.5　Checkbutton 组件

Checkbutton 组件用于创建复选框，用来标识是否选定某个选项。用户单击复选框左侧的方框，当方框中出现 "√" 时，表示该选项被选中。Checkbutton 组件与 Radiobutton 组件的功能类似，但 Radiobutton 组件实现的是单选功能，而 Checkbutton 在系列选项中可以选择 0 个或多个，实现复选功能。Checkbutton 组件常用的属性和方法与 Radiobutton 组件的基本相同，如表 11-9 所示。

表 11-9　Checkbutton 组件常用的属性和方法

属性/方法	说明
command	设置改变复选框状态时执行的函数
indicator	设置复选框样式。默认值为 1，复选框为默认样式；值为 0 时，复选框外观为按钮样式
variable	复选框的关联控制变量，值为 IntVar 类型的变量，复选框被选中时，值为 1，否则值为 0
deselect()	取消选项的方法
select()	选中选项的方法

使用 Checkbutton 组件提供选项供用户选择，示例如下：

【Case11_13.py】

```
1    from tkinter import *
2    app = Tk()
3    app.title('Checkbutton 组件应用')
4    options = [IntVar() for _ in range(4)]          # 每个复选框所绑定的控制变量
5    def check():
6        for opt in options:
7            if (opt.get()!=1):                      # 正确答案是每个候选项都应该被选择
8                info['text'] = "请再想想!"
9                return
10       info['text'] = "回答正确!"
11   def hint():
```

```
12      cb1.select()                                      # 选择相应的复选框
13      cb2.select()
14      cb3.select()
15      cb4.select()
16      Label(app,width=35,text="下面哪些是计算机编程语言:").pack()
17      cb1 = Checkbutton(app,variable=options[0],text="Python")
18      cb1.pack()
19      cb2 = Checkbutton(app,variable=options[1],text="Java")
20      cb2.pack()
21      cb3 = Checkbutton(app,variable=options[2],text="Ruby")
22      cb3.pack()
23      cb4 = Checkbutton(app,variable=options[3],text="Scala")
24      cb4.pack()
25      frm = Frame(app)
26      frm.pack()
27      Button(frm,text="确定",command=check).pack(side=LEFT,padx=2)
28      Button(frm,text="提示",command=hint).pack(side=LEFT,padx=2)
29      info = Label(app,width=10,text="")
30      info.pack(pady=2)
31      app.mainloop()
```

运行结果如图 11-13 所示。程序创建了 4 个复选按钮，分别表示 4 个可选项，并在用户单击"确定"按钮时检查用户的选择情况，单击"提示"按钮时给出正确答案。

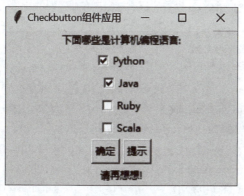

图 11-13　Checkbutton 组件应用

11.3.6　Listbox 组件

Listbox 组件用于创建列表框，可以显示多个列表项，每项为一个字符串。列表框允许用户一次选择一个或多个列表项。Listbox 组件与 Label 组件的部分属性相同，其他常用属性和方法如表 11-10 所示。

表 11-10　Listbox 组件的常用属性和方法

属性/方法	说明
listvariable	关联一个 StringVar 类型的控制变量，该变量关联列表框全部选项
selectmode	设置列表项选择模式，参数可设置为 BROWSE（默认值，只能选中一项，可拖动）、SINGLE（只能选中一项，不能拖动）、MULTIPLE（通过鼠标单击可选中多个列表项）、EXTENDED（通过鼠标拖动可选中多个列表项）
xscrollcommand	关联一个水平滚动条
yscrollcommand	关联一个垂直滚动条
activate(index)	选中 index 对应的列表项
cursection()	返回包含选中项 index 的元组，无选中时返回空元组
insert(index,relements)	在 index 位置插入一个或多个列表项
get(first,last=None)	返回包含[first,last]范围内的列表项的文本元组，省略 last 参数时只返回 first 的对应项的文本
size()	返回列表项的个数
delete(first,last=None)	删除[first,last]范围内的列表项，省略 last 参数时只删除 first 的对应项

Listbox 组件的部分方法将列表项位置（index）作为参数，Listbox 组件中第一个列表项的 index 值为 0，最后一个列表项 index 可以使用常量 tkinter.END 来表示。当前选中列表项的 index 值用常量 tkinter.ACTIVE 表示（选中多项时，对应最后一个选项）。

以下使用 Listbox 组件实现不同选择模式下的效果，示例如下：

【Case11_14.py】

```
1    from tkinter import *
2    app = Tk()
3    app.title('Listbox 组件应用')
4    selectmode = IntVar()
5    modes = [BROWSE,SINGLE,MULTIPLE,EXTENDED]        # 表示不同选择模式
6    days = ["星期一", "星期二","星期三","星期四","星期五", "星期六", "星期日"]
7    def check():                                     # 按钮的回调函数
8        selected = options.curselection()           # 取得选择的索引号
9        info['text']= "你选择的是:"+str([options.get(i) for i in selected])
10   def change_mode():                               # 单选按钮的回调函数
11       options['selectmode']=modes[selectmode.get()]  # 改变选择模式
12       options.selection_clear(0,END)              # 清除已有的所有选择
13   options=Listbox(app, selectmode=modes[0])        # 创建一个空的列表框
14   options.pack()
15   options.insert(END,*days)                        # 在列表框中添加选项
16   frm = Frame(app)                                 # 创建一个框架用于容纳后面的单选按钮
17   frm.pack()
18   Label(frm, text="选择模式:").pack(side=LEFT)
19   for i, mode in enumerate(modes):
20       Radiobutton(frm, text=mode, variable=selectmode, value=i,
```

```
       command=change_mode).pack(side=LEFT)
21    Button(text="检查我的选择",command=check).pack()
22    info = Label(app, text="")
23    info.pack()
24    app.mainloop()
```

上述代码使用 Listbox 组件将"星期一"至"星期日"选项包含在一个多行文本框内，在选择模式中，用户可以单击 Radiobutton 选择 4 种不同的模式，单击"检查我的选择"按钮，在最下方的 Label 组件中输出用户的选择，运行结果如图 11-14 所示。

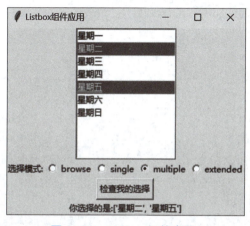

图 11-14　Listbox 组件应用

11.3.7　Menu 组件

在图形用户界面程序中，菜单以图标和文字的方式展示可用选项。用鼠标选择一个选项，程序的某个行为即被触发，如文件的新建、打开、保存和退出等功能。Menu 组件提供了三种类型的菜单，分别是 toplevel（顶层菜单）、pull-down（下拉式菜单）、pop-up（弹出式菜单），可创建丰富多彩的菜单。受篇幅所限，以下仅介绍简单的下拉式菜单，其他菜单的使用方法请读者自行查阅相关文档，Menu 组件的常用方法如表 11-11 所示。

表 11-11　Menu 组件的常用方法

方法	说明
add(type, **options)	增加一个菜单项，type 的可选数值包括"command""cascade""checkbutton""radiobutton"和"separator"
add_cascade(**options)	增加一个层叠（cascade）菜单项
add_command(**options)	增加一个命令（command）菜单项
add_separator(**options)	增加一个分割条（separator）
config(**options)	配置菜单属性，具体见菜单属性说明
insert(index, itemType, **options)	插入指定类型的菜单项
insert_cascade(index, **options)	添加子菜单（层叠菜单）
delete(first,last=None)	删除[first,last]范围内的列表项，省略 last 参数时只删除 first 的对应项

以下创建"文件"和"编辑"菜单，并添加相应的子菜单，单击子菜单调用 Messagebox 组件，出现消息框。示例如下：

【Case11_15.py】

```
1    from tkinter import *
2    import tkinter.messagebox
3    def file_oper():
4        tkinter.messagebox.showinfo(title='文件子菜单', message='文件子菜单操作')
5    def edit_oper():
6        tkinter.messagebox.showinfo(title='编辑子菜单', message='编辑子菜单操作')
7    win = Tk()
8    win.title('Menu 组件应用')
9    win.geometry('300x200')
10   m1 = Menu(win)                                    # 创建主菜单
11   file_menu = Menu(m1)                              # 创建下拉菜单
12   edit_menu = Menu(m1)                              # 创建下拉菜单
13   for item in ['打开','关闭','退出']:                  # 添加菜单项
14       file_menu.add_command(label =item, command = file_oper)
15   file_menu.insert_separator(3)
16   for item in ['复制','剪切','粘贴']:                  # 添加菜单项
17       edit_menu.add_command(label =item, command = edit_oper)
18   m1.add_cascade(label ='文件', menu = file_menu)     # 把 file_menu 作为文件下拉菜单
19   m1.add_cascade(label ='编辑', menu = edit_menu)     # 把 edit_menu 作为编辑下拉菜单
20   win['menu'] = m1                                  # 附加主菜单到窗口
21   win.mainloop()
```

运行结果如图 11-15 所示。

图 11-15　Menu 组件应用

11.4　tkinter 库的事件处理

图形用户界面经常需要对鼠标、键盘等操作作出反应，这就是事件处理。产生事件的鼠标、键盘等称作事件源，其操作称为事件。对这些事件作出响应的函数，称为事件处理程

序。事件处理通常使用组件的 command 参数或组件的 bind()方法来实现。

11.4.1 使用 command 参数实现事件处理

用户单击 Button 按钮时，将会触发 Button 组件的 command 参数指定的函数。实际上是主窗口负责监听发生的事件，单击按钮时将触发事件，然后调用指定的函数，由 command 参数指定的函数又称回调函数。其他组件如 Radiobutton、Checkbutton、Spinbox 等，都支持使用 command 参数进行事件处理。

11.2.4 节的 Case11_8.py 使用 Frame 布局实现的登录界面并没有进行事件处理，以下程序将完善该案例，添加事件处理代码，并调用 Messagebox 组件进行消息响应。示例如下：

【Case11_16.py】

```
1    import tkinter
2    import tkinter.messagebox
3    win = tkinter.Tk()
4    win.title('command 事件处理')
5    win.geometry('270x120')
6    var_name = tkinter.StringVar()
7    var_name.set('')
8    var_pwd = tkinter.StringVar()
9    var_pwd.set('')
10   # 创建标签
11   label_name = tkinter.Label(text='用户名:', justify=tkinter.RIGHT,width=80)
12   label_name.place(x=10, y=5, width=80, height=20)
13   # 创建文本框，同时设置关联的变量
14   entry_name = tkinter.Entry(win, width=80,textvariable=var_name)
15   entry_name.place(x=100, y=5, width=80, height=20)
16   label_pwd = tkinter.Label(win, text='密码:', justify=tkinter.RIGHT, width=80)
17   label_pwd.place(x=10, y=30, width=80, height=20)
18   # 创建密码文本框
19   entry_pwd = tkinter.Entry(win, show='*',width=80, textvariable=var_pwd)
20   entry_pwd.place(x=100, y=30, width=80, height=20)
21   users = {"admin":"123456","xiaozhang":"123","li4":"abc"}
22   def login():      # 登录按钮事件处理函数
23       # 获取用户名和密码
24       name = entry_name.get()
25       pwd = entry_pwd.get()
26       flag = False
27       for item in users:
28           if item == name and users[item] == pwd:
29               flag = True
```

```
30        if flag == True:
31                tkinter.messagebox.showinfo(title='消息框',message='登录成功')
32        else:
33                tkinter.messagebox.showerror('消息框', message='用户名或密码错误')
34    def cancel():        # 取消按钮的事件处理函数
35        var_name.set('')
36        var_pwd.set('')
37    # 创建按钮组件，同时设置按钮事件处理函数
38    button_login = tkinter.Button(win, text='登录', command=login)
39    button_login.place(x=30, y=70, width=50, height=20)
40    button_reset = tkinter.Button(win, text='重置', command=cancel)
41    button_reset.place(x=110, y=70, width=50, height=20)
42    win.mainloop()
```

程序运行界面如图 11-16 所示，在 Entry 组件中输入用户名和密码，单击"登录"按钮。如果用户名和密码验证正确，则出现登录成功消息框，如图 11-17 所示；否则，出现登录失败消息框。单击"重置"按钮，则将 Entry 组件清空，可重新输入。

图 11-16　command 参数实现事件处理　　图 11-17　登录成功消息框

11.4.2　使用组件的 bind()方法实现事件处理

事件处理时，经常使用 bind()方法为组件的事件绑定处理函数，语法格式如下：

```
widget.bind(event,handler)
```

其中，widget 是事件源，即产生事件的组件，event 是事件或事件名称，handler 是事件处理程序。常见的事件如表 11-12 所示。

表 11-12　常见的事件

事件	事件名称
单击鼠标左键	1/Button-1/ButtonPress-1
松开鼠标左键	ButtonRelease-1
双击鼠标左键	Double-1/Double-Button-1
单击鼠标右键	3/Button-3
双击鼠标右键	Double-3
拖动鼠标移动	B1-Motion

事件	事件名称
鼠标移动到区域	Enter
鼠标离开区域	Leave
获得键盘焦点	FocusIn
失去键盘焦点	FocusOut
按键盘上的字符键或其他键	KeyPress
按下回车键	Return
组件尺寸变化	Configure

发生事件时，事件处理函数 handler 会接收到一个事件对象（通常用变量 event 表示），该事件对象封装了事件的细节。例如，KeyPress 事件对象的 char 属性表示按下键盘字符键对应的字符，B1-Motion 事件对象的属性 x 和 y 表示拖动鼠标时鼠标指针的坐标。示例如下：

【Case11_17.py】

```
1    from tkinter import *
2    win = Tk()
3    win.title('bind 事件处理')
4    win.geometry("300x150")
5    def left_key(event):
6        label1.config(text="单击左键")
7    def right_key(event):
8        label1.config(text="单击右键")
9    def return_key(event):
10       label1.config(text="按回车键")
11   def mouse_move(event):
12       temp = "鼠标位置:{},{}".format(event.x,event.y)
13       label1.config(text=temp)
14   def key_press(event):
15       temp = "按键是{}".format(event.char)
16       label1.config(text=temp)
17   label1 = Label(text='测试显示结果',font=("黑体",14),fg="blue")
18   label2 = Label(text='常用事件测试',justify=CENTER,font=("楷体",18))
19   label1.pack()
20   label2.pack()
21   label2.focus()                              # 焦点置于 label2 用于测试 Return、KeyPress 事件
22   label2.bind("<Button-1>",left_key)
23   label2.bind("<3>",right_key)                # 单击鼠标右键事件
24   label2.bind("<Return>",return_key)          # 按下回车键事件
25   label2.bind("<B1-Motion>",mouse_move)       # 拖动鼠标移动事件
26   label2.bind("<KeyPress>",key_press)         # 按键事件
27   win.mainloop()
```

程序使用 bind()命令按钮绑定了不同的事件处理函数，当执行事件处理函数时，在 Label 组件中显示事件内容，运行结果如图 11-18 所示。

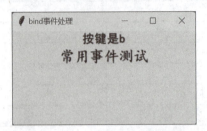

图 11-18   bind()方法事件处理

获取源代码

11.5   案例 31：简易计算器

以下通过简易计算器程序帮助读者进一步掌握 tkinter 的基本使用方法，该程序可以实现不带括号的四则运算，既可以用鼠标单击相应按钮完成计算，也可以直接使用键盘输入。示例如下：

【Case11_18.py】

```
1    import tkinter as tk
2    class Calculator(tk.Tk):
3        def __init__(self):
4            super().__init__()        # 调用父类的构造器
5            self.title("简易计算器")
6            # 7*4 布局，第 1 行和第 2 行是两个标签组件，后 5 行是 18 个按钮组件
7            opts = {'padx': 2, 'pady': 2,'ipadx':3,'ipady':2, 'sticky':tk.NSEW}
8            buttonwidth = 7
9            self.exp = tk.StringVar()                # 输入表达式标签的控制变量
10           self.res = tk.StringVar(self,"0")         # 计算结果标签的控制变量
11           exp_label=tk.Label(self,anchor=tk.E,textvariable=self.exp)   # 输入表达式标签组件
12           exp_label.grid(opts,row = 0, column = 0, columnspan = 4)
13           res_label=tk.Label(self,anchor=tk.E,textvariable=self.res)    # 计算结果标签组件
14           res_label.grid(opts,row = 1, column = 0, columnspan = 4)
15           tk.Button(self, text = "C", width=buttonwidth, command = self.clear).grid(opts, row = 2, column = 0)
16           ......
33           # 允许除第 1、2 行以外的各行各列等比例缩放
34           for i in range(2,7):
35               self.rowconfigure(i,weight=1)
36           for i in range(0,4):
37               self.columnconfigure(i,weight=1)
38           # 添加应用程序级别键盘输入事件
39           self.bind_all("<Return>",lambda e:self.calculate())           # 回车键
40           self.bind_all("<Key-BackSpace>",lambda e:self.backspace())    # 退格键
41           self.bind_all("<Key-Delete>",lambda e:self.clear())           # 删除键
```

```
42              self.bind_all("<Key-plus>",lambda e:self.show('+'))
43              self.bind_all("<Key-minus>",lambda e:self.show('-'))
44              self.bind_all("<Key-asterisk>",lambda e:self.show('*'))
45              self.bind_all("<Key-slash>",lambda e:self.show('/'))
46              self.bind_all("<Key>",self.check_key)              # 其他数字及操作符
47        def check_key(self,event): # 检查数字键及操作符键事件
48              if (event.char>='0') and (event.char<="9"):
49                    self.show(event.char)
50        def calculate(self): # 调用 eval 函数计算表达式结果
51              res = eval(self.res.get())                         # 计算当前的表达式
52              self.exp.set(self.res.get())
53              self.res.set(str(res))
54        def clear(self):                                         # 清除当前的表达式
55              self.exp.set("")
56              self.res.set("0")
57        def show(self,key):                                      # 将当前的输入添加到待计算表达式
58              content = self.res.get()
59              if content == "0":
60                    content = ""
61              self.res.set(content + key)
62        def backspace(self):                                     # 输入回撤一位
63              self.res.set(str(self.res.get()[:-1]))
64    if __name__ == "__main__":
65          app = Calculator()
66          app.mainloop()
```

程序通过继承 Tk 类构建了一个自定义类 Calculator，在 Calculator 的构造函数中完成了组件的设计与布局。整个界面采用 7×4 的 grid 布局，其中，第 1 行和第 2 行对应两个标签组件，按回车键计算结束后，第 1 行显示计算完毕的表达式，第 2 行显示计算结果。后 5 行对应 18 个按钮控件，分别是 0～9 的数字按键、四则运算按键、小数点、退格键、清空键和回车键。在事件处理程序设计上，数字键、四则运算按键以及小数点键都采用一个匿名函数来调用一个统一的方法；退格键、清空键以及回车键的事件处理程序分别对应一个类方法。

程序一共 66 行代码，其中第 15~32 行代码利用 Button 组件生成了 18 个按钮，受篇幅所限，在此只显示了第 15 行的代码，其他按钮方法类似，所以省略了。程序运行结果如图 11-19 所示。

图 11-19　简易计算器程序

11.6　本　章　小　结

本章首先介绍了 tkinter 库的布局管理和常用组件，然后分析了 tkinter 库的事件处理方法，最后讲解了利用 tkiner 库实现简易计算器案例。希望通过本章的学习，读者能够使用 tkinter 库完成基本的图形用户界面编程。由于篇幅有限，tkinter 库还有很多内容未在本章介绍。读者在完成本章的学习后，如果要进行更为复杂的 GUI 程序开发，应该继续深入学习 tkinter 库或者其他 GUI 库。

11.7　编　程　题

11.1　使用 tkinter 库的 Label 组件实现图 P11.1 所示的界面。注意：几个 Label 的颜色是不同的。

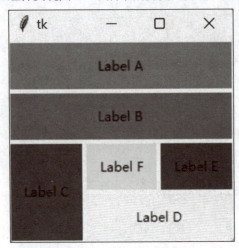

图 P11.1

11.2　使用 tkinter 库的 grid 布局实现图 P11.2 所示的界面。

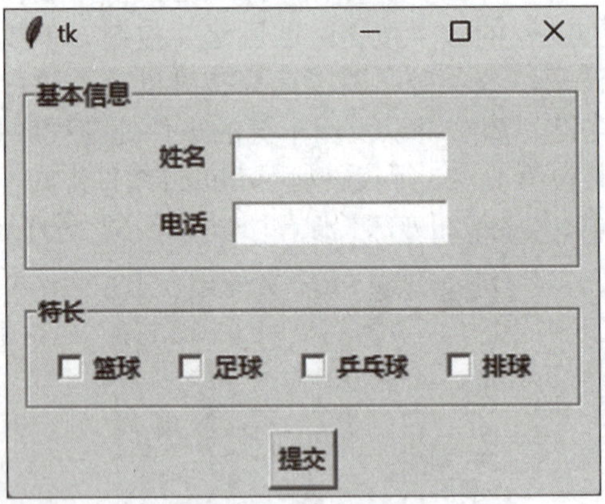

图 P11.2

11.3　创建一个初始窗口处于最大化状态的程序，并绑定鼠标双击事件，在鼠标单击处输出一个随机大写字母，运行界面截图如图 P11.3 所示。

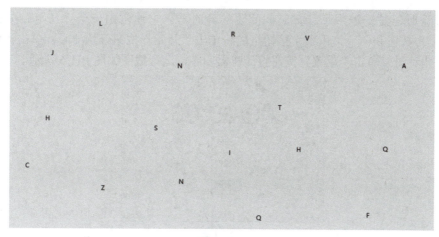

图 P11.3

11.4 使用 tkinter 库开发猜数字游戏，游戏运行截图如图 P11.4 所示。游戏中，计算机随机生成 1024 以内的数字，玩家去猜，如果猜的数字过大或过小都会提示，程序要统计玩家猜的次数。

图 P11.4

11.5 设计一个包含 Label 组件、Entry 组件、Combobox 组件、Radiobutton 组件、Checkbutton 组件的 GUI 界面，Combobox 组件来自 tkinter.ttk 模块，运行截图如图 P11.5 所示。程序运行后，输入学生姓名，选择学生省份、地区，并选择学生的类别和专业等信息后，单击"增加"按钮，可将学生信息添加到列表框中；选中列表框中的信息后，单击"删除"按钮，将删除列表框中的信息。

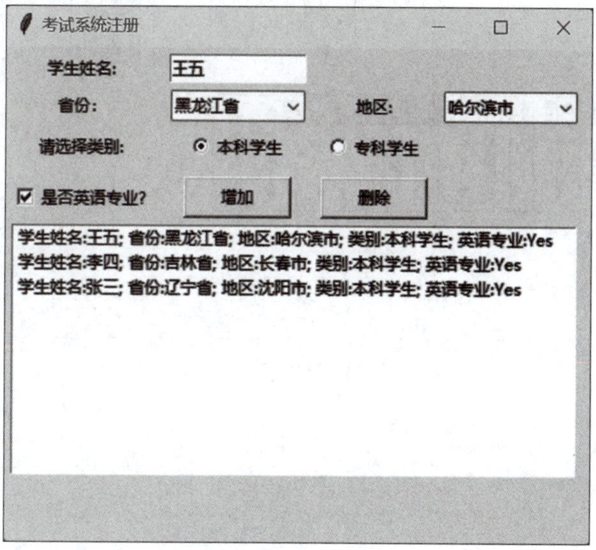

图 P11.5

11.6 秒表计时器是一种用于计算时间间隔的计时器。它通常由一个"开始"按钮、一个"停止"按钮和一个"重置"按钮组成。单击"开始"按钮开始计时，单击"停止"按钮停止计时，单击"重置"按钮将计时器归零，运行截图如图 P11.6 所示。

图 P11.6

11.7 使用 tkinter 库的 Canvas 组件，完成 8.3 节中的扑克牌发牌游戏的 GUI 程序，运行截图如图 P11.7 所示。

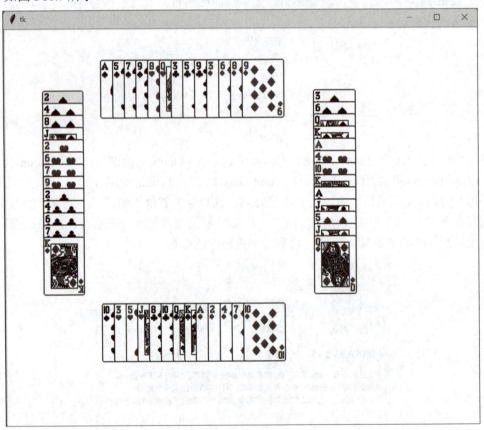

图 P11.7

第12章

⟪⟪⟪⟪⟪

数据库开发

■ 编程时使用简单的文件系统只能实现有限的功能，如果要处理的数据量很大，则可以选择相对标准化的数据库管理数据。Python 支持多种数据库，如 Sybase、SAP、Oracle、SQL Server、SQLite 等。

■ 本章将介绍数据库的概念及结构化查询语言（SQL），分析 Python 自带轻量级的关系型数据库 SQLite 的使用方法。

12.1 数据库基础知识

12.1.1 数据库的概念

数据库（database）是数据的集合，数据库能将大量数据按照一定的方式组织并存储起来，方便地进行管理和维护。

数据库管理系统（database management system，DBMS）是一种操纵和管理数据库的大型软件，用于建立、使用和维护数据库。它对数据库统一进行管理和控制，以保证数据库的安全性和完整性。相对文件系统而言，数据库管理系统为用户提供安全、高效、快速检索和修改的数据集合。它所提供的功能有以下几项：

（1）数据定义功能。DBMS 提供相应的数据定义语言来定义数据库结构，用于创建数据库框架，并保存在数据字典中。

（2）数据存取功能。DBMS 提供数据操纵语言，实现对数据库的增加、删除、修改、查询和检索等基本操作。

（3）数据库运行管理功能。DBMS 提供数据控制功能，即数据的安全性、完整性和并发控制等，对数据库运行进行有效的控制和管理，以确保数据正确有效。

（4）数据库建立和维护功能。建立和维护功能包括初始数据的装入，数据库的存储、恢复、重组织、系统性能监视和分析等功能。

（5）数据库的传输。DBMS 提供处理数据的传输，实现用户程序与 DBMS 之间的通信，通常与操作系统协调完成。

12.1.2　关系型数据库

数据库可以分为关系型数据库和非关系型数据库。关系型数据库使用二维表来存储数据，非关系型数据库通常以对象的形式存储数据。由于关系型数据库的数据通常具有规范的结构，因此通常把保存在关系型数据库中的数据称为"结构化数据"。与此相对应，图像、视频、声音等文件所包含的数据没有规范的结构，称为"非结构化数据"；类似网页文件（HTML 格式文件）这种具有一定结构但又不是完全规范化的数据，称为"半结构化数据"。目前的数据库管理系统几乎都支持关系模型，SQLite 就是关系型、轻量级的数据库管理系统。

关系型数据库是指采用关系模型，即二维表格形式组织数据的数据库系统，它由数据表之间的关系组成，如学生管理系统中的学生信息表如图 12-1 所示。

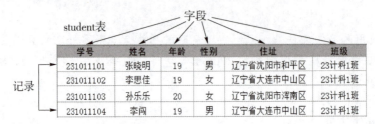

图 12-1　学生信息表

学生表 student 中主要包含数据行和数据列，其含义如下：
（1）数据行：一条记录，相当于 Python 对象。图 12-1 所示学生信息表中有 4 条记录。
（2）数据列：字段，相当于 Python 对象的属性。图 12-1 所示学生信息表中有 6 个字段。

12.2　模块 12：SQLite 库

12.2.1　SQLite 库的概念

SQLite 是用 C 语言编写的嵌入式数据库，它的体积很小，经常被集成到各种应用程序中，可在 Windows、UNIX、Linux、Android、IOS 等操作系统中运行。

SQLite 不需要一个单独的服务器进程或操作系统（无服务器的），也不需要配置。一个完整的 SQLite 数据库存储在单一的跨平台的磁盘文件中。SQLite 支持 SQL92（SQL2）标准的大多数查询语言的功能，并提供了简单和易于使用的 API。

12.2.2　下载和运行 SQLite 数据库

SQLite 是开源的数据库，读者可以在其官网免费下载，由于软件版本与下载页面在不断更新，读者打开的下载界面和看到的可下载软件版本可能会与本书的不一样，但下载与安装的方法类似。打开网址 https://www.sqlite.org/download.html，进入 SQLite 的下载页面，这里提供了不同系统的预编译二进制文件包，如图 12-2 所示。

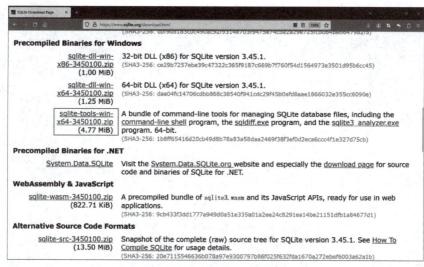

图 12-2　SQLite 下载页面

在下载页面中找到"Precompiled Binaries for Windows"栏目下的"sqlite-tools-win-x64-3450100.zip"，单击后下载"sqlite-tools-win-x64-3450100.zip"文件。解压文件包后可得到 sqlite3.exe 文件，该文件是数据库平台的启动文件。SQLite3 是 SQLite 的第 3 个版本，本章主要介绍 SQLite3 数据库，语言描述上不再区分 SQLite 和 SQLite3。

SQLite 数据库不需要安装，直接运行 sqlite3.exe 即可打开 SQLite 数据库的命令行窗口，在此界面中可以建立和管理 SQLite 数据库，建立表和查询等。

12.2.3　SQLite3 常用命令

SQLite3 的命令可以分为两类，一类是 SQLite3 交互模式常用的命令（表 12-1），另一类是操作数据库的 SQL 命令。SQL 命令将在下一节中介绍，本节重点介绍 SQLite3 交互模式常用的命令。

在 SQLite3 命令窗口中，在命令提示符后输入.help 命令，将列出交互命令的提示信息，可供用户查阅。图 12-3 显示了一些命令的运行情况，输入.exit 可退出命令行窗口。

表 12-1　SQLite3 常用的交互命令

类型	说明
sqlite3.exe[dbname]	启动 SQLite3 的交互模式，并创建 dbname 数据库
.open dbname	若数据库不存在，就创建数据库；若数据库存在，就打开数据库
.databases	显示当前打开的数据库文件
.tables	查看当前数据库下的所有表
.schema[tbname]	查看表结构信息
.help	列出命令的提示信息
.exit	退出交互模式

```
C:\WINDOWS\system32\cmd.
Microsoft Windows [版本 10.0.22621.3155]
(c) Microsoft Corporation。保留所有权利。

C:\Users\40933>cd\

C:\>cd sqlite

C:\sqlite>sqlite3
SQLite version 3.45.1 2024-01-30 16:01:20 (UTF-16 console I/O)
Enter ".help" for usage hints.
Connected to a transient in-memory database.
Use ".open FILENAME" to reopen on a persistent database.
sqlite> .open student.db
sqlite> .databases
main: C:\sqlite\student.db r/w
sqlite> .tables
sqlite> .schema student
sqlite> .help
.archive ...             Manage SQL archives
.auth ON|OFF             Show authorizer callbacks
.backup ?DB? FILE        Backup DB (default "main") to FILE
.bail on|off             Stop after hitting an error.  Default OFF
.cd DIRECTORY            Change the working directory to DIRECTORY
.changes on|off          Show number of rows changed by SQL
.check GLOB              Fail if output since .testcase does not match
.clone NEWDB             Clone data into NEWDB from the existing database
```

图 12-3　SQLite3 命令运行结果

12.2.4　SQLite3 的数据类型

SQLite3 数据库中的数据分为整数、小数、字符串、日期和时间等类型。SQLite3 使用动态的数据类型，数据库管理系统会根据列值自动判断列的数据类型，这与多数 SQL 数据库管理系统使用静态数据类型是不同的。静态数据类型取决于它的存储单元（所在列）的类型。

SQLite3 的动态数据类型能够兼容其他数据库普遍使用的静态类型。也就是说，在使用静态数据类型的数据库中使用的数据表，也能在 SQLite3 上使用。

SQLite3 使用弱数据类型，除了被声明为主键的 integer 类型的列，允许保存任何类型的数据到表的任何列中。事实上，SQLite3 的表完全可以不声明列的类型，对于字段不指定类型是完全有效的。表 12-2 列出了 SQLite3 常用的数据类型。

表 12-2　SQLite3 常用的数据类型

类型	说明
smallint	16 位整数
integer	32 位整数
decimal(p,s)	小数，p 是数字的位数，s 是小数位数
float	32 位浮点数
double	64 位浮点数
char(n)	固定长度的字符串，n 不能大于 254
varchar(n)	不固定长度的字符串，n 不能大于 4000
graphic(n)	和 char(n)一样，单位是两个字节。n 不能大于 127
vargraphic(n)	长度可变且最大长度不能大于 4000 的双字节字符串

类型	说明
date	日期，包含年、月、日
time	时间，包含时、分、秒
datetime	日期和时间

12.2.5 SQLite3 的常用函数

SQLite 数据库提供了算术、字符串、日期、时间等操作函数，方便用户处理数据库中的数据，这些函数需要在 SQLite 的命令窗口使用 select 命令运行。SQLite3 常用函数如表 12-3 所示。

表 12-3 SQLite3 常用函数

名称	说明
abs(x)	返回绝对值
max(x,y,…)	返回最大值
min(x,y,…)	返回最小值
random(*)	返回随机数
round(x[,y])	四舍五入
length(x)	返回字符串中字符的个数
lower(x)	大写转小写
upper(x)	小写转大写
substr(x,y,z)	截取子串
like(A,B)	确定给定的字符串与指定的模式是否匹配
date()	产生日期
datetime()	产生日期和时间
time()	产生时间
strftime()	把 YYYY-MM-DD HH:MM:SS 格式的日期字符串转换成其他形式的字符串

12.2.6 SQLite 库的对象

Python 内置了 SQLite 数据库，通过内置的 SQLite3 模块可以直接访问数据库。SQLite3 模块用 C 语言编写，提供了访问和操作 SQLite 数据库的各种功能。

SQLite3 提供的 Python 程序都在一定程度上遵守 Python DB-API 规范。Python DB-API 是为不同的数据库提供的访问接口规范，它定义了一系列必需的对象和数据库存取方式，以便为各种的底层数据库系统和多样的数据库接口程序提供一致的访问接口，使在不同的数据库之间移植代码成为可能。

SQLite3 提供了访问和操作 SQLite 数据库的各种功能，常见对象如表 12-4 所示。

表 12-4　SQLite3 常见对象

名称	说明
sqlite3.version	常量，返回 SQLite3 模块的版本号
sqlite3.sqlite_version	常量，返回 SQLite 数据库的版本号
sqlite3.Connection	数据库链接对象
sqlite3.Cursor	游标对象
sqlite3.Row	行对象
sqlite3.connect(dbname)	函数，链接到数据库，返回 Connection 对象

12.3　结构化查询语言 SQL

结构化查询语言（structured query language，SQL）既可用于大型数据库系统，也可用于小型数据库系统，它是通用的关系型数据库操作语言，可以实现数据定义、数据操纵和数据控制等功能。关于 SQL 命令的执行，需要注意以下几个问题。

（1）SQL 命令需要在数据库管理系统中运行。

（2）在 SQLite 窗口运行 SQL 命令，需要在 SQL 语句后加英文的分号后回车执行。

（3）SQL 命令不区分大小写。

12.3.1　创建和删除表

表是数据库应用中的重要概念，数据库中的数据主要由表保存，数据库的主要作用是组织和管理表。本节首先用 SQL 语句创建表和删除表，在后面章节中学习表的插入、修改、删除和查询等命令。student 表的结构如表 12-5 所示，该表的数据将在后面的示例中应用。

表 12-5　student 表的结构

字段名称	数据类型	说明
stu_number	varchar(9)	学生学号
stu_name	varchar(255)	学生姓名
stu_age	integer	学生年龄
stu_sex	varchar(2)	学生性别
stu_address	varchar(255)	家庭住址
stu_class	varchar(100)	所在城市

1.　创建表

表的每一行是一条记录，每一列是表的一个字段，也就是一项内容。列的定义决定了表的结构，行则是表中的数据。表中的列名不可以重复，可以为表中的列指定数据类型。

在 SQL 中，使用 create table 语句创建表，其语法格式如下：

```
create table <表名>(
列名1 数据类型        列属性,
列名2 数据类型        列属性,
列名n 数据类型        列属性
)
```

如使用 create table 语句创建学生表 student，表结构如表 12-1 所示。代码如下：

```
create table student (
stu_number varchar(9) primary key,
stu_namev archar(255) NOT NULL,
stu_age integer,
stu_sex varchar(2) default('男'),
stu_address varchar(255),
stu_class varchar(100)
)
```

在 create table 语句中，用于定义列属性的常用关键字如下：

（1）primary key：定义此列为主关键字列。定义为主键的列可以唯一标识表中的每条记录。

（2）NOT NULL：指定此列不允许为空，NULL 表示允许为空，是默认设置。

（3）default：指定此列的默认值。例如，指定 stu_sex 列的默认值为"男"，可以使用 default('男')。当向表中插入数据时，如果不指定此列的值，则此列采用默认值。

执行下面的语句可以查看 student 表的结构，其中 student_ms 为数据库的名称。

```
select * from student_ms where type="table" and name="student";
```

也可以执行下面的语句查看表 student 的结构：

```
.schema student
```

2. 删除表

drop table 语句用于删除表（表的结构、属性以及索引也会被删除），其语法格式如下：

```
drop table <表名>
```

如删除 student 表，代码如下：

```
drop table employee
```

12.3.2 插入数据

可以使用 insert 语句向表中插入数据，其语法格式如下：

```
insert into <表名>[<字段名表]values(<表达式表>)
```

该命令可在指定的表尾部添加一条新记录，其值为 values 后面表达式的值。当向表中所有字段插入数据时，表名后面的字段名可以省略，但插入数据的格式及顺序必须与表的结构一致；若只需要插入表中部分字段的数据，就需要列出插入数据的字段名（多个字段名之间用英文逗号分隔），且相应表达式的数据类型应与字段顺序对应。

例如，在 student 表中插入以下 2 条学生数据：

231011101,张三,19,男,辽宁省沈阳市和平区,23 计科 1 班

231011102,李四,19,女,辽宁省大连市中山区,23 计科 1 班

插入数据的 SQL 语句，代码如下：

```
insert into student(stu_number,stu_name,stu_age,stu_sex,stu_address,stu_class) values('231011101', '张三',19,
'男','辽宁省沈阳市和平区','23 计科 1 班')
insert into student(stu_number,stu_name,stu_age,stu_sex,stu_address,stu_class) values('231011102', '李四',19,
'女','辽宁省大连市中山区','23 计科 1 班')
```

12.3.3 修改数据

可以使用 update 语句修改表中的数据，update 语句的语法格式如下：

```
update<表名>set <字段名 1>=<表达式 1> [,<字段名 2>=<表达式 2>…][where<条件表达式>]
```

更新一个表中满足条件的记录，一次可以更新多个字段值。如果省略 where 子句，则会更新全部记录。

这里的条件表达式实际上是一个逻辑表达式，通常需要用到关系运算符和逻辑运算符，返回 True 或者 False。SQLite 的常用关系运算符包括==、!=、>=、<=、>和<等，这些运算符与 Python 的关系运算符的功能基本相同，只是在 SQL 中，==和=都可以用作相等判断。

例如，将 student 表中张三的年龄改为 20，代码如下：

```
update student set stu_age=20 where stu_name ="张三 "
```

12.3.4 删除数据

使用 delete 语句删除表中的数据，其语法格式如下：

```
delete from<表名>[where<条件表达式>]
```

from 指定从哪个表中删除数据，where 指定被删除的记录所满足的条件，如果省略 where 子句，则删除该表中的全部记录。

如删除 student 表中性别为"女"的记录，代码如下：

```
delete from student where stu_sex='女'
```

12.3.5 查询数据

SQL 的核心功能是查询。查询时，将查询的表、查询的字段、筛选记录的条件、记录分组的依据、排序的方式等写在一条 SQL 语句中，就可以完成指定的工作。

SQL 语句创建查询使用的是 select 命令，基本形式是由 select…from…where 子句组成，具体的命令格式如下：

> select <字段名表>|* from<表名> [join<表名>on<连接条件>] [where<条件表达式>] [group by<分组字段名> [having <条件表达式>]] [order by <排序选项> [asc|desc]]

各选项功能如下：

（1）select 子句说明要查询的字段名，如果是*，则表示查询表中所有字段。

（2）from 子句说明查询的数据来源，如果查询的结果来自多个表，则需要通过 join 选项指明连接条件。

（3）where 子句说明查询的筛选条件。多个条件之间可用逻辑运算符 and、or 或 not 连接。

（4）group by 子句将查询结果按分组字段名分组。having 子句必须跟随 group by 使用，它用来限定分组必须满足的条件。

（5）order by 子句对查询结果进行排序。

下面介绍一些查询的示例。

查找 student 表中姓名为"李四"的学生学号。

> select stu_number from student where stu_name='李四'

查找 student 表中年龄在 18～20 岁的学生姓名。

> select stu_name from student where str_age between 18 and 20

查找 student 表中年龄大于 18 岁的女生姓名。

> select stu_name from student where stu_age>18 and stu_sex='女'

查找 student 表中姓王的所有学生信息。

> select * from student where stu_name like "王%%"

查找 student 表中所有男生信息并按年龄升序排列。

> select * from student where stu_sex='男' order by stu_age

12.3.6 SQLite 命令行执行 SQL 语句

如果要在 SQLite 命令行中执行 SQL 语句，必须在命令行中输入 sqlite3.exe，才会打开 SQLite 的命令行窗口。注意：输入 SQL 语句后一定要加英文的分号后回车，才会正确执行 SQL 命令。在命令行中输入如下命令，结果如图 12-4 所示。请读者尝试执行其他 SQL 语句，并观察操作结果。

> .openstudent_ms.db
>
> create table student (stu_number varchar(9) primary key, stu_name varchar(255) NOT NULL, stu_age integer, stu_sex varchar(2) default('男'), stu_address varchar(255),stu_class varchar(100));
>
> insert into student(stu_number,stu_name,stu_age,stu_sex,stu_address,stu_class)   values ('231011101', '张三', 19,'男','辽宁省沈阳市和平区','23 计科 1 班');
>
> insert into student(stu_number,stu_name,stu_age,stu_sex,stu_address,stu_class)   values ('231011102', '李四', 19,'女','辽宁省大连市中山区','23 计科 1 班');
>
> update student set stu_age=20 where stu_name ='张三';
>
> select * from student;

delete from student where stu_sex='女';

select * from student;

.schema student

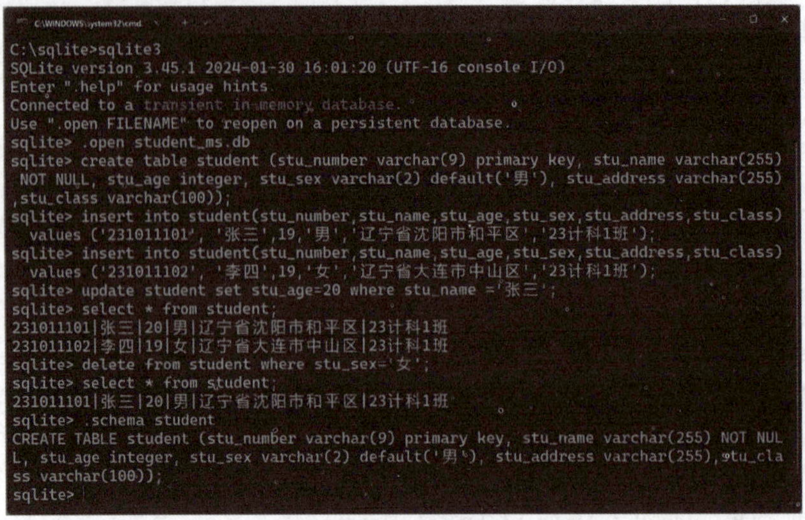

图 12-4　SQL 命令行操作结果

12.4　SQLite3 数据库编程

12.4.1　数据库访问流程

Python 的数据库模块有统一的接口标准，所以数据库操作都有统一的模式，访问 SQLite3 数据库的主要流程如下。

1.　导入 SQLite3 数据库模块

SQLite3 模块为 Python 标准库，可使用 import 命令导入，代码如下：

```
import sqlite3
```

2.　建立数据库连接的 Connection 对象

使用 SQLite3 模块的 connect()函数可建立数据库连接，返回 sqlite3.Connection 的连接对象，代码如下：

```
con=sqlite3.connect(connectstring)        # 连接到数据库，返回 sqlite3.connection 对象
```

说明：connectstring 是连接字符串。对于不同的数据库连接对象，其连接字符串的格式各不相同，sqlite 的连接字符串为数据库的文件名，如 "D:\student_ms.db"。如果指定连接字符串为 memory，则可创建一个内存数据库。代码如下：

```
import sqlite3
con=sqlite3.connect("D:\\student.db")
```

如果 D:\student.db 存在，则打开数据库；否则，在该路径下创建数据库 student.db 并打开。返回的 Connection 对象 con 可用于创建游标对象，也可以使用 execute()方法实现 SQL 的数据定义或数据操纵功能。

3. 创建游标对象

游标(Cursor)是行的集合，使用游标对象能够灵活地操纵表中检索出的数据。游标实际上是一种能从包括多条数据记录的结果集中每次提取一条记录的机制。

调用 con.cursor()创建游标对象 cur 的代码如下：

```
cur=con.cursor()
```

4. 使用 Cursor 对象的 execute 方法执行 SQL 命令，返回结果集

Cursor 对象的 execute()、executemany()和 executescript()等方法可以操作或查询数据库。操作分为以下 4 种类型：

（1）cur.execute(sql)：执行 SQL 语句。

（2）cur.execute(sql,parameters)：执行带参数的 SQL 语句。

（3）cur.executemany(sql,seg_of_parameters)：根据参数执行多次 SQL 语句。

（4）cur.executescript(sql_script)：执行 SQL 脚本。

例如，创建一个包含 6 个字段 stu_number、stu_name、stu_age、stu_sex、stu_address 和 stu_class 的表 student 的代码如下：

```
cur.execute("create table student(stu_number varchar(9),stu_name varchar(255),stu_age integer,stu_sex varchar(2),
stu_address varchar(255),stu_class varchar(100))")
```

向表中插入记录的代码如下：

```
cur.execute("insert into student values('231011101', '张三',19,'男','辽宁省沈阳市和平区','23 计科 1 班')")
cur.execute("insert into student values('231011102', '李四',19,'女','辽宁省大连市中山区','23 计科 1 班')")
```

在 SQL 语句中可以使用占位符"?"表示参数，传递的参数使用元组，示例如下：

```
cur.execute("insert into student values (?,?,?,?,?,?) ", ('231011101', '张三',19,'男','辽宁省沈阳市和平区','23 计
科 1 班')
```

5. 获取游标的查询结果集

调用 cur.fetchall()、cur.fetchone()、cur.fetchmany()等方法，可返回查询结果。

（1）cur.fetchall()：返回结果集的剩余行（Row 对象列表），无数据时，返回空 List。

（2）cur.fetchone()：返回结果集的下一行（Row 对象），无数据时，返回 None。

（3）cur.fetchmany()：返回结果集的多行（Row 对象列表），无数据时，返回空 List。

以下代码创建了一个数据库和表，之后使用游标进行相关操作，示例如下：

【Case12_1.py】

```
1    import sqlite3
2    # 在当前目录创建 student 数据库
3    con = sqlite3.connect("./student_ms.db")
```

```
4      cur = con.cursor()
5      # 创建 student 表
6      cur.execute("create table if not exists student(stu_number varchar(9) primary key, stu_name varchar(255)
NOT NULL, stu_age integer, stu_sex varchar(2), stu_address varchar(255), stu_class varchar(100))")
7      # 插入 2 条记录
8      cur.execute("insert into student values ('231011101', '张晓明',19,'男','辽宁省沈阳市和平区','23 计科 1 班')")
9      cur.execute("insert into student values ('231011102', '李思佳',19,'女','辽宁省大连市中山区','23 计科 1 班')")
10     # 读取 student 表
11     cur.execute("select * from student")
12     print(cur.fetchone())          # 返回列表中的第一项，再次使用返回第二项，依次显示
13     print(cur.fetchone())
14     print(cur.fetchone())
15     cur.execute("select * from student")
16     print(cur.fetchall())
17     # 使用循环输出想要的字段
18     for row in cur.execute("select * from student"):
19         print(row[0], row[1], row[5])
20     con.commit()
21     cur.close()
22     con.close()
```

以上程序在当前目录创建 student_ms.db 数据库，数据库中创建了一个 student 表，表中有 6 个字段，其中 stu_number 为主键，之后添加了 2 条记录，最后按不同方式读取记录并显示数据，运行结果如下：

```
('231011101', '张晓明', 19, '男', '辽宁省沈阳市和平区', '23 计科 1 班')
('231011102', '李思佳', 19, '女', '辽宁省大连市中山区', '23 计科 1 班')
None
[('231011101', '张晓明', 19, '男', '辽宁省沈阳市和平区', '23 计科 1 班'), ('231011102', '李思佳', 19, '女', '辽宁
省大连市中山区', '23 计科 1 班')]
231011101 张晓明 23 计科 1 班
231011102 李思佳 23 计科 1 班
```

12.4.2　数据库常用操作

在数据库中插入、更新、删除记录的步骤如下：

第 1 步，建立数据库连接。

第 2 步，创建游标对象 cur，使用 cur.execute(sql)方法执行 SQL 的 insert、update 和 delete 等语句，完成数据库记录的插入、更新和删除操作，并根据返回值判断操作结果。

第 3 步，提交操作。

第 4 步，关闭数据库。

以下代码，连接上面创建的 student_ms 数据库，打开 student 表并进行插入、更新和删除操作，示例如下：

【Case12_2.py】

```
1    import sqlite3
2    student_info = [('231011203', '王刚',20,'男','上海市黄浦区','23 计科 2 班'),('231011204', '李闯',20,'男',
'陕西省西安市新城区','23 计科 2 班')]
3    # 打开数据库
4    con = sqlite3.connect("./student_ms.db")
5    cur = con.cursor()
6    # 插入多行记录
7    cur.executemany("insert into student(stu_number,stu_name,stu_age,stu_sex,stu_address,stu_class) values
(?,?,?,?,?,?)",student_info)
8    # 修改 1 行记录
9    cur.execute("Update student set stu_age=? where stu_name=?",(21, "王刚"))
10   # 删除 1 行记录
11   n = cur.execute("delete from student where stu_name='李闯'")
12   print("删除了",n.rowcount, "行记录")
13   # 使用循环输出想要的字段
14   for row in cur.execute("select * from student"):
15       print(row[0], row[1], row[2], row[5])
16   con.commit()
17   cur.close()
18   con.close()
```

第 7 行代码在 student 表中插入多行记录，第 9 行代码修改了 1 行记录，第 11 行代码删除了 1 行记录，运行结果如下：

```
231011101 张晓明 19   23 计科 1 班
231011102 李思佳 19   23 计科 1 班
231011203 王刚 21   23 计科 2 班
```

12.4.3 数据库可视化操作

1. Database Navigator 插件

Database Navigator 插件是适用于 PyCharm 的一款数据库管理工具，帮助开发者在开发过程中更方便地管理和操作数据库，提高了开发效率和代码质量。

该插件主要有以下几个功能：

（1）数据库连接管理。它允许在 PyCharm 中方便地连接到多种类型的数据库，包括 MySQL、Oracle、PostgreSQL 等，并可以存储这些连接的配置信息供将来使用。

（2）数据库对象导航。通过该插件，我们可以浏览和查看数据库中的各种对象，如表、视图、存储过程等。它提供了一个直观的树形结构，展示了数据库中的所有对象，方便我们快速地找到需要操作的对象。

（3）数据库查询和编辑。该插件提供了一个 SQL 编辑器，通过编辑器可在 PyCharm 中编写和执行 SQL 查询语句。另外，它支持语法高亮、自动补全等功能，从而提高了查询和编辑的效率。

（4）数据库表数据管理。它提供了表格形式的界面，通过该插件浏览和编辑数据库中表的数据，支持对表中数据的增、删、改、查操作，方便数据的管理和分析。

（5）数据库版本管理。该插件还支持数据库的版本控制，通过它可进行数据库变更的跟踪和管理，方便团队协作和版本回滚。

2. Database Navigator

本书 1.3.1 节安装的 PyCharm2023.3.2 版本自带 Database Navigator 插件，如果 PyCharm 没有该插件，可自行安装。安装方法如下："File"→"Settings"→"Plugins"→在搜索框中输入"Database Navigator"→"Install"→安装完成，重启 PyCharm。

如果安装出现无法下载的情况，则可采用手动安装，方法如下：打开 PyCharm Plugins 官网并搜索 Database Navigator→确认安装的 PyCharm 版本→下载版本对应的 Database Navigator 压缩包→在 PyCharm 中安装压缩包→重启 PyCharm。

3. Database Navigator

安装成功后，在 PyCharm 菜单栏会出现 DB Navigator 菜单，单击该菜单后，会出现 DB Browser 界面，如图 12-5 所示。

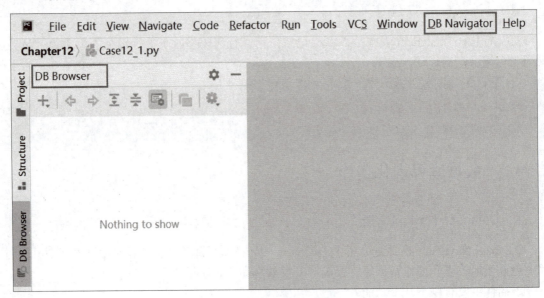

图 12-5　DB Browser 界面

单击图 12-5 中 DB Browser 下面的绿色"+"号，选择 SQLite，出现 DB Navigator Settings 界面，如图 12-6 所示。

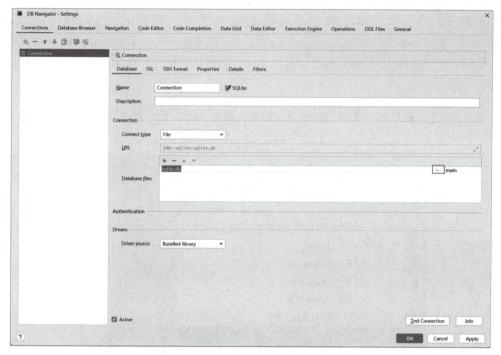

图 12-6　DB Navigator Settings 界面

单击图 12-6 "Database files" 中 "sqlite.db" 右侧矩形框中的 "…"，添加数据库文件。切记：不要先单击上面的加号添加一行！另外注意：数据库文件所在目录不能出现中文，以下选择的数据库文件为 "D:\PycharmProjects\Chapter12\student_ms.db"。添加完数据库文件，单击 "Test Connection" 测试是否连接成功，若连接成功，就会出现 "DB Navigator - Connection successful" 提示框，如图 12-7 所示。

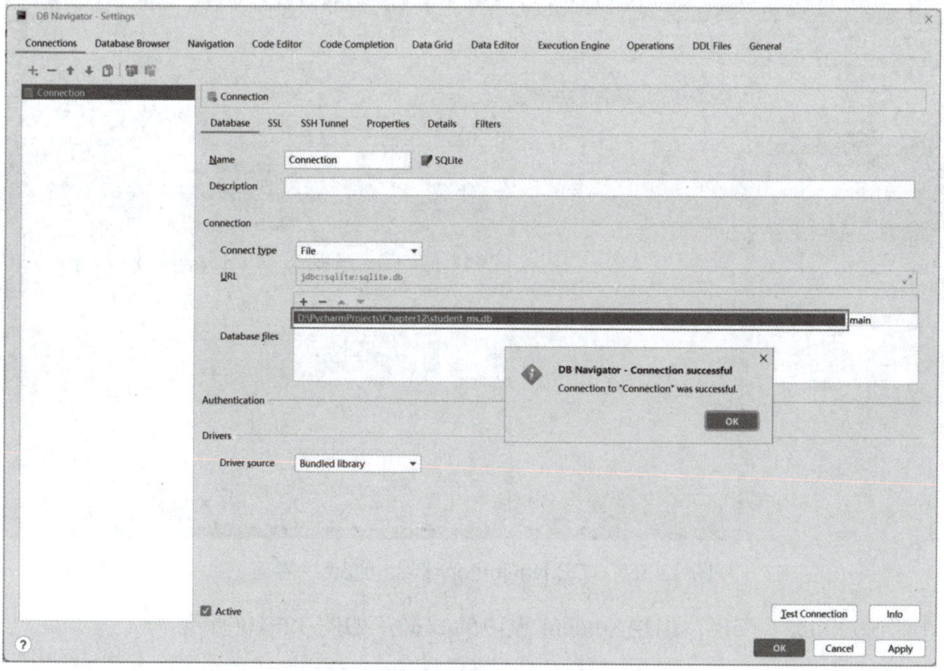

图 12-7　数据库连接成功界面

单击图 12-7 中的"OK"按钮，开启数据库连接，如图 12-8 所示。可以看到，student_ms.db 数据库中有一个 student 表。注意：在 DB Browser 中不能创建新的数据库和表，在 DB Browser 操作前，必须编写程序创建数据库，同时在数据库中创建相应表并添加数据，才能进行以下操作。

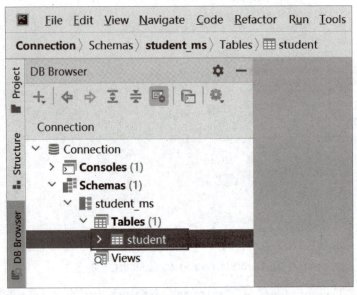

图 12-8　数据库连接界面

在 DB Browser 面板找到创建的 student 表，双击该表，出现"DB Navigator-Data filters"界面，如图 12-9 所示。

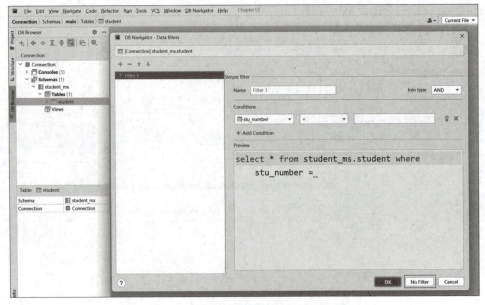

图 12-9　"DB Navigator-Data filters"界面

单击"No Filter"按钮，出现 student 表中的数据，如图 12-10 所示。

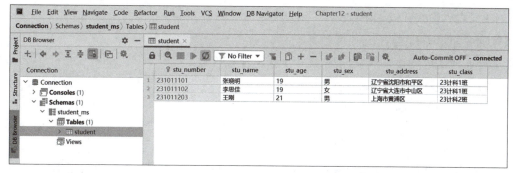

图 12-10 student 表数据

在以上数据表中，单击每个字段右侧的"..."可以修改相应数据，也可以单击上方的"+"或"−"，插入或删除一条记录，其他功能请读者根据提示进行操作。

单击上图中的"No Filter"下拉框，选择"Manage filters"选项，在界面中单击"+"，选择"Basic filter"或"Custom filter"选项。选择"Custom filter"可以自定义 SQL 语句，在界面中输入"stu_sex='男'"，如图 12-11 所示，则从 student 表中筛选所有男同学并显示。请读者尝试编写其他 SQL 语句，并观察操作结果。

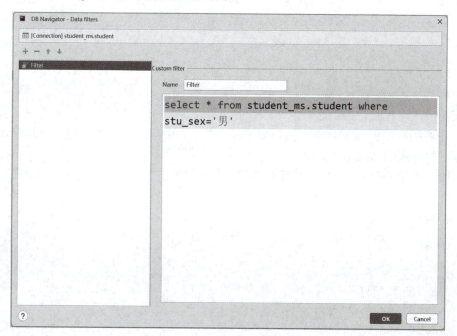

图 12-11 自定义 SQL 语句

12.5 案例 32：学生管理系统

获取源代码

学生管理系统可以记录和管理学生的相关信息，以下创建一个简单的学生管理系统，系统使用 tkinter 库创建图形用户界面，使用 SQLite 数据库存储学生信息。

在学生管理系统目录中建立 4 个.py 文件，分别为 main.py、create_database.py、login.py 和 view.py 文件，对应于系统的 4 个模块，分别完成主函数、创建数据库、登录和信息显示功能。

创建数据库模块代码如下：

【create_database.py】

```
1    import sqlite3
2    # 在当前目录创建 student_ms 数据库
3    con = sqlite3.connect("./student_ms.db")
4    cur = con.cursor()
5    # 创建 login 表
6    cur.execute("create table if not exists login(user varchar(8) primary key, password varchar(8) NOT NULL)")
7    # 插入 1 个用户数据
8    cur.execute("insert into login values ('admin', '123456')")
9    # 创建 student 表
10   cur.execute("create table if not exists student(stu_number varchar(9) primary key, stu_name varchar(255)
NOT NULL, stu_age integer, stu_sex varchar(2), stu_address varchar(255), stu_class varchar(100))")
11   # 插入 2 条学生数据
12   cur.execute("insert into student values ('231011101', '张晓明',19,'男','辽宁省沈阳市和平区','23 计科 1 班')")
13   cur.execute("insert into student values ('231011102', '李思佳',19,'女','辽宁省大连市中山区','23 计科 1 班')")
14   con.commit()
15   cur.close()
16   con.close()
```

系统第一次运行时，需创建数据库。以上代码在当前目录创建了一个 student_ms.db 数据库文件，在数据库中创建了 login 和 student 两个表，表中建立了相关字段，分别存储用户和学生数据，并在表中插入了数据。

登录模块的代码有 150 多行，受篇幅所限，在此仅列出部分代码，代码行号并不连续。示例如下：

【login.py】

```
1    import os
2    import sqlite3
3    from tkinter import *
4    import tkinter.messagebox as messagebox
5    import tkinter.font as tkFont
6    from view import *   # 菜单栏对应的各个子页面
7    class Login(object):
8        def __init__(self, master=None):...
24       def create_page(self):...
35       def login_check(self):...
45       def is_legal(self, string):...
55       def is_legaluser(self, name, password):...
68       def register(self):...
```

```
103    class MainPage(object):
104        def __init__(self, master=None):...
108        def create_page(self):...
131        def add_data(self):...
136        def delete_data(self):...
141        def modify_data(self):...
146        def search_data(self):...
151        def view_data(self):...
```

登录模块中创建了 Login 类和 MainPage 类，各个类中定义了相关方法。其中，Login 类完成用户登录及注册功能，MainPage 类完成相关界面，完整代码请读者参见随书资源。

信息显示模块的代码有 330 多行，受篇幅所限，仅列出部分代码，代码行号并不连续。示例如下：

【view.py】

```
1     from tkinter import *
2     from tkinter import ttk
3     import tkinter.font as tkFont
4     import tkinter.messagebox as messagebox
5     import sqlite3
6     import os
7     # 添加学生信息类
8     class AddFrame(Frame):
86    # 删除学生信息类
87    class DeleteFrame(Frame):
142   # 修改学生信息类
143   class ModifyFrame(Frame):
220   # 查找学生信息类
221   class SearchFrame(Frame):
277   # 统计学生信息类
278   class ViewFrame(Frame):
```

信息显示模块中创建了 AddFrame、DeleteFrame、ModifyFramet、SearchFrame 和 ViewFrame 5 个子类，这 5 个子类均继承自 Frame 类，分别完成添加学生信息、删除学生信息、修改学生信息、查找学生信息和统计学生信息的功能，完整代码请读者参见随书资源。

主函数完成登录模块的调用，代码如下：

【main.py】

```
1     from tkinter import *
2     from login import *
3     root = Tk()
4     root.title('学生管理系统')
5     Login(root)
6     root.mainloop()
```

運行 main.py 後,出現登錄界面,如圖 12-12 所示。

图 12-12　登录界面

输入用户名和密码后,单击"登录"按钮或"注册"按钮登录系统或注册新用户。登录成功后,系统主界面如图 12-13 所示。

图 12-13　系统主界面

单击主界面上方的"添加""删除""修改""查找"和"统计"菜单,出现不同界面,可以完成相关操作。其中,添加学生信息界面如图 12-14 所示,统计学生信息界面如图 12-15 所示。

图 12-14　添加学生信息界面

264

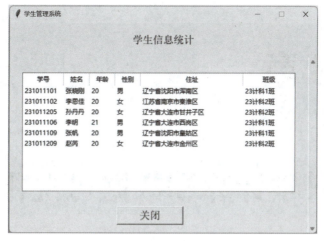

图 12-15　统计学生信息界面

12.6　本 章 小 结

　　本章首先介绍了数据库的基础知识和结构化查询语言 SQL，然后分析了 SQLite 库的语法知识和访问数据库的操作方法，最后讲解了学生管理系统案例。希望通过本章的学习，读者能够掌握 SQLite3 数据库开发的方法，并完成一定规模的数据库项目的开发。

12.7　编 　程 　题

12.1　使用 SQLite 命令行方式创建图书数据库 mybook.db，在数据库中创建数据表 book，在表中定义 ISBN、书名、价格、出版社等字段，将 ISBN 定义为主键，输入相关 SQL 语句，完成增删改查操作。

12.2　在 PyCharm 中使用 SQLite 库完成编程题 1。

12.3　在 PyCharm 中打开 mybook.db 中的数据表 book，使用可视化工具完成 SQL 操作，如查询价格大于 50 的图书、ISBN 为××的图书、出版社为北京理工大学出版社的图书。

12.4　使用 SQLite 库，完成命令行方式下学生通讯录程序的开发。

12.5　使用 tkinter 库和 SQLite 库，完成智力问答游戏的开发，程序界面如图 P12.5 所示。

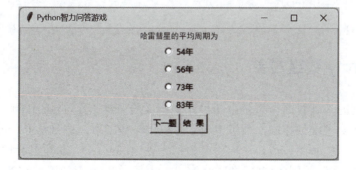

图 P12.5

12.6　仿照案例 32 完成图书管理系统的开发。

第 13 章

科学计算和数据可视化

■ 随着 numpy、scipy、matplotlib 等第三方库的开发，Python 越来越适合用于进行科学计算、绘制高质量的二维和三维图像。

■ 本章将介绍用于科学计算和数据分析的最基础的第三方库 numpy，以及数据可视化的第三方库 matplotlib。

13.1　模块 13：numpy 库

13.1.1　numpy 库概念

numpy 库是 Python 中进行科学计算的基础包，其提供多维数组对象、各种派生对象（如掩码数组和矩阵），以及用于数组快速操作的各种 API，包括数学、逻辑、形状操作、排序、选择、输入/输出、离散傅里叶变换、基本线性代数、基本统计运算和随机模拟等。

numpy 库的核心是 ndarray 对象，它封装了 Python 原生的同数据类型的 n 维数组，为了保证其性能优良，许多操作都是代码在本地进行编译后执行的。

安装 numpy 库的方法如下：

```
pip3 install numpy
```

13.1.2　ndarray 数组对象

numpy 库处理的基础数据类型是由同种元素构成的多维数组（ndarray），简称"数组"。数组中所有元素的类型必须相同，数组中元素可以用整数索引，序号从 0 开始。ndarray 类的维度（dimensions）称为轴（axes），轴的个数称为秩（rank）。一维数组的秩为 1，二维数组的秩为 2，二维数组相当于由两个一维数组构成。由于 numpy 库中函数较多且命名容易与常用命名混淆，建议采用如下方式引用 numpy 库：

```
import numpy as np
```

其中，将 as 保留字与 import 组合使用能改变后续代码中库的命名空间，这样在程序的后续部分中可用 np 代替 numpy，有助于提高代码的可读性。

numpy 库常用的创建数组（ndarray 类型）函数共有 8 个，如表 13-1 所示。

表 13-1　常用的创建数组函数

函数	功能
np.array ([x,y, z], dtype= int)	从 Python 列表和元组创造数组
np.zeros(m,n)	创建一个 m 行 n 列且元素值均为 0 的数组
np.arange(x, y, i)	创建一个由 x 到 y，以 i 为步长的数组
np.linspace(x,y,n)	创建一个由 x 到 y，等分成 n 个元素的数组
np.indices((m,n))	创建一个 m 行 n 列的矩阵
np.random.rand(m, n)	创建一个 m 行 n 列且元素为随机值的数组
np.ones((m, n), dtype)	创建一个 m 行 n 列的全 1 数组，dtype 是数据类型
np.empty((m,n).dtype)	创建一个 m 行 n 列的全 0 数组，dtype 是数据类型

1.　使用 np.array()创建数组

numpy 默认 ndarray 所有元素的类型是相同的，如果传进来的列表中包含不同的类型，则统一为同一类型，优先级：str > float > int。示例如下：

【Case13_1.py】

```
1    import numpy as np
2    arr1 = np.array([1,2,3,4,5,6])          # 创建一个一维数组
3    arr2 = np.array([[1,2,3],[4,5,6],[7,8,9]])    # 创建一个二维数组
4    print(arr1)
5    print(arr2)
```

运行结果如下：

```
[1 2 3 4 5 6]
[[1 2 3]
 [4 5 6]
 [7 8 9]]
```

2.　使用 np 的函数创建数组

以下使用 np 的函数创建几个不同形式的一维、二维数组，示例如下：

【Case13_2.py】

```
1    import numpy as np
2    arr1 = np.ones(shape=(5, 5), dtype=int)
3    arr2 = np.linspace(1,30,num=10)
```

```
4    arr3 = np.arange(0, 60, 2)
5    np.random.seed(1)
6    arr4 = np.random.randint(0, 50, size=(4, 5))
7    print(arr1)
8    print(arr2)
9    print(arr3)
10   print(arr4)
```

以上代码创建了 4 个数组：5 行 5 列，元素值均为 1 的二维数组；元素值为 1~30，元素个数为 10 的一维数组；元素值为 0~60，步长为 2 的一维数组；4 行 5 列，元素值为 0~50 随机数的二维数组。运行结果如下：

```
[[1 1 1 1 1]
 [1 1 1 1 1]
 [1 1 1 1 1]
 [1 1 1 1 1]
 [1 1 1 1 1]]
[ 1.          4.22222222  7.44444444 10.66666667 13.88888889 17.11111111
 20.33333333 23.55555556 26.77777778 30.          ]
[ 0  2  4  6  8 10 12 14 16 18 20 22 24 26 28 30 32 34 36 38 40 42 44 46
 48 50 52 54 56 58]
[[37 43 12  8  9]
 [11  5 15  0 16]
 [ 1 12  7 45  6]
 [25 20 37 18 20]]
```

3. ndarray 的属性

创建一个简单的数组后，就可以通过查看属性值来了解 ndarray 类的基本属性，如表 13-2 所示。

表 13-2　ndarray 类的基本属性

属性	功能
ndarray.ndim	数组轴的个数，也被称作秩
ndarray.shape	数组在每个维度上大小的整数元组
ndarray.size	数组元素的总个数
ndarray.dtype	数组元素的数据类型，dtype 类型可以用于创建数组
ndarray.itemsize	数组中每个元素的字节大小
ndarray.data	包含实际数组元素的缓冲区地址
ndarray.flat	数组元素的迭代器

在这些属性中，经常使用的参数为 ndim、shape、siz 和 dtype。

图像是有规则的二维数据，可以用 numpy 库将图像转换成数组对象，以当前目录下的图像 Tiantan.jpg 为例，示例如下：

【Case13_3.py】

```
1    from PIL import Image
2    import numpy as np
3    im = np.array(Image.open('./Tiantan.jpg'))
4    print(im.shape, im.dtype)
```

运行结果如下：

```
(2800, 4216, 3) uint8
```

图像转换对应的 ndarray 类型是三维数据，如（2800,4216,3）。其中，前两维表示图像的长度和宽度，单位是像素；第三维表示每个像素点的 RGB 值，每个 RGB 值是一个单字节整数。

13.1.3　numpy 基本操作

表 13-3 给出了 ndarray 类的形态操作方法，如改变和调换数组维度等。其中，flatten()函数用于数组降维，相当于平铺数组中的数据，该功能在矩阵运算及图像处理中经常使用。

表 13-3　ndarray 类的形态操作方法

方法	功能
ndarray.reshape(n,m)	不改变数组 ndarray，返回一个维度为(n,m)的数组
ndarray.resize(new_shape)	与 reshape()作用相同，直接修改数组 ndarray
ndarray.swapaxes(axI,ax2)	将数组 n 个维度中的任意两个维度进行调换
ndarray.flatten()	对数组进行降维，返回一个折叠后的一维数组
ndarray.ravel()	作用同 np.flatten()，但是返回数组的一个视图

表 13-4 给出了 ndarray 类的索引和切片方法，数组切片对原始数组的所有修改都会直接影响到源数组。若要得到 ndarray 切片的一份副本，就需要进行复制操作。

表 13-4　ndarray 类的索引和切片方法

方法	功能
X[i]	索引第 i 个元素
X[-i]	从后向前索引第 i 个元素
X[n:m]	默认步长为 1，从前往后索引，不包含 m
X[-n:-m]	默认步长为 1，从后往前索引，结束位置为 n
X[n:m:i]	指定步长为 i 的由 n 到 m 的索引

以下创建一个二维数组并使用基本操作方法对数组进行操作，示例如下：

【Case13_4.py】

```
1    import numpy as np
2    arr1 = np.int32(50*np.random.rand(3, 4))
3    print(arr1)
4    print(arr1[0:2])              # 获取数组前 2 行
5    print(arr1.flatten())          # 降维成一维数组
6    print(arr1.reshape(6, 2))      # 改变维度
7    print(arr1.transpose())        # 数组转置
```

运行结果如下：

```
[[31 17 37 34]
 [32 32 40 20]
 [ 2 19 20 21]]
[[31 17 37 34]
 [32 32 40 20]]
[31 17 37 34 32 32 40 20  2 19 20 21]
[[31 17]
 [37 34]
 [32 32]
 [40 20]
 [ 2 19]
 [20 21]]
[[31 32  2]
 [17 32 19]
 [37 40 20]
 [34 20 21]]
```

13.1.4　numpy 聚合操作

聚合函数是指将一组数据归纳为一个单一的值的函数，如求和、求平均值、求最大值、求最小值等。在 numpy 中，聚合函数可以对数组的所有元素进行操作，也可以对数组的某个轴进行操作。numpy 的聚合函数如表 13-5 所示。

表 13-5　numpy 的聚合函数

方法	功能	方法	功能
np.sum()	求和	np.argmin()	最小值对应的下标
np.max()	最大值	np.argmax()	最大值对应的下标
np.max()	最小值	np.std()	标准差
np.mean()	平均值	np.var()	方差
np.average()	平均值	np.power()	次方，求幂
np.percentile()	百分位数	np.argwhere()	按条件查找

示例如下：

【Case13_5.py】

```
1    import numpy as np
2    arr1 = np.random.randint(0, 20, size=(3, 5))
3    print("二维数组：\n", arr1)
4    print("数组和：", np.sum(arr1))                    # 求和
5    print("行求和：", np.sum(arr1, axis=1))            # 对行求和
6    print("列求和：", np.sum(arr1, axis=0))            # 对列求和
7    print("最大值：", np.max(arr1))                    # 二维数组的最大值
8    print("方差：%.2f" % np.var(arr1))                 # 求方差
9    print("标准差：%.2f" % np.std(arr1))               # 求标准差
10   print("中位数：", np.median(arr1))                 # 求中位数
11   print("平均值：%.2f" % np.mean(arr1))              # 求平均值
```

运行结果如下：

```
二维数组：

 [[13  3 15  4  3]

 [12  5  6 16  6]

 [11 15 12 13 16]]

数组和：  150

行求和：  [38 45 67]

列求和：  [36 23 33 33 25]

最大值：  16

方差：22.67

标准差：4.76

中位数：  12.0

平均值：10.00
```

13.2 numpy 处理图像

13.2.1 图像的数组转换

本节将采用 numpy 对图像进行转换，增加深浅层次变化，利用光线照射使立体物出现明暗变化，从而使图像轮廓更富有立体感、空间感和色泽感，接近手绘效果。

PIL 包含图像转换函数 convert()，能用于改变图像单个像素的表示形式。例如，使用

convert()函数的 L 模式，可将像素从 RGB 的 3 字节形式转变为单一数值形式，数值范围为
0～255，表示灰度色彩变化。此时，图像从彩色变为带有灰度的黑白色。转换后，图像的
ndarray 类型变为二维数据，每个像素点色彩只由一个整数表示。

通过对图像进行数组转换，就可以访问图像上的任意像素值，如获取位于坐标（300，
200）的颜色值，或获取图像中最大的、最小的像素值。此外，还可以采用切片方式获取指
定行（或列）的元素值，以及修改这些值。

示例如下：

【Case13_6.py】

```
1    from PIL import Image
2    import numpy as np
3    im = np.array(Image.open('./Tiantan.jpg').convert('L'))
4    print(im.shape, im.dtype)
5    print(im[300,200])
6    print(int(im.min()), int(im.max ()))
7    print(im[20, :])
```

运行结果如下：

```
(2800, 4216) uint8
36
0 255
[40 41 41 ... 88 84 84]
```

将图像读入 ndarray 数组对象后，可以通过任意数学操作来获取相应的图像变换。以灰度
变换为例，可分别对灰度变化后的图像进行反变换、区间变化和像素值平方处理。需要注意的
是，有些数学变换会改变图像的数据类型，如转换成整型等。因此，在重新生成 PIL 图像前，
要将数据类型通过 numpy.uint() 转换成整型。示例如下：

【Case13_7.py】

```
1    from PIL import Image
2    import numpy as np
3    im1 = np.array(Image.open('./Tiantan.jpg').convert('L'))
4    im2 = (100/255)*im1 + 100              # 区间变换
5    im3 = 255*(im2/255)**2                 # 像素平方处理
6    pil_im2 = Image.fromarray(np.uint(im2))
7    pil_im2.show()
8    pil_im3 = Image.fromarray(np.uint(im3))
9    pil_im3.show()
```

由于图像的分辨率比较大，所以需要一段时间来处理图像。经过数组运算后的图像如
图 13-1 和图 13-2 所示。

图 13-1 区间变换效果

图 13-2 像素平方处理效果

13.2.2 案例 33：图像的手绘效果

获取源代码

通过 9.9.4 节 PIL 滤镜模块 ImageFilter.CONTOUR 可以获得铅笔画风格图像，将图像的轮廓信息提取出来，但这样获得的轮廓图像缺乏立体感，我们希望达到逼真的手绘效果。为了实现手绘风格（即黑白轮廓描绘），就需要读取原图像的明暗变化，即灰度值。从直观视觉感受来定义，图像灰度值显著变化之处就是梯度，它描述了图像灰度变化的强度。通常可以用梯度计算来提取图像轮廓，numpy 库提供了直接获取灰度图像梯度的函数 gradient()，只要传入图像数组表示，就可以返回代表 x、y 方向上梯度变化的二维元组。为了统计图像处理的真实时间，可使用 time 库中的 time.perf_counter()函数来计算图像处理的时间。示例如下：

【Case13_8.py】

```
1    from PIL import Image
2    import numpy as np
3    import time
4    start = time.perf_counter()
5    a = np.asarray(Image.open('./Tiantan.jpg').convert('L')).astype('float')
6    depth = 20.
7    grad = np.gradient(a)                   # 取图像灰度的梯度值
8    grad_x, grad_y = grad                   # 取横纵图像梯度值
9    grad_x = grad_x*depth/100.
10   grad_y = grad_y*depth/100.
11   A = np.sqrt(grad_x**2+grad_y**2+1.)
12   uni_x = grad_x/A
13   uni_y = grad_y/A
14   uni_z = 1./A
15   vec_el = np.pi/2.2                      # 光源的俯视角度转化为弧度值
16   vec_az = np.pi/4.                       # 光源的方位角度转化为弧度值
17   dx = np.cos(vec_el)*np.cos(vec_az)      # 光源对 x 轴的影响
18   dy = np.cos(vec_el)*np.sin(vec_az)
19   dz = np.sin(vec_el)
```

```
20    b = 255*(dx*uni_x+dy*uni_y+dz*uni_z)    # 光源归一化，把梯度转化为灰度
21    b = b.clip(0,255)                       # 避免数据越界，将生成的灰度值裁剪至 0-255 内
22    im = Image.fromarray(b.astype('uint8')) # 图像重构
23    im.save('Tiantan2.jpg')
24    end = time.perf_counter()
25    print("图像处理时间为%.2f 秒"%(end-start))
```

运行结果如下：

图像处理时间为 0.83 秒

处理后的图像如图 13-3 所示。可以看出，图像的手绘效果具有真实感和立体感。

图 13-3　图像手绘效果

代码分析：

图像的手绘效果处理方法是利用图像像素之间的梯度值重构每个像素值。处理图像时，为了体现光照效果，必须设计一个合适的光源，建立光源对各点梯度值的影响函数，从而运算出新的像素值，体现边界点灰度的变化。

为了更好地体现立体感，在此增加一个 z 方向梯度值，并给 x 和 y 方向的梯度值赋予权值 depth。在利用梯度重构图像时，对应不同的梯度取 0～255 之间不同的灰度值，depth 的作用在于调节该对应关系。当 depth 较小时，图像背景区域接近白色，画面显示轮廓描绘；当 depth 较大时，图像画面灰度值较深，近似于浮雕效果。这种坐标空间变化相当于给物体加上一个虚拟光源，根据灰度值大小来模拟各部分相对于人视角的远近程度，使画面显得有"深度"，光源相对于图像的俯视角为 vec_el、方位角为 vec_az。

通过 np.gradient()函数计算得到的图像梯度值可作为新色彩计算的基础。为了更直观地进行计算，可以把角度对应的柱坐标转化为 xyz 立体坐系。代码中的 dx、dy、dz 是像素点在施加模拟光源后在 x、y、z 方向上明暗度变化的加权向量。

A 是梯度幅值，也是梯度大小。将各个方向上的总梯度除以幅值，可得到每个像素单元的梯度值。然后，利用每个单元的梯度值和方向加权向量来合成灰度值；clip() 函数用于预防溢出，并归一化到 0～255 区间。最后，从数组中恢复图像并保存。

13.3 模块 14：matplotlib 库

13.3.1 matplotlib 库概念

数据可视化是指将大量数据集中的数据以图形、图像的形式表示，并利用数据分析工具来发现其中未知信息的处理过程。matplotlib 是 Python 比较底层的可视化库，其可定制性强、图表资源丰富、简单易用；其他可视化库包括 seaborn、pyecharts、pygal 等。

matplotlib 是一个强大的绘图工具，它提供了多种输出格式，可以帮助开发人员轻松地建立自己需要的图形。matplotlib 中提供了子模块 pyplot，该模块中封装了一套类似 MATLAB 命令式的绘图函数，给用户提供了更友好的接口，用户只要调用 pyplot 模块中的函数，就可以快速绘图，以及设置图表的各种细节。

matplotlib 库由一系列有组织、有隶属关系的对象构成，这对于基础绘图操作来说显得过于复杂。因此，matplotlib 库提供了一套快捷命令式的绘图接口函数，即子模块 pyplot。pyplot 将绘图所需的对象构建过程封装在函数中，对用户提供了更加友好的接口。

安装 matplotlib 库的方法如下：

```
pip3 install matplotlib
```

引用方式如下：

```
import matplotlib.pyplot as plt
```

为了在 matplotlib.pyplot 中正确显示中文字体，就必须设置其字体。表 13-6 给出了常用的几种中文字体及英文表示。需要注意，部分字体无法在 matplotlib 库中使用。

表 13-6 字体名称的中英文对照

字体名称	字体英文表示	字体名称	字体英文表示
黑体	SimHei	隶书	LiSu
楷体	KaiTi	华文宋体	STSong
宋体	SimSun	华文黑体	STHeiti
幼圆	YouYuan	微软雅黑	Microsoft YaHei
仿宋	FangSong		

为了正确显示字体，可采用更改默认设置。代码如下：

```
import matplotlib.pyplot as plt
plt.rcParams['font.family'] = 'SimHei'
plt.rcParams['font.sans-serif'] =['SimHei']
```

13.3.2 pyplot 绘图区域函数

pyplot 模块中有一个默认的绘图区域，在此之后绘制的所有图像将展示到当前的图区域。该模块还提供了一些与绘图区域相关的函数，这些函数可以对绘图区域执行相关操作，如表 13-7 所示。

表 13-7　pyplot 模块的绘图区域函数

函数	功能
plt.figure(figsize=None,facecolor=None)	创建一个全局绘图区域
plt.axes(rect, axisbg='w')	创建一个坐标系风格的子绘图区域
plt.subplot(nrows,ncols,plot_number)	在全局绘图区域中创建一个子绘图区
plt.subplots_adjust()	调整子绘图区域的布局

通过 figure() 函数可以创建一个 figure 类对象，该对象代表新的绘图区域。figure() 函数的基本语法格式如下：

figure(num=None,figsize=None,dpiNone,facecolor=None,edge color=None,frameon=True, clear=False,**kwargs)

其中，figsize 参数用于指定绘图区域的尺寸，宽度和高度均以英寸为单位；facecolor 参数用于设置绘图区域的背景颜色。例如，绘制一个尺寸为 8×5 的灰色绘图区域，示例如下：

【Case13_9.py】

```
1    import matplotlib.pyplot as plt
2    plt.figure(figsize=(8,5), facecolor='gray')
3    plt.show()
```

此时显示的绘图区域如图 13-4 所示。

图 13-4　创建绘图区域

figure 类对象允许将整个绘图区域划分为若干个子绘图区域，每个子绘图区城中都包含一个 axes 对象，该对象有属于自己的坐标系。使用 axes() 函数，可以创建一个 axes 对象，该函数的语法格式如下：

axes(rect,projection=None,facecolor='shite', **kwargs)

其中，rect 参数表示坐标系与整个绘图区域的关系，它的取值变量为[left,bottom,width, height]，各变量的取值范围均为[0,1]；projection 参数表示坐标轴的投影类型；facecolor 参数代表背景色，默认为 white。例如，在当前绘图区域添加一个背景为白色的坐标系。示例如下：

【Case13_10.py】

```
1    import matplotlib.pyplot as plt
2    plt.figure(figsize=(8,5), facecolor='white')
3    plt.axes([0.1, 0.4, 0.8, 0.4])
4    plt.show()
```

运行结果如图 13-5 所示。

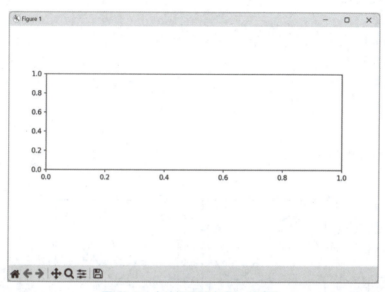

图 13-5　在绘图区域中添加坐标系

subplot(nrows,ncols,index)函数会将整个绘图区域等分为 nrows（行）×ncols（列）的矩阵区域，并按照先行后列的计数方式对每个子区域进行编号，编号默认从 1 开始，之后在 index 的位置上生成一个坐标系。例如，以下代码将整个绘图区域分割成 2×2 的网格，在每个网格绘制不同曲线。示例如下：

【Case13_11.py】

```
1    import numpy as np
2    import matplotlib.pyplot as plt
3    x = np.linspace(0,2*np.pi,500)        # 生成 500 个 x 数据
4    y1 = np.sin(x)
5    y2 = np.cos(x)
6    y3 = np.tan(x)
7    y4 = np.sin(x*x)
8    plt.figure(1)
9    ax1 = plt.subplot(2,2,1)              # 第 1 行第 1 列图形
10   ax2 = plt.subplot(2,2,2)              # 第 1 行第 2 列图形
11   ax3 = plt.subplot(2,2,3)              # 第 2 行第 1 列图形
12   ax4 = plt.subplot(2,2,4)              # 第 2 行第 2 列图形
13   plt.sca(ax1)                          # 选择 ax1
```

```
14    plt.plot(x, y1, color='purple')      # 绘制 sin 曲线
15    plt.ylim(-1.5, 1.5)                  # 限制 y 坐标轴范围
16    plt.sca(ax2)                         # 选择 ax2
17    plt.plot(x, y2, 'g-')                # 绘制 cos 曲线
18    plt.ylim(-1.5, 1.5)                  # 限制 y 坐标轴范围
19    plt.sca(ax3)                         # 选择 ax3
20    plt.plot(x, y3, 'r-')                # 绘制 tan 曲线
21    plt.ylim(-5, 5)                      # 限制 y 坐标轴范围
22    plt.sca(ax4)                         # 选择 ax3
23    plt.plot(x, y4, 'r-')                # 绘制 tan 曲线
24    plt.ylim(-1.5, 1.5)                  # 限制 y 坐标轴范围
25    plt.show()
```

运行结果如图 13-6 所示。

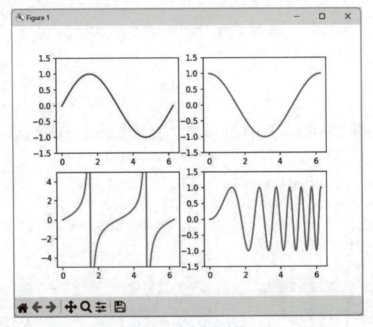

图 13-6　多个网格绘图

pyplot 模块提供了一组读取和显示相关的函数，用于在绘图区域中增加显示内容及读入数据，这些函数需要与其他函数搭配使用，如表 13-8 所示。

表 13-8　pyplot 模块的读取和显示函数

函数	功能	函数	功能
plt.legend()	在绘图区域中放置绘图标签	plt.imshow()	在 axes 上显示图像
plt.show()	显示创建的绘图对象	plt.imsave()	保存数组为图像文件
plt.matshow()	在窗口显示数组矩阵	plt.imread()	从图像文件中读取数组

13.3.3　pyplot 常用图表绘制函数

pyplot 模块提供了用于绘制常用图表的函数，如表 13-9 所示。

表 13-9　pyplot 模块的常用图表函数

函数	功能
plt.plot(x,y,label,color,width)	绘制线条
plt.boxplot(data,notch,position)	绘制箱形图
plt.bar(left,height,width,bottom)	绘制条形图
plt.barh(bottom,width,height,left)	绘制横向条形图
plt.polar(theta,r)	绘制极坐标图
plt.pie(data,explode)	绘制饼图
plt.psd(x,NFFT=256,pad_to, Fs)	绘制功率谱密度图
plt.specgram(x,NFFT=256,pad_to,F)	绘制谱图
pIt.cohere (x,y,NFFT=256,Fs)	绘制 X-Y 的相关性函数
plt.scatter(x,y,label,color,s,marker)	绘制散点图
plt.step(x,y,where)	绘制步阶图
plt.hist(x,bins,normed)	绘制直方图
pIt.contour(X,Y,Z,N)	绘制等值线
plt.vlines()	绘制垂直线
plt.stem(x,y,linen,markert,basefmt)	绘制曲线每个点到水平轴线的垂线
plt.plot_date()	绘制数据日期
plt.plotfile()	绘制数据后写入文件

plot()函数是用于绘制线条的函数，调用方式很灵活，其语法格式如下：

plot(x,y,label,color,width)

其中，x 和 y 可以是 numpy 计算出的数组，并用关键字参数指定各种属性；label 参数表示设置标签并在图例（legend）中显示；color 参数表示曲线的颜色；linewidth 参数表示曲线的宽度。如果在字符串前后添加"$"符号，matplotlib 将使用其内置的 latex 引擎来绘制数学公式。

表 13-10～表 13-12 列举了控制线条的常用颜色、风格和标记。

表 13-10　pyplot 模块的常用颜色

颜色值	说明	颜色值	说明
"w"	白色	"m"	品红
"k"	黑色	"y"	黄色
"r"	红色	"g"	绿色
"b"	蓝色	"c"	青色

表 13-11　pyplot 模块的常用风格

风格值	说明	风格值	说明
"-"	实线	"-."	点划线
"--"	虚线	":"	点线

表 13-12　pyplot 模块的常用标记

标记值	说明	标记值	说明
"."	点	"4"	右花三角标记
","	像素	"s"	实心方形
"o"	实心圆圈	"p"	五边形
"^"	正三角形	"h"	六边形 1
"v"	倒三角形	"H"	六边形 2
">"	一角朝右的三角形	"*"	星形
"<"	一角朝左的三角形	"x"	x 标记
"1"	下花三角标记	"D"	菱形
"2"	上花三角标记	"+"	加号
"3"	左花三角标记		

绘制图表时，还可以设置坐标系标签的相关信息，如图表的标题、坐标名称、坐标刻度等，表 13-13 列出了设置坐标系标签的相关函数。

表 13-13　标签设置函数

函数	功能
plt.figlegend(handles,label,loc)	为全局绘图区域放置图注
plt.legend()	为当前坐标图放置图注
plt.xlabel(s)	设置当前 x 轴的标签
plt.ylabel(s)	设置当前 y 轴的标签
plt.xticks(array,'a','b','c')	设置当前 x 轴刻度位置的标签和值
plt.yticks(array,'a','b','c')	设置当前 y 轴刻度位置的标签和值
plt.clabel(cs,v)	为等值线图设置标签
plt.get_figlabels()	返回当前绘图区域的标签列表
plt.figtext(x,y,s,fontdic)	为全局绘图区域添加文字
plt.title()	设置标题
plt.suptitle()	当前绘图区域添加中心标题
plt.text(x,y,s,fontdic,withdash)	为坐标图轴添加注释
plt.annotate(note,xy,xytext,xycoords,textcoord,arrowprops)	用箭头在指定数据点创建一个注释或一段文本

pyplot 模块有图像坐标和数据坐标两个坐标体系。图像坐标将图像所在区域的左下角视为原点，将 x 方向和 y 方向的长度设定为 1。整体绘图区域有一个图像坐标，每个 axes()函数和 subplot()函数产生的子图也有属于自己的图像坐标。axes()函数的参数 rect 是指当前产生的

子区域相对于整个绘图区域的图像坐标。数据坐标以当前绘图区域的坐标轴为参考，显示每个数据点的相对位置，这与坐标系里标记的数据点一致。pyplot 模块的坐标轴设置相关函数如表 13-14 所示。

表 13-14　pyplot 模块的坐标轴设置相关函数

函数	功能
plt.axis('v', 'off', 'equal', 'scaled', 'tight', 'image')	获取设置轴属性的快捷方法
plt.xlim(xmin,xmax)	设置当前 x 轴取值范围
plt.ylim(ymin,ymax)	设置当前 y 轴取值范围
plt.xscale()	设置 x 轴缩放
pit.yscale()	设置 y 轴缩放
plt.autoscale()	自动缩放轴视图的数据
plt.text(x,y,s,fontdic,withdash)	为 axes 图轴添加注释
plt.thetagrids(angles,labels,fmt,frac)	设置极坐标网格 theta 的位置
plt.grid(on/off)	打开或者关闭坐标网格

13.3.4　常用图形的绘制

1. 绘制折线图

折线图可以显示随时间而变化的连续数据，因此非常适用于显示在相等时间间隔下数据的趋势，如基础体温曲线图、学生成绩走势图、股票月成交量走势图等。在折线图中，类别数据沿水平轴均匀分布，所有值数据沿垂直轴均匀分布。绘制折线图主要使用 plot() 函数，以下案例在一个图上绘制了两条折线，分别表示最低气温和最高气温。示例如下：

【Case13_12.py】

```
1    import matplotlib.pyplot as plt
2    x = ["周一", "周二", "周三", "周四", "周五", "周六", "周日"]
3    highest = [14, 16, 19, 17, 18, 17, 15]
4    lowest = [6, 4, 10, 8, 9, 7, 5]
5    plt.plot(x, highest, "rs--", label="最高气温")
6    plt.plot(x, lowest, "bd--", label="最低气温")
7    for a,b in zip(x, highest):
8        # 数据显示的横坐标、位置高度，以及显示数据值的大小
9        plt.text(a, b + 1, b, ha='center', va='bottom')
10   for a,b in zip(x, lowest):
11       plt.text(a, b - 2, b, ha='center', va='bottom')
12   # 设置字体
13   font1 = {'family': 'SimSun', 'weight': 'normal', 'size': 14}
14   plt.rc('font', **font1)
15   plt.rcParams["axes.unicode_minus"] = False
```

```
16    # x 轴刻度标签设置
17    plt.xticks(x, fontproperties=font1)
18    # y 轴标签数值范围设置
19    plt.ylim(0, 25)
20    # 标题设置
21    plt.title("一周气温变化趋势", fontproperties=font1)
22    plt.xlabel("星期", fontproperties=font1)
23    plt.ylabel("气温", fontproperties=font1)
24    # 图例设置
25    plt.legend()
26    plt.show()
```

运行结果如图 13-7 所示。

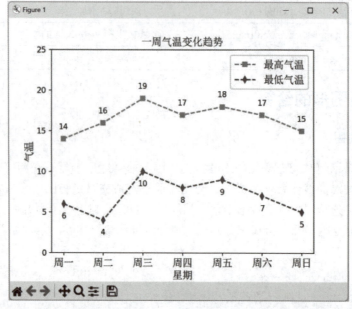

图 13-7　气温变化折线图

2.　绘制柱形图

柱形图又称长条图、柱状图、条状图等，是一种以长方形的长度为变量的统计图表。柱形图用来比较两个或两个以上的数据，只有一个变量，通常用于较小的数据集分析。绘制柱形图主要使用 bar()函数，以下案例绘制 2017—2023 年线上图书销售额分析图，示例如下：

【Case13_13.py】

```
1    import matplotlib.pyplot as plt
2    plt.rcParams['font.sans-serif'] = ['SimHei']
3    x = ['2017','2018','2019','2020','2021','2022','2023']
4    height = [120045,305679,486156,532389,895432,1895647,2558782]
5    plt.grid(axis='y', which='major')                          # 生成虚线网格
```

```
6    plt.xlabel('年份')
7    plt.ylabel('年销售额(元)')
8    plt.title('2017—2023 年线上图书销售额分析图')
9    plt.bar(x, height, width=0.5, align='center', color='b', alpha=0.5)
10   for a, b in zip(x, height):
11       plt.text(a, b, format(b, ','), ha='center', va='bottom', fontsize=9, color='b', alpha=0.9)
12   plt.legend(('销售额',))
13   plt.show()
```

运行结果如图 13-8 所示。

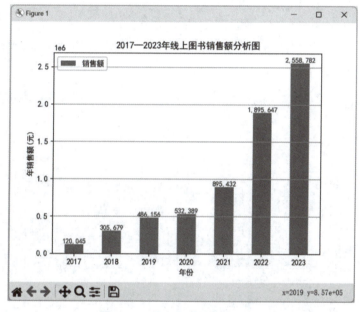

图 13-8　线上图书销售柱形图

3. 绘制散点图

散点图是数据点在直角坐标系平面上的分布图,一般用两组数据构成多个坐标点,考察坐标点的分布,判断两变量之间是否存在某种关联或总结坐标点的分布模式。绘制散点图主要使用 scatter () 函数,以下案例绘制某地 5 月份气温变化散点图,示例如下:

【Case13_14.py】

```
1    from matplotlib import pyplot as plt
2    from matplotlib import font_manager
3    # 设置字体
4    my_font=font_manager.FontProperties(fname="./simsun.ttc")
5    x_5 = range(1,32)
6    y_5 = [15,16,17,16,17,15,18,15,14,18,17,16,17,15,18,17,18,21,19,19,20,19,18,20,18,19,21,22,22,23,25]
7    plt.figure(figsize=(10,7), dpi = 80)
8    # 绘制散点图
```

Python程序设计案例教程（第2版）

```
9    plt.scatter(x_5,y_5,label="5 月份")
10   _x = list(x_5)
11   _xtick_labels=["5 月{}日".format(i) for i in x_5]
12   plt.xticks(_x, _xtick_labels, rotation=45, fontproperties=my_font)
13   plt.yticks(range(0, 31))
14   # 添加描述信息
15   plt.xlabel("月份", fontproperties=my_font)
16   plt.ylabel("气温°C", fontproperties=my_font)
17   plt.title("某地 5 月气温散点图", fontproperties=my_font)
18   plt.legend(prop=my_font)
19   # 绘制网格,并设置透明度
20   plt.grid(alpha = 0.3)
21   plt.show()
```

运行结果如图 13-9 所示。

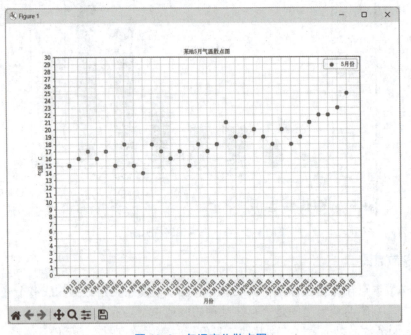

图 13-9   气温变化散点图

4．绘制饼图

饼图显示一个数据系列中各数值项的大小与总和的比例，饼图中的数据显示为整个饼图的百分比。绘制饼图主要使用 pie()函数，该函数的语法格式如下：

plt.pie(x=data,labels=labels, explode=explodes,autopct="%.1f%%",shadow＝True)

其中，x 为数据，可以来源于列表或元组；labels 参数设置饼图数据项的标签；explode 参数设置某块或数据突出显示的情况，由用户定义；autopct 参数显示数据块所占的百分比；shadow 参数设置图形的阴影效果。

以下案例绘制职工学历占比饼图，示例如下：

【Case13_15.py】

```
1    import matplotlib.pyplot as plt
2    plt.rcParams['font.family'] = 'SimHei'
3    plt.rcParams['font.sans-serif'] = ['SimHei']
4    edu = [0.12, 0.21, 0.27, 0.31, 0.09]
5    labels = ['中专', '大专', '本科', '硕士', '博士']
6    cols = ['y','m','r','c','g']
7    plt.pie(x = edu,
8                labels = labels,
9                colors = cols,
10               autopct = '%.2f%%',            # 设置百分比的格式，这里保留 2 位小数
11               pctdistance = 0.8,             # 设置百分比标签与圆心的距离
12               labeldistance = 1.2,           # 设置教育水平标签与圆心的距离
13               startangle = 180,              # 设置饼图的初始角度
14               counterclock = False,          # 是否逆时针，这里设置为顺时针方向
15               wedgeprops = {'linewidth': 1.5, 'edgecolor': 'green'},
16               shadow = True,
17               explode = (0,0,0,0,0.1),
18               # 设置饼图内外边界属性值
19               textprops = {'fontsize': 12, 'color': 'k'})
20   plt.title('职工学历占比饼图')
21   plt.show()
```

运行结果如图 13-10 所示。

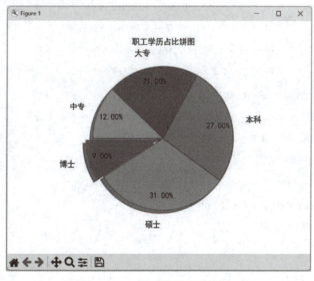

图 13-10　职工学历占比饼图

获取源代码

13.3.5　案例34：雷达图的绘制

雷达图也称为蜘蛛网图、星状图、极区图，是一种以二维形式展示多维数据的图形，常用于描述企业经营状况和财务分析。雷达图由一组坐标和多个同心圆组成，可以在同一个坐标系内展示多指标的分析比较情况，是常用的综合评价方法，尤其适用于对多属性对象做出全局性、整体性评价。

本案例对 3 名学生的成绩进行对比分析完成雷达图的绘制，示例如下：

【Case13_16.py】

```
1    import numpy as np
2    import matplotlib.pyplot as plt
3    plt.rcParams['font.family'] = 'SimHei'
4    plt.rcParams['axes.unicode_minus'] = False
5    dim_num = 6
6    radians = np.linspace(0, 2 * np.pi, dim_num, endpoint=False)
7    radians = np.concatenate((radians, [radians[0]]))
8    score_a = np.array([93,61,65,68,82,85])
9    score_a = np.concatenate((score_a, [score_a[0]]))
10   score_b = np.array([76,78,92,71,94,63])
11   score_b = np.concatenate((score_b, [score_b[0]]))
12   score_c = np.array([65,96,85,84,66,95])
13   score_c = np.concatenate((score_c, [score_c[0]]))
14   plt.polar(radians, score_a, radians, score_b, radians, score_c)
15   radar_labels = ['数据结构','数据库原理','计算机基础','计算机网络','云计算','数据挖掘']
16   radar_labels = np.concatenate((radar_labels, [radar_labels[0]]))
17   angles = radians * 180/np.pi                    # 弧度转角度
18   plt.thetagrids(angles, labels=radar_labels)     # 设置新的刻度标签
19   tables = plt.fill(radians,score_a,radians,score_b,radians,score_c,alpha=0.25)
20   data_labels = ('A 同学','B 同学','C 同学')
21   plt.figtext(0.52, 0.95, '成绩对比分析', ha='center', size=25)
22   legend=plt.legend(data_labels,loc=(0.96,0.85),labelspacing=0.1)
23   plt.setp(legend.get_texts(),fontsize='small')
24   plt.grid(True)
25   plt.show()
```

运行结果如图 13-11 所示。可见，本案例从 6 门课程（数据结构、数据库原理、计算机基础、计算机网络、云计算、数据挖掘）成功绘制了 3 名学生的成绩雷达图。

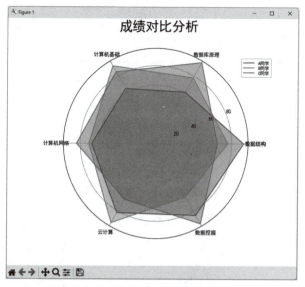

图 13-11　3 名学生的成绩雷达图

13.4　本　章　小　结

本章首先介绍了 numpy 库和 numpy 处理图像的方法，然后分析了 matplotlib 库的操作使用，最后讲解了图像的手绘效果和雷达图的绘制案例。希望通过本章的学习，读者能够熟练应用这两个模块解决实际问题。

13.5　编　程　题

13.1　使用 numpy 创建一个 5×5 的二维数组，其中边界值为 1，其余值为 0。二维数组如下：

$$
\begin{array}{l}
[[1.\ \ 1.\ \ 1.\ \ 1.\ \ 1.] \\
[1.\ \ 0.\ \ 0.\ \ 0.\ \ 1.] \\
[1.\ \ 0.\ \ 0.\ \ 0.\ \ 1.] \\
[1.\ \ 0.\ \ 0.\ \ 0.\ \ 1.] \\
[1.\ \ 1.\ \ 1.\ \ 1.\ \ 1.]]
\end{array}
$$

13.2　使用 numpy 创建一个 7×7 的二维数组，其中边界值为 0，其余值为 1。二维数组如下：

$$
\begin{array}{l}
[[0.\ \ 0.\ \ 0.\ \ 0.\ \ 0.\ \ 0.\ \ 0.] \\
[0.\ \ 1.\ \ 1.\ \ 1.\ \ 1.\ \ 1\ \ 0.] \\
[0.\ \ 1.\ \ 1.\ \ 1.\ \ 1.\ \ 1\ \ 0.] \\
[0.\ \ 1.\ \ 1.\ \ 1.\ \ 1.\ \ 1\ \ 0.] \\
[0.\ \ 1.\ \ 1.\ \ 1.\ \ 1.\ \ 1\ \ 0.] \\
[0.\ \ 1.\ \ 1.\ \ 1.\ \ 1.\ \ 1\ \ 0.] \\
[0.\ \ 0.\ \ 0.\ \ 0.\ \ 0.\ \ 0.\ \ 0.]]
\end{array}
$$

13.3 使用 matplotlib 库绘制如图 P13.3 所示的正弦曲线。

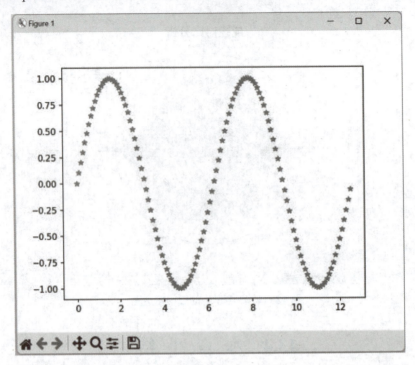

图 P13.3

13.4 使用 matplotlib 库绘制如图 P13.4 所示的散点图。

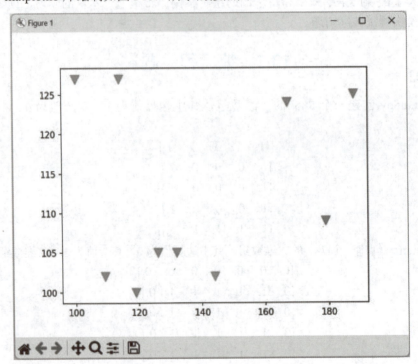

图 P13.4

13.5 使用 matplotlib 库绘制如图 P13.5 所示的箱形图。

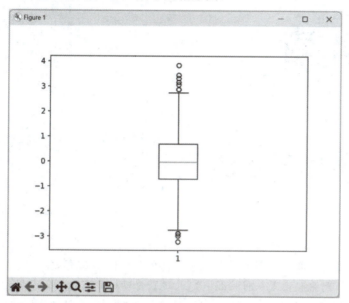

图 P13.5

13.6 使用 matplotlib 库绘制如图 P13.6 所示的饼图。

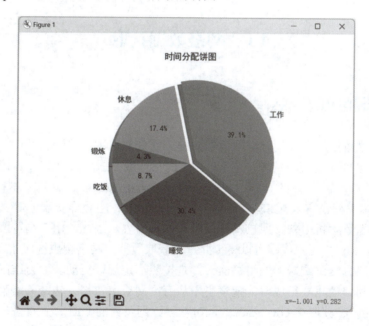

图 P13.6

13.7 使用 matplotlib 库绘制霍兰德人格分析雷达图。

第 14 章

网络爬虫

■ 随着网络的迅速发展，万维网成为大量信息的载体，如何有效地提取并利用这些信息成为一个巨大的挑战。网络爬虫是一种按照一定的规则自动抓取万维网信息的程序。

■ Python 抓取网页文档的接口简洁高效，并且提供了便捷的文档处理功能，非常方便地应用于网络数据的爬取。本章将详细介绍 requests 库和 BeautifulSoup 库的基本使用方法。

14.1　网络数据获取

14.1.1　网络爬虫的概念

传统获取网络数据（尤其是万维网数据）的方式是使用浏览器浏览网页。在用户浏览网页的过程中，通过 URL（统一资源定位），经过 DNS（域名服务），将 URL 请求发送给对应服务器，服务器进行解析后将 HTML（hypertext markup language，超文本标记语言）、JS（JavaScript，脚本编程语言）、CSS（cascading style sheets，层叠样式表）等文件发送给用户的浏览器，待浏览器解析出来，用户就可以看到网页内容。因此，用户浏览网页的实质是由 URL 请求获得 HTML 文档，程序可以模拟此过程获取数据，网络爬虫程序随之产生。

网络爬虫又称为网络蜘蛛、网络机器人，是按照给定规则自动获取万维网数据的程序。网络爬虫是搜索引擎的重要组成，为搜索引擎从万维网获取数据。传统网络爬虫程序从初始网页的 URL 开始，在获取该 URL 资源的同时获得该网页内的 URL；在处理网页数据的过程中，爬虫程序继续爬取当前网页数据中抽取的 URL，直到满足程序给定的停止条件发生。商用网络爬虫程序的工作流程较为复杂，通常需要根据网页分析算法过滤与主题无关的 URL，保留有用的 URL 放入待抓取的队列，然后根据搜索策略从队列中选择下一步要抓取的 URL，并重复上述过程，直到达到系统的某一条件时停止。另外，所有被网络爬虫抓取的网页将会被存储、分析、过滤和索引，以便用于查询和检索，所得到的分析结果还可能对之后的爬取过程给出反馈和指导。

14.1.2　超文本和 HTML

超文本是指使用超链接的方法，把文字和图像信息相互连接，形成具有相关信息的体系。超文本的格式有很多，目前最常使用的是超文本标记语言，我们平时在网页浏览器里看到的网页就是由 HTML 解析而成的。

在编写网络爬虫程序时，通过分析网页源代码准确确定要提取内容的所在位置是非常重要的一步，是成功完成数据爬取的重要前提条件。编写网络爬虫程序不是开发网站，只需要能够看懂 HTML 和 CSS 代码就可以了，并不要求能够编写。对于一些高级网络爬虫程序和特殊的网站，还需要具备一定的 JavaScript 的知识，甚至具备 jQuery（JavaScript 框架）、Ajax（asynchronous Javascript and XML，创建快速动态网页）等知识。

HTML 标签用来描述和确定页面上内容的布局，标签名不区分大小写（当使用正则表达式提取时，默认区分大小写），如<ul>和<UL>是等价的，都能被浏览器正确识别和渲染。大部分 HTML 标签是闭合的，由开始标签和结束标签构成，二者之间是要显示的内容，如"<title>网页标题</title>"。也有部分 HTML 标签是没有结束标签的，如换行标签
和水平线标签<hr>。每个标签都支持很多属性，以对显示的内容进行详细设置，不同标签支持的属性有所不同。

下面是网页文件 demo.html 的 HTML 源代码：

```
<html>
<head><title>搜索指数</title></head>
<body>
<table>
<tr><td>排名</td><td>关键词</td><td>搜索指数</td></tr>
<tr><td>1</td><td>人工智能</td><td>213546</td></tr>
<tr><td>2</td><td>大数据</td><td>184238</td></tr>
<tr><td>3</td><td>云计算</td><td>139852</td></tr>
</table>
</body>
</html>
```

使用 IE、Firefox 等网页浏览器打开以上网页文件，就会看到如图 14-1 所示的网页内容。

排名	关键词	搜索指数
1	人工智能	213546
2	大数据	184238
3	云计算	139852

图 14-1　网页显示效果

14.1.3　数据爬取的流程

网络数据的爬取流程包括发送请求、获取响应内容、解析内容和保存数据，如图 14-2 所示。

图 14-2　网络数据爬取流程

第 1 步，发送请求。

使用 HTTP 向目标站点发起请求，即发送一个 request。request 包含请求头、请求体等。request 存在不能执行 JS 和 CSS 代码的缺点。

第 2 步，获取响应内容。

如果 request 的内容存在于目标服务器上，那么服务器会返回请求内容，即发送一个 response。response 包含 html、json 字符串、图像、视频等。

第 3 步，解析内容。

对用户而言，就是寻找自己需要的信息；对于网络爬虫而言，就是利用正则表达式或者其他库来提取目标信息。

第 4 步，保存数据。

解析得到的数据以文本、音频和视频等形式保存在本机，数据库文件保存至 SQLite、MySQL 和 MongoDB 等数据库系统中。

14.2　模块 15：requests 库

14.2.1　requests 库概念

requests 库是一个简洁的处理 HTTP 请求的第三方库，它的最大优点是程序编写过程接近正常 URL 访问过程。这个库建立在 Python 的 urllib3 库的基础上。这种在其他函数库的基础上再封装功能、提供更友好函数的方式在 Python 中十分常见。

requests 支持非常丰富的链接访问功能，包括国际域名和 URL 获取、HTTP 长连接和连接缓存、HTTP 会话和 Cookie 保持、浏览器使用风格的 SSL 验证、基本的摘要认证、有效的键值对 Cookie 记录、自动解压缩、自动内容解码、文件分块上传、HTTP 代理功能、连接超时处理、流数据下载等。

requests 库安装方法如下：

```
pip3 install requests
```

14.2.2　requests 库常用方法

requests 库的常用方法如表 14-1 所示。

表 14-1　requests 库的常用方法

名称	功能
get(url[,timeout=n])	对应于 HTTP 的 GET 方式，是获取网页最常用的方法，可增加 timeout=n 参数，设定每次请求超时时间为 n 秒
put(url,data={'key':value'})	对应于 HTTP 的 PUT 方式，其中字典用于传递客户数据

续表

名称	功能
post(url,data={'key': 'value'})	对应于 HTTP 的 POST 方式，其中字典用于传递客户数据
delete(url)	对应于 HTTP 的 DELETE 方式
head(url)	对应于 HTTP 的 HEAD 方式
options(url)	对应于 HTTP 的 OPTIONS 方式

　　HTTP 协议定义了客户端与服务器交互的不同方法，最基本的方法是 get 和 post。其中，get 方法可以根据链接获取内容或向链接提交内容，post 方法用于发送内容。二者的主要区别如下：

　　（1）get 方法提交的数据最多不超过 1024 字节；post 对提交内容没有长度限制。

　　（2）get 方法可以通过 URL 提交数据，待提交数据是 URL 的一部分。若采用 post 方法，则待提交数据放置在 HTMLHEADER 内。

　　（3）使用 get 方法时，参数会显示在 URL 中，而 post 不会显示。如果这些数据是非敏感数据，则可以使用 get 方法；如果提交数据是敏感数据，则建议采用 post 方法。

　　requests.get()代表请求过程，它返回的 response 对象代表响应，返回内容作为一个对象通过其属性进行操作、response 对象的属性如表 14-2 所示。

表 14-2　response 对象的属性

名称	功能
status_code	HTTP 请求的返回状态，为整数。200 表示连接成功，404 表示连接失败
encoding	HTTP 响应内容的编码方式
text	HTTP 响应内容的字符串形式，即 URL 对应的页面内容
content	HTTP 响应内容的二进制形式

　　其中，status_code 属性返回请求 HTTP 后的状态，在处理数据前应判断状态情况，如果请求未被响应，则需要终止内容处理；encoding 属性给出返回页面内容的编码方式，可通过 encoding 属性赋值来更改编码方式，以便处理中文字符；text 属性是请求的页面内容，以字符串形式展示；content 属性是页面内容的二进制形式。

　　以 get 请求方式为例，访问"百度"网站，打印多种请求信息。示例如下：

【Case14_1.py】

```
1    import requests
2    response = requests.get('http://www.baidu.com')    # 对需要爬取的网页发送请求
3    response.encoding = 'UTF-8'                         # 使用中文编码
4    print('状态码:', response.status_code)              # 打印状态码
5    print('url:', response.url)                         # 打印请求 URL
6    print('header:', response.headers)                  # 打印头部信息
7    print('cookie:', response.cookies)                  # 打印 cookie 信息
8    print('text:',response.text)                        # 以文本形式打印网页源码
```

运行结果如下（受篇幅所限，文本内容只列出了部分结果）：

状态码: 200

url: http://www.baidu.com/

header: {'Cache-Control': 'private, no-cache, no-store, proxy-revalidate, no-transform', 'Connection': 'keep-alive', 'Content-Encoding': 'gzip', 'Content-Type': 'text/html', 'Date': 'Sat, 10 Feb 2024 07:23:28 GMT', 'Last-Modified': 'Mon, 23 Jan 2017 13:27:29 GMT', 'Pragma': 'no-cache', 'Server': 'bfe/1.0.8.18', 'Set-Cookie': 'BDORZ=27315; max-age=86400; domain=.baidu.com; path=/', 'Transfer-Encoding': 'chunked'}

cookie: <RequestsCookieJar[<Cookie BDORZ=27315 for .baidu.com/>]>

text: <!DOCTYPE html>

<!--STATUS OK--><html><head><meta http-equiv=content-type

content=text/html;charset=utf-8><meta http-equiv=X-UA-Compatible content=IE=Edge><meta content= always name= referrer><link rel=stylesheet type=text/css href=http://s1.bdstatic.com/r/www/cache/bdorz/baidu.min.css> <title> 百度一下，你就知道…</html>

以 post 请求方式为例，访问"百度翻译"网站，返回翻译结果。示例如下：

【Case14_2.py】

```
1   import requests
2   # 指定 url
3   post_url = 'https://fanyi.baidu.com/sug'
4   word = input('请输入一个词:')
5   data = {'kw': word}                              # post 请求参数处理（同 get 请求一致）
6   response = requests.post(url=post_url, data=data)   # 请求发送
7   dic_obj = response.json()                        # 获取响应数据
8   print(dic_obj)
```

运行结果如下：

请输入一个词:香蕉↙

{'errno': 0, 'data': [{'k': '香蕉', 'v': 'banana; [马] pisang; [电影]Bananas'}, {'k': '香蕉人', 'v': 'American Born Chinese'}, {'k': '香蕉干', 'v': '[医]banana figs'}, {'k': '香蕉水', 'v': '[化] lacquer thinner; thinner of nitrocellulose lac'}, {'k': '香蕉球', 'v': '[体]banana kick'}], 'logid': 3454863976}

观察运行结果，可以看出翻译结果保存在 data 列表之中，每个结果以字典方式保存。

除了属性，response 对象还提供一些方法，如表 14-3 所示。

表 14-3　response 对象的方法

名称	功能
json()	如果 HTTP 响应内容包含 JSON 格式数据，则该方法解析 JSON 数据
raise_for_status()	如果不是 200，则产生异常

json()方法能够在 HTTP 响应内容中解析存在的 JSON 数据，从而方便地解析 HTTP 数据。

raise_for_status()方法能在未成功响应后产生异常（即只要返回的请求状态 status_code 的值不是 200，这个方法就会产生一个异常），可用于 try-except 语句。使用异常处理语句（只需要在收到响应时调用这个方法）可以避免设置复杂的 if 语句，从而避开状态字 200 以外的各种意外情况。

14.2.3 requests 定制操作

为了准确获取需要的数据，有时候需要对 requests 的参数进行设置，包括传递 URL 参数、定制请求头和设置网络超时等。

1. 传递 URL 参数

为了请求特定的数据，我们需要在 URL 的查询字符串中加入一些特定数据。这些数据一般会跟在一个问号后面，并且以键值对的形式放在 URL 中。在 requests 中，我们可以直接把这些参数保存在字典中，用 params 构建到 URL 中。

以下案例访问网站"httpbin.org"，该网站能测试 HTTP 请求和响应的各种信息，比如 cookie、ip、headers 和登录验证等，且支持 get、post 等方法。示例如下：

【Case14_3.py】

```
1   import requests
2   base_url = 'http://httpbin.org'
3   param_data = {'name':'tom','age':'20'}
4   response = requests.get(base_url + '/get', params = param_data)
5   print(response.status_code)
6   print(response.url)
7   print(response.text)
```

运行结果如下：

```
200
http://httpbin.org/get?name=tom&age=20
{
  "args": {
    "age": "20",
    "name": "tom"
  },
  "headers": {
    "Accept": "*/*",
    "Accept-Encoding": "gzip, deflate",
    "Host": "httpbin.org",
    "User-Agent": "python-requests/2.31.0",
    "X-Amzn-Trace-Id": "Root=1-65c73eed-218cc44b0ab6145f5c0aba1f"
  },
  "origin": "175.164.53.175",
  "url": "http://httpbin.org/get?name=tom&age=20"
}
```

可见，通过传递 URL 参数，用户成功访问带有 URL 参数的网站。

2. 定制请求头

在爬取网页时，有时输出的信息中会出现类似"抱歉，无法访问"等字样，这就表示该网页采取了反爬机制。对此，在爬取数据时，我们应特别注意要遵守相关法律法规和网站的爬取规则，不能恶意爬取有关数据，确保爬虫行为合法合规。

为了顺利地获取网站数据，需要通过定制请求头 Headers 解决这个问题。定制请求头是解决 requests 请求被拒绝的方法之一，相当于我们进入这个网页服务器，假装自己本身在爬取数据。请求头 Headers 提供了关于请求、响应或其他发送实体的消息，如果没有定制请求头或请求的请求头和实际网页不一致，就可能无法返回正确结果。

用户可使用 360、Firefox 或 Google Chrome 浏览器打开网页，然后在网页上单击鼠标右键，在快捷菜单中选择操作，从而获取 Headers。不同浏览器的获取方法可能略有不同，以下以火狐浏览器为例说明。打开用户想访问的网页，单击鼠标右键，在弹出的快捷菜单中选择"检查"选项，在下方出现的页面中单击"网络"。以上步骤也可直接按【F12】键打开开发者工具实现。然后，单击工具栏的"⟳"，再单击选择"GET"，之后滚动右下方的"所有"滚动条，以上操作顺序如图 14-3 中 1、2、3 所示。

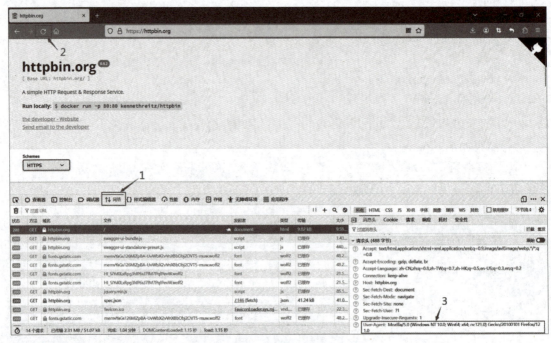

图 14-3　查看请求头 Headers

经过以上操作，在请求头的属性中会出现类似如下的 Headers 信息：

```
User-Agent:Mozilla/5.0 (Windows NT 10.0; Win64; x64; rv:121.0) Gecko/20100101 Firefox/121.0
```

Headers 中有很多内容，常用的就是"User-Agent"和"Host"，它们是以键值对的形式呈现的，如果把"User-Agent"以字典键值对形式作为 Headers 的内容，往往就可以顺利爬取网页内容。

添加了 Headers 信息的网页请求代码，示例如下：

【Case14_4.py】

```
1    import requests
2    base_url = 'http://httpbin.org'
3    # 创建头部信息
4    headers = {'User-Agent':'Mozilla/5.0 (Windows NT 10.0; Win64; x64; rv:121.0) Gecko/20100101
Firefox/121.0'}
5    response = requests.get(base_url, headers = headers)
6    print(response.url)
7    print(response.status_code)
```

运行结果如下：

```
http://httpbin.org/
200
```

3. 设置网络超时

网络请求不可避免会遇上请求超时的情况。这个时候，网络数据采集的程序会一直运行等待进程，造成网络数据采集程序不能很好地顺利执行。因此，可以为 requests 的 timeout 参数设定等待秒数，如果服务器在指定时间内没有应答，就返回异常。示例如下：

【Case14_5.py】

```
1    import requests
2    from requests.exceptions import ReadTimeout,ConnectTimeout
3    try:
4        response = requests.get("http://www.baidu.com", timeout=0.5)
5        print("成功访问网页:",response.status_code)
6    except ReadTimeout or ConnectTimeout:
7        print('访问网页失败')
```

运行以上代码，如果成功访问网页，则运行结果如下：

```
成功访问网页: 200
```

否则，运行结果如下：

```
访问网页失败
```

14.2.4 案例 35：爬取电影排行榜

获取源代码

本案例使用 requests 爬取电影排行榜数据，并用 json 解析数据，爬取的网站为豆瓣电影排行榜，网址为 https://movie.douban.com/chart，网站页面如图 14-4 所示。

图 14-4　豆瓣电影排行榜网站页面

按【F12】键打开开发者工具，之后单击网站右侧的分类排行榜，如"动作"，在该页面下拉右侧的滚动条，页面会自动刷新，发送 Ajax 请求。页面刷新时，使用的方法为 GET，访问的具体网址为：https://movie.douban.com/j/chart/top_list?type=5&interval_id=100:90&action=&start=0&limit=20。选择"XHR"选项，通过抓包分析，可以发现该请求返回的是 json 数据（即电影的 json 数据），且有发送的参数（即将以上 GET 方法访问网址进行解析），获取 URL 和传递的参数，如图 14-5 所示。

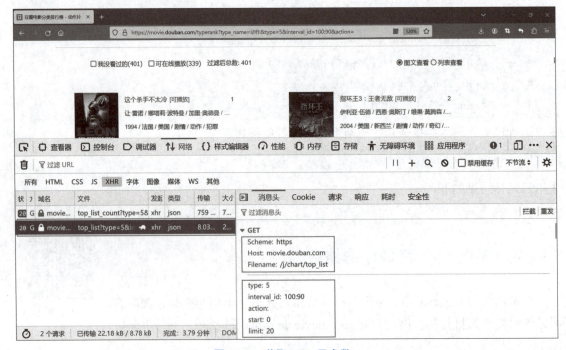

图 14-5　获取 URL 及参数

通过以上分析，可以得到爬取的 URL 如下：

url = 'https://movie.douban.com/j/chart/top_list'

URL 传递的参数如下：

param = {'type':'5','interval_id':'100:90','action':'','start':0,'limit':20}

请求头如下：

headers = {
    "User-Agent": "Mozilla/5.0 (Windows NT 10.0; Win64; x64; rv:121.0) Gecko/20100101 Firefox/121.0"
}

案例代码如下：
【Case14_6.py】

```
1    import requests
2    import json
3    # 发送的 URL
4    url = 'https://movie.douban.com/j/chart/top_list'
5    # URL 传递的参数
6    param = {
7        'type':'5',
8        'interval_id':'100:90',
9        'action':'',
10       'start':0,
11       'limit':20,
12   }
13   # 请求头
14   headers = {
15       "User-Agent": "Mozilla/5.0 (Windows NT 10.0; Win64; x64; rv:121.0) Gecko/20100101
Firefox/121.0"
16   }
17   resp = requests.get(url=url, params=param, headers=headers)   # 读取内容
18   list_movie = resp.json()                                       # 转换为 json
19   fp = open('./movie.json', 'w', encoding='utf-8')
20   json.dump(list_movie, fp=fp, ensure_ascii=False)              # 存储为 json 文件
21   print(resp.request.url)
22   print('排序电影名评分')
23   for i in range(5):
24       print(list_movie[i]['rank'], list_movie[i]['title'], list_movie[i]['score'])
```

爬取的电影信息保存在当前目录下的 movie.json 文件中，同时在控制台打印 URL 和排行前 5 名电影信息。运行结果如下：

https://movie.douban.com/j/chart/top_list?type=5&interval_id=100%3A90&action=&start=0&limit=20
排序电影名评分
1 这个杀手不太冷 9.4

2 指环王 3：王者无敌 9.3

3 蝙蝠侠：黑暗骑士 9.2

4 指环王 2：双塔奇兵 9.2

5 七武士 9.3

14.3 模块 16：BeautifulSoup 库

14.3.1 BeautifulSoup 库概念

在爬取到网页之后，需要对网页数据进行解析，以获得我们所需的数据内容。BeautifulSoup 是一个 HTML/XML 的解析器，其主要功能是解析和提取 HTML/XML 数据。

BeautifulSoup 提供了一些简单的、Python 式的函数来处理导航、搜索、修改分析树等。BeautifulSoup 是一个工具箱，通过解析文档为用户提供需要抓取的数据，不需要多少代码就可以写出一个完整的应用程序。BeautifulSoup 自动将输入文档转换为 Unicode 字符，将输出文档转换为 UTF-8 字符。目前已经停止开发 BeautifulSoup 3，推荐使用 BeautifulSoup 4。由于 BeautifulSoup 4 已经被移植到 bs4 中了，所以在使用 BeautifulSoup4 之前需要安装 bs4。安装方法如下：

```
pip3 install bs4
```

使用 BeautifulSoup 解析 HTML 的方法比较简单，API 非常人性化，支持 CSS 选择器、Python 标准库中的 HTML 解析器，也支持 lxml 的 XML 解析器和 HTML 解析器，还支持 html5lib 解析器。表 14-4 给出了不同解析器的用法和优缺点。

表 14-4 不同解析器的用法和优缺点

解析器	用法	优点	缺点
Python 标准库	BeautifulSoup(markup,"html.parser")	执行速度适中	文档容错能力差
lxml 的 HTML 解析器	BeautifulSoup(markup,"lxml")	速度快，文档容错能力强	需要安装 C 语言库
lxml 的 XML 解析器	BeautifulSoup(markup, "lxml-xml") BeautifulSoup(markup,"xml")	速度快，唯一支持 XML 的解	需要安装 C 语言库
html5lib	BeautifulSoup(markup, "html5lib")	兼容性好，以浏览器的方式解析文档，生成 HTML5 格式的文档	速度慢，不依赖外部扩展

以下给出一个 BeautifulSoup 解析网页的简单实例，示例如下：

【Case14_7.py】

```
1    from bs4 import BeautifulSoup
2    html_doc = ['<html><head><title>The story of Dog</title></head>',
3                '<body><p id="firstpara" align="center">This is first paragraph.</p>',
4                '<p id="secondpara" align="center">This is second paragraph.</p>','</html>']
5    soup = BeautifulSoup(''.join(html_doc), "html.parser")
6    print(soup.prettify())
```

运行结果如下：

```
<html>
<head>
<title>
   The story of Dog
</title>
</head>
<body>
<p align="center" id="firstpara">
 This is first paragraph.
</p>
<p align="center" id="secondpara">
 This is second paragraph.
</p>
</body>
</html>
```

可见，通过 BeautifulSoup 库格式化打印出了 BeautifulSoup 对象 DOM 树的内容。

14.3.2　BeautifulSoup 库的对象

BeautifulSoup 将复杂的 HTML 文档转换成一个复杂的树形结构，每个节点都是 Python 对象，所有对象可以归纳为 Tag、NavigableString、BeautifulSoup 和 Comment 四种类型。

1. Tag 对象

Tag 对象就是 HTML 中的标签。例如：

```
<title> The story of Dog</title>
<a href="http://example.com/elsie" id="1ink1">Elsie</a>
```

上面的<title>、<a>等 HTML 标签加上其中包括的内容就是 Tag，下面用 BeautifulSoup 来获取 Tags。示例如下：

【Case14_8.py】

```
1    from bs4 import BeautifulSoup
2    html_doc = ['<html><head><title>The story of Dog </title></head>',
3              '<a href="http://example.com/elsie" id="1ink1">Elsie</a>','</html>']
4    soup = BeautifulSoup(''.join(html_doc), "html.parser")
5    print(soup.title)
6    print(soup.head)
```

运行结果如下：

```
<title>The story of Dog </title>
<head><title>The story of Dog </title></head>
```

用户可以利用 BeautifulSoup 对象 soup 加标签名，以获取这些标签的内容，但要注意，它查找的是所有内容中的第一个符合要求的标签。如果要查询所有的标签，可参考 14.3.3 节中的 find_all()方法。对 Tag 来说，它有 name 和 attrs 两个重要的属性，soup 对象本身比较特殊，它的 name 即[document]，对于其他内部标签，输出的值是标签本身的名称。把 p 标签的所有属性都打印出来，得到的类型是一个字典。如果想要单独获取 p 标签的某个属性，则可以通过字典的键得到值或通过 get()方法实现。示例如下：

【Case14_9.py】

```
1    from bs4 import BeautifulSoup
2    html_doc = ['<html><head><title>The story of Dog </title></head>',
3              '<body><p id="firstpara" align="center">This is first paragraph </p>',
4              '<p id="secondpara" align="center">This is second paragraph </p>','</html>']
5    soup = BeautifulSoup(''.join(html_doc), "html.parser")
6    print(type(soup.title))       # 打印对象的类型
7    print(soup.name)              # 输出为：[document]
8    print(soup.head.name)         # 输出为 head
9    print(soup.p.attrs)           # 打印 p 标签的所有属性
10   print(soup.p['id'])           # 获取 p 标签某个属性
11   print(soup.p.get('id'))       # get()方法等价
```

运行结果如下：

```
<class 'bs4.element.Tag'>
[document]
head
{'id': 'firstpara', 'align': 'center'}
firstpara
firstpara
```

2. NavigableString 对象

得到标签的内容后，还可以用.string 获取标签内部的文字。

```
soup.title.string
```

这样就轻松获取到了<title>标签中的内容，如果用正则表达式则麻烦得多。

3. BeautifulSoup 对象

BeautifulSoup 对象表示的是一个文档的全部内容。大部分时候可以把它当作 Tag 对象，它是一个特殊的 Tag，可以分别获取其类型、名称和属性。示例如下：

【Case14_10.py】

```
1    from bs4 import BeautifulSoup
2    html_doc = ['<html><head><title>The story of Dog </title></head>',
3              '<body><p id="firstpara" align="center">This is first paragraph </p>',
4              '<p id="secondpara" align="center">This is second paragraph </p>','</html>']
5    soup = BeautifulSoup(''.join(html_doc), "html.parser")
6    print(type(soup))         # 打印对象的类型
7    print(soup.name)          # 输出为：[document]
8    print(soup.attrs)         # 输出为：空字典
```

运行结果如下：

```
<class 'bs4.BeautifulSoup'>
[document]
{}
```

4. Comment 对象

Comment 对象是一个特殊类型的 NavigableString 对象，其内容不包括注释符号，如果不好好处理它，可能会对文本处理造成意想不到的麻烦。

14.3.3 BeautifulSoup 库操作解析文档树

BeautifulSoup 提供了两种方式从 HTML 中找到需要的数据，一种是遍历文档树，另一种是搜索文档树，通常把这两者结合起来完成查找任务。

1. 遍历文档树

1）contents 和 children 属性

contents 属性和 children 属性获取直接子节点，tag 的 contents 属性可以将子节点以列表的方式输出，用列表索引获取它的某一个元素。而 children 属性返回的不是一个列表，它是一个列表生成器对象，但是可以通过遍历获取所有子节点。示例如下：

【Case14_11.py】

```
1    from bs4 import BeautifulSoup
2    html_doc = ['<html><head><title>The story of Dog </title></head>',
3              '<body><p id="firstpara" align="center">This is first paragraph </p>',
4              '<p id="secondpara" align="center">This is second paragraph </p>','</html>']
```

```
5      soup = BeautifulSoup(''.join(html_doc), "html.parser")
6      print("子节点列表为：", soup.body.contents)        # 使用 contents 获取子节点列表
7      print("第 1 个<p>为：", soup.body.contents[0])      # 获取第 1 个<p>
8      print("所有子节点如下：")
9      for child in soup.body.children:                    # 遍历获取所有子节点
10         print(child)
```

运行结果如下：

子节点列表为： [<p align="center" id="firstpara">This is first paragraph </p>, <p align="center" id="secondpara">This is second paragraph </p>]

第 1 个<p>为： <p align="center" id="firstpara">This is first paragraph </p>

所有子节点如下：

This is first paragraph

This is second paragraph

2）descendants 属性

contents 和 children 属性仅包含 Tag 的直接子节点，而 descendants 属性可以对所有 Tag 的子节点进行递归循环。与 children 属性类似，descendants 属性也需要遍历获取其中的内容。示例如下：

【Case14_12.py】

```
1      from bs4 import BeautifulSoup
2      html_doc = ['<html><head><title>The story of Dog </title></head>',
3                  '<body><p id="firstpara" align="center">This is first paragraph </p>',
4                  '<p id="secondpara" align="center">This is second paragraph </p>','</html>']
5      soup = BeautifulSoup(''.join(html_doc), "html.parser")
6      print("所有子节点如下：")
7      for child in soup.descendants:  # 遍历获取所有子节点
8          print(child)
```

运行结果如下：

所有子节点如下：

<html><head><title>The story of Dog </title></head><body> This is first paragraph This is second paragraph </body></html>

<head><title>The story of Dog </title></head>

<title>The story of Dog </title>

The story of Dog

<body> This is first paragraph This is second paragraph </body>

This is first paragraph

This is first paragraph

This is second paragraph

This is second paragraph

从运行结果可以发现，所有节点都被打印出来，先最外层的 HTML 标签，其次从 head 标签逐个解析，依此类推。

3）string 属性

如果一个标签里没有标签，那么 string 就会返回标签里的内容。如果标签里只有唯一的一个标签，那么 string 也会返回最里面标签的内容。如果 Tag 包含了多个子标签节点，Tag 就无法确定 string 应该调用哪个子标签节点的内容，string 的输出结果是 None。示例如下：

【Case14_13.py】

```
1    from bs4 import BeautifulSoup
2    html_doc = ['<html><head><title>The story of Dog </title></head>',
3                '<body><p id="firstpara" align="center">This is first paragraph</p>',
4                '<p id="secondpara" align="center">This is second paragraph</p>','</html>']
5    soup = BeautifulSoup(''.join(html_doc), "html.parser")
6    print(soup.title.string)        # 输出<title>标签里的内容
7    print(soup.body.string)         # <body>标签包含多个子节点，所以输出 None
8    for string in soup.body.strings:
9        print(repr(string))
```

运行结果如下：

```
The story of Dog
None
'This is first paragraph'
'This is second paragraph'
```

4）父节点

parent 属性用户获取父节点，示例如下：

【Case14_14.py】

```
1    from bs4 import BeautifulSoup
2    html_doc = ['<html><head><title>The story of Dog </title></head>',
                 '<body><p id="firstpara" align="center">This is first paragraph</p>',
                 '<p id="secondpara" align="center">This is second paragraph</p>','</html>']
3    soup = BeautifulSoup(''.join(html_doc), "html.parser")
4    p = soup.title
5    print(p.parent.name)    # 输出父节点名
6    p = soup.body
7    print(p.parent.name)    # 输出父节点名
```

运行结果如下：

```
head
html
```

5）兄弟节点

兄弟节点可以理解为和本节点处在同一层级的节点，next_sibling 属性获取了该节点的下一个兄弟节点，previou_sibling 则与之相反，如果节点不存在，则返回 None。

实际文档中的 Tag 的 nex_sibling 和 previou_sibling 属性通常是字符串或空白，因为空白或者换行也可以被视作一个节点，所以得到的结果可能是空白或者换行。

6）全部兄弟节点

通过 next_siblings 和 previous_siblings 属性可以对当前节点的兄弟节点迭代输出，示例如下：

【Case14_15.py】

```
1    from bs4 import BeautifulSoup
2    html_doc = ['<html><head><title>The story of Dog </title></head>',
3                    '<body><p id="firstpara" align="center">This is first paragraph</p>',
4                    '<p id="secondpara" align="center">This is second paragraph</p>','</html>']
5    soup = BeautifulSoup(''.join(html_doc), "html.parser")
6    p = soup.title
7    for sibling in soup.p.next_siblings:
8        print(repr(sibling))
```

运行结果如下：

```
<p align="center" id="secondpara">This is second paragraph</p>
```

2. 搜索文档树

1）find_all()

该方法的定义为 find_all(name,attrs,recursive,text,**kwargs)，功能是搜索当前 Tag 的所有 Tag 子节点，并判断是否符合过滤器的条件。参数如下：

- name：可以查找所有名字为 name 的标签。如果 name 参数传入正则表达式作为参数，那么 BeautifulSoup 会通过正则表达式的 match() 来匹配内容。
- attrs：按照 Tag 标签属性值检索，需要列出属性名和值，采用字典形式。
- recursive：调用的是 find_all() 方法时，BeautifulSoup 会检索当前 Tag 的所有子孙节点，如果只想搜索 tag 的直接子节点，也可以使用参数 recursive＝False。
- text：通过 text 参数可以搜索文档中的字符串内容。
- limit：limit 是 **kwargs 参数中的关键字参数，用于限定搜索次数，如 limit=3。

find_all() 方法返回全部的搜索结构，如果文档树很大，那么搜索会很慢；如果不需要全部结果，可以使用 limit 参数限制返回结果的数量。当搜索到的结果数量达到 limit 的限制时，就停止搜索返回结果。

示例如下：

【Case14_16.py】

```
1    import re
2    from bs4 import BeautifulSoup
3    html_doc = ['<html><head><title>The story of Dog </title></head>',
4                    '<body><p id="firstpara" align="center">This is first paragraph</p>',
```

```
5              '<p id="secondpara" align="center">This is second paragraph</p>','</html>']
6    soup = BeautifulSoup(''.join(html_doc), "html.parser")
7    print(soup.find_all('p'))                    # 输出所有<p>标签
8    print("输出以 h 开头的标签")
9    for tag in soup.find_all(re.compile("^h")):  # 输出以 h 开头的标签
10       print(tag.name, end=' ')
11   # 查找属性值 id 是"firstpara"的<p>标签
12   print('\n',soup.find_all('p', attrs={'id':'firstpara'}))
```

运行结果如下：

[<p align="center" id="firstpara">This is first paragraph</p>, <p align="center" id="secondpara">This is second paragraph</p>]

输出以 h 开头的标签

html head

[<p align="center" id="firstpara">This is first paragraph</p>]

2）find()

该方法的定义为 find(name,attrs,recursive,text)，它与 find_all()方法的唯一区别是 find_all()方法返回全部结果的列表，而 find()方法返回找到的第一个结果。

3. 用 CSS 选择器筛选元素

在写 CSS 时，标签名不加任何修饰，类名前加点，id 名前加#，这里也可以利用类似的方法来筛选元素，用到的方法是 soup.select()，返回类型是列表 list。示例如下：

【Case14_17.py】

```
1    from bs4 import BeautifulSoup
2    html_doc = ['<html><head><title>The story of Dog </title></head>',
3                '<body><p id="firstpara" align="center">This is first paragraph</p>',
4                '<p id="secondpara" align="center">This is second paragraph</p>','</html>']
5    soup = BeautifulSoup(''.join(html_doc), "html.parser")
6    print(soup.select('title'))          # 输出<title>元素
7    print(soup.select('body'))           # 输出<body>元素
8    for body in soup.select('body'):     # 输出<body>内容
9        print(body.text)
```

运行结果如下：

[<title>The story of Dog </title>]

[<body> This is first paragraph This is second paragraph </body>]

This is first paragraphThis is second paragraph

14.4 案例 36：爬取电子小说

以下使用 requests 库和 BeautifulSoup 库爬取《三国演义》电子小说到文本文件中，爬取的网址为 https://www.shicimingju.com/book/sanguoyanyi.html，网站页面如图 14-6 所示。浏览网页，可以看到小说共 120 回。

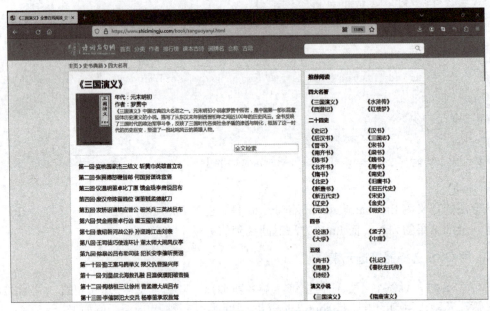

图 14-6 《三国演义》小说网站页面

按【F12】键打开开发者工具，查找每一回的信息，发现每一回的标题信息在"book-mulu>ul>li>a"属性之中，如图 14-7 所示。

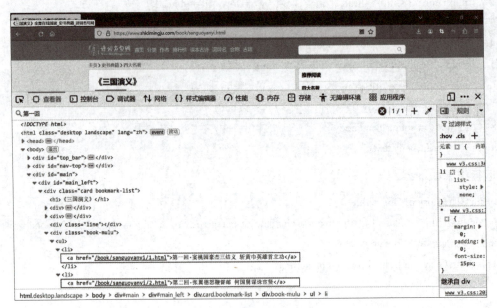

图 14-7 小说每一回的网址

通过上图中的 href，可得到每一回的详细网址，仔细观察，发现每一回的网址具有很强的规律性(如第一回的网址为 https://www.shicimingju.com/book/sanguoyanyi/1.html)，每一回的 html 具有非常明显的特点(从 1.html 至 120.html)。

打开第一回的网址：https://www.shicimingju.com/book/sanguoyanyi/1.html，用同样方法，按【F12】键打开开发者工具，查找第一回的详细内容，发现内容在"div"中的"chapter_content"属性之中，如图 14-8 所示。

图 14-8　小说每一回的详细内容

通过以上分析，可以得到爬取《三国演义》小说的详细代码，示例如下：

【Case14_18.py】

```
1    import requests
2    from bs4 import BeautifulSoup
3    fp = open('./三国演义.txt','w',encoding='utf-8')              # 写到文本文件中
4    headers = {
5            'User-Agent':'Mozilla/5.0  (Windows  NT  10.0;  Win64;  x64;  rv:121.0)  Gecko/20100101
Firefox/121.0'
6            }
7    # 对首页的页面数据进行爬取
8    main_url = "https://www.shicimingju.com/book/sanguoyanyi.html"
9    page_text = requests.get(url = main_url,headers = headers)
10   page_text.encoding = page_text.apparent_encoding
11   page_text = page_text.text
12   soup = BeautifulSoup(page_text,'lxml')                      # 从互联网中获取数据
13   a_list = soup.select('.book-mulu>ul> li > a')               # 每一回的标题
14   # 获取各章节的内容
15   for a in a_list:
```

```
16      title = a.string
17      detail_url = 'https://www.shicimingju.com' + a['href']        # 每一回网址
18      page_text_detail = requests.get(detail_url,headers = headers)
19      page_text_detail.encoding = page_text_detail.apparent_encoding
20      page_text_detail = page_text_detail.text                      # 每一回详细内容
21      soup = BeautifulSoup(page_text_detail,'lxml')
22      div_tag = soup.find('div',class_ = 'chapter_content')         # 解析每一回的内容
23      content = div_tag.text
24      fp.write(title + ':' + content + '\n')
25      print(title,'保存成功!')
26   fp.close()
```

程序运行后爬取了小说全部内容，保存在"三国演义.txt"文件中，可打开文本文件查看小说内容，在控制台运行结果如下：

```
第一回·宴桃园豪杰三结义    斩黄巾英雄首立功    保存成功!!!
第二回·张翼德怒鞭督邮      何国舅谋诛宦竖      保存成功!!!
第三回·议温明董卓叱丁原    馈金珠李肃说吕布    保存成功!!!
第四回·废汉帝陈留践位      谋董贼孟德献刀      保存成功!!!
第五回·发矫诏诸镇应曹公    破关兵三英战吕布    保存成功!!!
……
```

14.5　本章小结

　　本章首先介绍了网络爬虫的基本原理，然后分析了 requests 库和 BeautifulSoup 库，最后讲解了爬取电影排行榜和爬取电子小说案例。希望通过本章的学习，读者能够理解网络爬虫的基本原理，并熟练使用 requests 库和 BeautifulSoup 库完成网络数据的爬取。受篇幅所限，还有很多 Python 爬虫框架未在本章介绍。读者在完成本章的学习后，如果要更高效地获取网络数据，应该继续深入学习其他 Python 爬虫框架。

14.6　编　程　题

14.1　使用 BeautifulSoup 库爬取国内某城市肯德基餐厅信息。

14.2　使用 requests 和 BeautifulSoup 库访问 https://www.shanghairanking.cn 网站，爬取中国大学前 30 名排行榜。

14.3　使用 requests 和 BeautifulSoup 库爬取猫眼电影排行榜数据并保存在文本文件中。

14.4　使用 requests 和 BeautifulSoup 库爬取《水浒传》电子小说到文本文件中，爬取的网址为 https://www.shicimingju.com/book/shuihuzhuan.html。

14.5　使用 requests 和 BeautifulSoup 库爬取中国天气网 http://www.weather.com.cn/，获取最低气温、最高气温和天气信息。

14.6　请爬取 https://image.baidu.com/中的动物类图像。

参 考 文 献

[1] 单显明,贾琼,陈琦.Python 程序设计案例教程[M].北京:北京理工大学出版社,2020.

[2] 郑凯梅. Python 程序设计任务驱动式教程[M].北京:清华大学出版社,2019.

[3] 黑马程序员. Python 快速编程入门[M].北京:人民邮电出版社,2019.

[4] 嵩天,礼欣,黄天羽. Python 语言程序设计基础[M].北京:高等教育出版社,2019.

[5] 夏敏捷.Python 程序设计从基础开发到数据分析[M].北京:清华大学出版社,2019.

[6] 曾刚.Python 编程入门与案例详解[M].北京:清华大学出版社,2019.

[7] 黄红梅,张良均.Python 数据分析与应用[M].北京:人民邮电出版社,2018.

[8] 郑凯梅.Python 程序设计基础[M].北京:清华大学出版社,2018.

[9] 林子雨,赵江声,陶继平.Python 程序设计基础教程[M].北京:人民邮电出版社,2023.

[10] 唐万梅,汪平,李俊杰.Python 程序设计案例教程[M].北京:人民邮电出版社,2023.

[11] 董付国.Python 程序设计与数据采集[M].北京:人民邮电出版社,2023.

[12] 刘德山,杨洪伟,崔晓松.Python 3 程序设计[M].2 版.北京:人民邮电出版社,2023.

[13] 林子雨.大数据导论[M].北京:人民邮电出版社,2020.

[14] 高博,刘冰,李力.Python 数据分析与可视化从入门到精通[M].北京:北京大学出版社,2020.

[15] 明日科技.Python 网络爬虫从入门到实践[M].长春:吉林大学出版社,2020.

[16] 李珊.跟我一起玩 Python 编程[M].天津:天津科学技术出版社,2019.